# 美国儿科学会

# 健康育儿指南

## THE BIG BOOK OF SYMPTOMS

### A-Z GUIDE TO YOUR CHILD'S HEALTH

主 编 〔美〕斯蒂文·谢尔弗 〔美〕谢莉·瓦齐里·弗莱

主 审 崔玉涛

译 者 叶复苏

北京科学技术出版社

**著作权合同登记号 图字：01—2016—0612 号**

**图书在版编目（CIP）数据**

美国儿科学会健康育儿指南 / （美） 斯蒂文·谢尔弗，（美） 谢莉·瓦齐里·弗莱主编；叶复苏译. -- 北京 ： 北京科学技术出版社， 2017.3（2018.10 重印）

ISBN 978-7-5304-8699-3

Ⅰ. ①美… Ⅱ. ①斯… ②谢… ③叶… Ⅲ. ①婴幼儿－哺育－基本知识 Ⅳ. ①TS976.31

中国版本图书馆 CIP 数据核字（2016）第 251737 号

**美国儿科学会健康育儿指南**

主　　编：〔美〕斯蒂文·谢尔弗　〔美〕谢莉·瓦齐里·弗莱
译　　者：叶复苏
策划编辑：赵美蓉
责任编辑：周　珊
责任校对：贾　荣
封面设计：MXK DESIGN STUDIO
责任印制：李　茗
图文设计：殳　同
出 版 人：曾庆宇
出版发行：北京科学技术出版社
社　　址：北京西直门南大街 16 号
邮政编码：100035
电话传真：0086-10-66135495（总编室）
　　　　　0086-10-66113227（发行部）
　　　　　0086-10-66161952（发行部传真）
电子信箱：bjkj@bjkjpress.com
网　　址：www.bkydw.cn
经　　销：新华书店
印　　刷：三河市国新印装有限公司
开　　本：720mm × 1000mm　1/16
字　　数：333 千字
印　　张：17
版　　次：2017 年 3 月第 1 版
印　　次：2018 年 10 月第 2 次印刷
ISBN 978-7-5304-8699-3 /T · 905

定　　价：49.80 元

# 推荐序

美国儿科学会是全球备受尊敬的儿童养育和儿童健康权威机构，拥有全美最优秀的儿科医生、育儿领域最前沿的研究水平和最丰富的实践经验。近年来，美国儿科学会已然成为中国父母信赖的育儿品牌。越来越多的人乐于向美国儿科学会寻求建议和信息。

《美国儿科学会健康育儿指南》是一本关于儿童健康的全方位指导书，帮助您从新生儿到青春期全程关注孩子的健康成长。日常生活中，每位父母都会经常遇到判断孩子健康状况并决定采取何种行动的情况，本书旨在帮助父母区分日常轻微状况和严重状况，并就此给出相对合理的建议。本书全面记载了100多种最常见的儿科疾病，并附赠图解急救拉页，可以帮助父母们用最好的方法来帮助生病但情况不太严重的孩子。

作者团队中有90余位医学博士，儿科实践累计超过80年，涉及儿科疾病100多种、常见症状700多种。本书是美国儿科学会正在进行的家庭卫生教育工作中的一个重要组成部分，即在各种各样的儿童健康问题上，为家长和孩子的其他抚养者提供高质量的信息。

我的微博上每天都会有很多父母咨询孩子的某种症状应该怎么看待、怎么处理。本书所介绍的内容就包含了很多家长平素关心和担忧的问题。通过阅读本书，既可以帮助家长解除一些疑惑，还可以帮助父母了解儿童常见疾病的相关知识。但由于本书内容来自美国儿科专家，部分建议及信息带有美国的特殊性，如遇到不解的问题，建议家长咨询当地的儿科医生。

真诚推荐本书给各位父母，希望对您养育孩子有所帮助。

崔玉涛

于北京

2016-12-18

# 序

美国儿科学会（AAP）为您呈上最新的育儿资源——《美国儿科学会健康育儿指南》。

书中描述了100多种婴儿、儿童和青少年的常见疾病，能帮助家长识别并区分日常小问题和严重的症状，而且给出了合理的行动步骤，让家长能够有条理、不慌乱地去应对各种情况。书中还包含用图片示范的急救、心脏复苏等知识，以及特定年龄段的安全注意事项和防止意外伤害的知识。

在医学编辑们的带动下，书中的内容由大量评论员和撰稿人协助编写并不断完善。因为医学信息的变化日新月异，我们努力确保书中的内容包含最新的医学动态。读者也可以浏览美国儿科学会的家长网页，我们的网站（HealthyChildren.org）能让您及时掌握这些最新动态和其他方面的许多知识。

我们衷心希望此书能成为父母们无价的资源和参考指南。我们有信心让家长们了解这本书的巨大价值。我们鼓励大家结合儿科医生的建议使用这本书，因为他们能够在孩子健康方面提供个性化的引导和帮助。

美国儿科学会拥有62 000名初级保健儿科医生、儿科医学专科医师、小儿外科专科医师，是一家致力于婴儿、儿童和青少年的生理、心理、社会卫生和福祉的机构。

本书是美国儿科学会正在进行的家庭卫生教育工作中的一部分，即在孩子的各种各样健康问题上，为家长和其他孩子的抚养者提供高质量的信息。

埃罗尔·R.奥尔登（Errol R.Alden）

美国儿科学会首席执行官

# 前言

人们常说养育一个快乐、健康、举止得体的孩子，是人类所做的最费力、最具有挑战性的事情之一。幸运的是，这也是最值得努力去做的事。还有什么会比一个婴儿的出生更加神奇、更加振奋人心呢？然而，照顾新生儿却是一项需要你夜以继日付出努力的大工程。这是一个学习的过程，不论对你，还是对你的宝宝。好在过不了多久，你就能够琢磨出宝宝在哭泣、微笑、皱眉和其他表现中透露的信息。你将会在判断力和育儿技巧上获得自信。令人惊讶的是，婴儿从出生那一刻开始，学习的速度竟然比他们父母更快。不论是对父母行为的解读，还是对他们刚刚加入的这个大大的新世界的认知。

现代科学不断证实，婴儿在爱和关怀中能更加健康地成长。这一点，父母们一直都了然于心。生命的头几年打下的基础，很大程度上决定了成年后的价值和成就。但是就像每一位父母都会告诉你的那样，你总会时不时地遇到一些麻烦，需要帮助。此时意识到你不是独自一人，这点非常重要。对于新手父母来说，任何事情，你都能向儿科医生寻求建议，如缓解肠绞痛，应对无可避免的感冒、耳朵痛、喉咙痛和许多其他常见的小毛病。与儿科医生形成良好的合作关系能帮助你度过那些难熬的时刻，并加强你的判断力，增强你在育儿技巧方面的信心。

保证孩子的健康和安宁是初为人父母的首要任务。不论何时，每一位父母都应该先评估孩子的症状，然后决定要采取的措施。对于最初几个月的新生婴儿来说，如果你担心出差错，咨询儿科医生是个好方法。不久后，你就会知道什么是你能够自己应对的情况，什么时候需要儿科医生的帮助。编写本书的目的，就是为了帮助你把日常的小问题和严重的大问题区别开来。这本书针对每个问题的处理过程都给出了合理的建议。需要再强调的是，你自己的判断力和儿科医生的专业知识是没有任何书能够取代的，这两者对于孩子来说才是最好的保障。

## 如何使用这本书

《美国儿科学会健康育儿指南》一书分为两个主要的部分：以字母顺序为索引的儿童最常见疾病和用图片示范的急救手册及安全指南。

### 第一部分

**儿科常见疾病**

书的主要部分，用简单明了的表格列出了最常见的儿科疾病。根据年龄层次，分为 3 章。

新生婴儿常见症状（最初的几个月）

婴儿和儿童常见症状

常见青少年身心健康问题

在这 3 章中列出的疾病，都是用最通俗的名称，所列的每张表格的形式也都类似。

**❶ 症状**

这是一个介绍性段落，先简要说明某种疾病的症状，然后总结出父母们必须牢记的要点。

**❷ 咨询儿科医生**

这里列出了在某些特定情况下，一定要找儿科医生谈谈，或马上打电话给儿科医生。先读完这一部分，再接着阅读之后的内容。

**❸ 注意！**

黑色的框里，列出了特定疾病的特殊重要信息。

**❹ 父母的疑虑**

每个表格的这一栏都列出了父母所担心的现象，以帮助父母识别某种疾病最明显的特征。表格中最先列出的是这种疾病最常见的特征及其进展。后面列出的，是儿科医生分析病情时会用到的疾病特征。

**❺ 可能的原因**

这一栏列出了引发某种症状最可能的原因。

**❻ 应对措施**

如果某种疾病可以在家里处理好，这一栏会简要说明要采取的措施。另外一些情况，会建议咨询儿科医生。表格中也会简明描述儿科医生做出诊断时会采用的做法。

**展示框**

在有一些章节中，你会看到一个展示框，框中列出的是某些疾病的补充信息。

### 第二部分

**急救手册和安全指南**

这一部分是为了让你能够应对孩子身上发生的意外情况，不论是小割伤、刮伤还是威胁到生命的紧急事件。第四章讲的是“基础急救”，分为两方面，第一方面是“救生技能”，这部分介绍的是应对窒息和心肺复苏术等医疗紧急事件。第二方面是“常用急救方法”，囊括了面临叮咬、割伤和刮伤、挫伤和扭伤等意外情

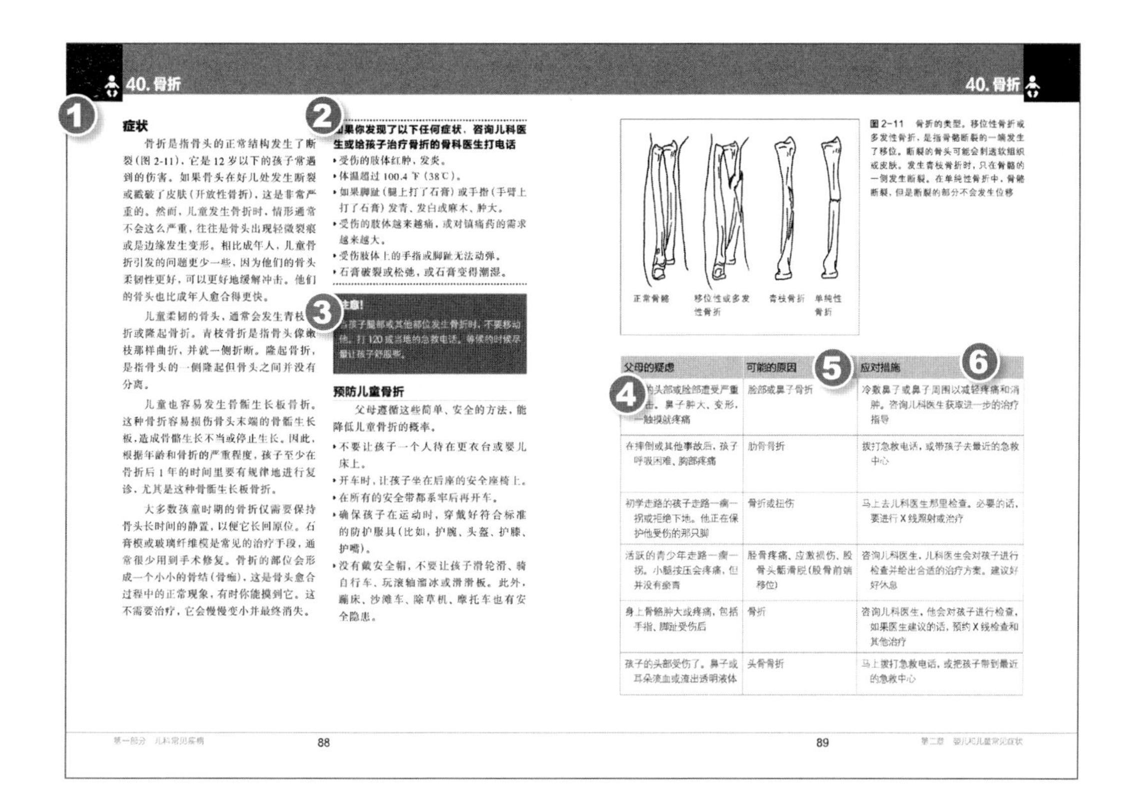

40. 骨折

①

### 症状

骨折是指骨头的正常结构发生了断裂（图 2-11），它是 12 岁以下的孩子常遇到的伤害。如果骨头在好几处发生断裂或戳破了皮肤（开放性骨折），这是非常严重的。然而，儿童发生骨折时，情形通常不会这么严重，往往是骨头出现轻微裂痕或是边缘发生变形。相比成年人，儿童骨折引发的问题更少一些，因为他们的骨头柔韧性更好，可以更好地缓解冲击。他们的骨头也比成年人愈合得更快。

儿童柔韧的骨头，通常会发生青枝[illegible]折或隆起骨折。青枝骨折是指骨头像嫩枝那样曲折，并就一侧折断。隆起骨折，是指骨头的一侧隆起但骨头之间并没有分离。

儿童也容易发生骨骺生长板骨折。这种骨折容易损伤骨头末端的骨骺生长板，造成骨骼生长不当或停止生长。因此，根据年龄和骨折的严重程度，孩子至少在骨折后 1 年的时间里要有规律地进行复诊，尤其是这种骨骺生长板骨折。

大多数孩童时期的骨折仅需要保持骨头长时间的静置，以便它长回原位。石膏模或玻璃纤维模是常见的治疗手段，通常很少用到手术修复。骨折的部位会形成一个小小的骨结（骨痂），这是骨头愈合过程中的正常现象，有时你能摸到它。这不需要治疗，它会慢慢变小并最终消失。

②

**[illegible]果你发现了以下任何症状，咨询儿科医生或给孩子治疗骨折的骨科医生打电话**

- 受伤的肢体红肿，发炎。
- 体温超过 100.4 ℉（38℃）。
- 如果脚趾（腿上打了石膏）或手指（手臂上打了石膏）发青、发白或麻木、肿大。
- 受伤的肢体越来越痛，或对镇痛药的需求越来越大。
- 受伤肢体上的手指或脚趾无法动弹。
- 石膏破裂或松弛，或石膏变得潮湿。

③

**[illegible]注意！**

[illegible]孩子腿部或其他部位发生骨折时，不要移动他。打 120 或当地的急救电话。等候的时候尽量让孩子舒服些。

### 预防儿童骨折

父母遵循这些简单、安全的方法，能降低儿童骨折的概率。

- 不要让孩子一个人待在更衣台或婴儿床上。
- 开车时，让孩子坐在后座的安全座椅上。
- 在所有的安全带都系牢后再开车。
- 确保孩子在运动时，穿戴好符合标准的防护服具（比如，护腕、头盔、护膝、护嘴）。
- 没有戴安全帽，不要让孩子滑轮滑、骑自行车、玩滚轴溜冰或滑滑板。此外，蹦床、沙滩车、除草机、摩托车也有安全隐患。

第一部分　儿科常见疾病　88

40. 骨折

正常骨骼　移位性或多发性骨折　青枝骨折　单纯性骨折

图 2-11　骨折的类型。移位性骨折或多发性骨折，是指骨骼断裂的一端发生了移位。断裂的骨头可能会刺透软组织或皮肤。发生青枝骨折时，只在骨骼的一侧发生断裂。在单纯性骨折中，骨骼断裂，但是断裂的部分不会发生位移

④ ⑤ ⑥

| 父母的疑虑 | 可能的原因 | 应对措施 |
|---|---|---|
| [illegible]的头部或脸部遭受严重[illegible]击。鼻子肿大、变形，一触摸就疼痛 | 脸部或鼻子骨折 | 冷敷鼻子或鼻子周围以减轻疼痛和消肿。咨询儿科医生获取进一步的治疗指导 |
| 在摔倒或其他事故后，孩子呼吸困难、胸部疼痛 | 肋骨骨折 | 拨打急救电话，或带孩子去最近的急救中心 |
| 初学走路的孩子走路一瘸一拐或拒绝下地。他正在保护他受伤的那只脚 | 骨折或扭伤 | 马上去儿科医生那里检查。必要的话，要进行 X 线照射或治疗 |
| 活跃的青少年走路一瘸一拐。小腿按压会疼痛，但并没有瘀青 | 胫骨疼痛、应激损伤、股骨头骺滑脱（股骨前端移位） | 咨询儿科医生，儿科医生会对孩子进行检查并给出合适的治疗方案。建议好好休息 |
| 身上骨骼肿大或疼痛，包括手指、脚趾受伤后 | 骨折 | 咨询儿科医生，他会对孩子进行检查，如果医生建议的话，预约 X 线检查和其他治疗 |
| 孩子的头部受伤了。鼻子或耳朵流血或流出透明液体 | 头骨骨折 | 马上拨打急救电话，或把孩子带到最近的急救中心 |

89　第二章　婴儿和儿童常见症状

况时的应对方法。

一定记得要好好回顾这部分内容，以应不时之需。当你面对一个医疗事件的时候，往往没有时间来查阅这本或其他书籍。时不时看看这部分内容，来巩固你的记忆。当面对紧急事件时，你就有了充分的准备。确保保姆和其他抚养者都能精通急救知识。不要忘了在家里的每个电话旁都清晰地标识出所有急救电话，并保持更新。

最后一章是“安全和预防”。这一章包含了防止意外的重要方法，并指导你如何把家里的每一个房间都布置得对孩子没有安全隐患。我们还针对你的车子、院子、运动场、度假地点和其他你有可能带孩子去的地方，提供了安全清单。

## 请注意

本书提供的信息仅供补充而不能替代儿科医生的建议。在开展任何医学治疗和计划之前，必须咨询儿科医生。他会同你讨论孩子的个体需求并就疾病和治疗给你专业的建议。如果你对如何把本书提供的信息运用到你孩子的身上存在疑问，请咨询儿科医生。

书中的介绍只起到传达信息的目的。美国儿科学会（AAP）对此不提供担保和支持。

本书的信息或建议均适合男孩和女孩（除非特别标明）。

# 目录

## 第三章
## 常见青少年身心健康问题



## 第四章
## 基础急救

## 第五章

## 安全和预防

# 第一部分　儿科常见疾病

## 第一章

# 新生婴儿常见症状

## 新生婴儿护理

由于父母照顾良好，刚出生几个月的婴儿很少患严重的疾病。但是就算是健康的宝宝有时也会感到不舒服。因为细菌无处不在，感冒咳嗽、胃不舒服或眼部疾病在新生儿和小婴儿中很常见。通常，如果 3 个月内的宝宝有发热、咳嗽或腹泻这些症状，应该带他去见儿科医生。这样做是为了保证你的宝宝，没有其他潜在的需要治疗的健康问题。

感到照顾新生儿的任务艰巨，这是正常的，尤其是如果你之前没有长时间接触过婴儿。家人和朋友都会很乐意帮助你。实际上，他们给出的建议也许会难以实施，或并不完全符合现代人对新生儿和小婴儿的认知。儿科医生的主要作用是帮助你建立自信，并提高你为人父母的技能。你可以打电话给儿科医生，让他帮助你。你和儿科医生有着共同的目标，即看到小宝宝健康快乐地成长。在这一点上，你们是一个团队，而领队者是你的宝宝。

尽管刚为人父母时你不够自信，但是你的宝宝不会坦诚地告诉你，你要怎么做。短短几天或几周之内，你就能够区分宝宝哭声告诉你的不同信息，饿了、高兴、需要换尿布或想去玩。几个月之内，你就会对宝宝尝试迈步感到喜悦。你会听到宝宝说出的似有魔法一般的第一个字。

这一章是针对新生儿需求的指导。它将会帮助你区分出你自己能处理的小毛病和需要儿科医生关注的健康问题。儿科医生的建议代表了在婴儿健康和发育方面研究的最新信息，也代表了他或她治疗儿科疾病和儿童护理方面的多年经验。

## 症状

当婴儿有需求的时候，都会哭。父母很快就能学会辨别婴儿不同哭声所包含的不同信息：饥饿、尿布湿了、想睡觉或其他需求。通常，你不会把这些发脾气的哭声和肠绞痛的哭声弄混，那是一种阵发的剧烈哭声，能持续几小时之久并且每日重复发作。这种阵发的哭声差不多在每天的同一时刻开始。这种现象通常从婴儿 2~4 周时开始并持续到 3~4 个月，但是有些婴儿会一直持续到 6 个月。肠绞痛的婴儿常常会放屁，这是正常的。虽然许多儿科医生认为，肠绞痛是神经系统发育的一个阶段。但是没有人知道确切的原因。大概有 20% 的婴儿会发生肠绞痛。有趣的是，头胎出生的婴儿和男孩比后来出生的婴儿和女孩，更容易患肠绞痛。

**如果宝宝出现以下情况应向儿科医生咨询，病理原因除外**

- 没有明显的原因，宝宝就是哭个不停，或你无法让他停止哭泣。

**注意！**

婴儿肠绞痛会令人感到非常烦躁，尤其是对新手父母来说。有养育孩子经验的家人和朋友及儿科医生，他们会理解你的遭遇。当你需要倾诉时，打电话给儿科医生和支持你的亲友们。不要把沮丧的情绪发泄在孩子身上。摇晃新生儿或小婴儿会造成不可修复的脑损伤。如果你感到自己被带孩子这件事压得喘不过气来，一定要寻求帮助。

## 应对肠绞痛

许多有肠绞痛的婴儿，会在每天的同一时刻哭泣，并持续差不多的时长。肠绞痛的新生儿或小婴儿每天从傍晚或夜晚开始哭泣，要哭 3~5 小时。这种哭声会突然停止，就像它开始的时候那样，然后宝宝就睡着了。肠绞痛很少会持续四或五个月，这个艰难的阶段最终会过去。如果宝宝有哭闹，可以向儿科医生咨询，以排除引发婴儿哭泣的其他原因，并且还可以询问一下应对肠绞痛的方法，比如：

- 把宝宝裹在毯子里，或是使用符合安全标准的背带或背巾让宝宝靠近你，可能会让宝宝觉得舒服。你可能需要持续几小时包裹着或轻轻地摇小宝宝。有些儿科医生会建议把宝宝放在一个婴儿秋千里。
- 给宝宝一个安抚奶嘴。
- 让宝宝肚皮朝下俯卧着，轻轻地抚摸他的背。你的抚摸会令他感到十分舒服。他肚子上的压力也许能减轻他的不适。
- 轻声地重复哼唱一首有节奏的歌谣。为了安抚宝宝，也可以考虑使用白噪声机器，例如用一台电风扇（对着房间其他方向吹）来制造白噪声，甚至可以是调小声的晨间广播。
- 如果你哺乳宝宝，可以同儿科医生确认一下你可否在饮食上做些调整。你可能需要停止食用奶制品、咖啡因和容易产气的食物。如果因为对这些食物敏感而导致肠绞痛，那么应该在几天内尽快停用这些食物。
- 如果宝宝喝的是配方奶粉，可以让儿科医生推荐一种替代产品。
- 尽量让自己有规律地休息一下。如果你还没找到可靠的保姆帮你，至少在晚上与你的家人换个班，这样你们之中的一人就能走出家门，稍稍歇一歇。至少是出去散散步，或洗个热水澡。
- 承认自己愤怒或沮丧的情绪，并在你认

| 父母的疑虑 | 可能的原因 | 应对措施 |
|---|---|---|
| 宝宝在每天的差不多同一时间用力大哭。得到关注后会安静下来 | 宝宝感到烦躁 | 不断满足宝宝所需的关怀。她会很享受父母的陪伴，并且会很快发现，除了用哭声，还可以用其他方式表达需求 |
| 4个月左右或以下的小宝宝，在白天有规律地哭，下午两三点之后或晚上尤甚。一边哭一边放屁，蹬着双腿，并且很痛苦地扭来扭去 | 肠绞痛引起的哭泣，通常发生在2周到四五个月的时候 | 正确地给宝宝喂奶，并且拍嗝。让宝宝穿着舒适，保持尿布干净。拥抱你的宝宝，让自己适应宝宝的哭声，因为这种哭泣在几周之内会自然停止（参考第2页“应对肠绞痛”）。如果他哭得很剧烈，非同寻常，请咨询儿科医生，给宝宝做个检查以排除病理方面的原因 |
| 宝宝在夜晚睡前哭泣，因为在一天中体验了许多新奇的东西，比如见到许多陌生人 | 受到过度的刺激 | 安抚宝宝，确保他的需求得到满足。有的新生儿和小婴儿对新的事物非常敏感。他们需要一段时间来适应 |
| 家庭关系紧张。宝宝的主要抚养者承受着非常大的压力 | 情绪上的紧张 | 即使是新生儿也能感受到大人情绪的变化。如果发生重大变故，你感到矛盾、困惑或者愤怒，尽量使宝宝的日常与以往保持一致。给予他更多关怀，并努力平复自己的压力 |
| 宝宝基本不哭，但是他拒绝每天最后一次喂食。有流鼻涕和打喷嚏的症状 | 耳部受到感染 | 仔细地观察和倾听宝宝48~72小时。耳部受到感染的宝宝白天时可能表现得一切正常。但是夜晚或躺下时，他会感到非常疼痛。如果这种症状没有好转，请打电话给儿科医生。他可能会建议给宝宝使用镇痛药或麻醉药来减轻疼痛，或者他会建议直接带宝宝去医院就诊 |
| 在你食用完奶制品后，用母乳喂养你的宝宝，引起宝宝好几个小时连续哭泣。你似乎没有办法让他安静下来 | 对牛奶过敏（不常见） | 向儿科医生请教，如果他同意，在2周之内不要食用奶制品。一些宝宝将会有变化，但绝大多数不会。如果宝宝的症状消失了，当你重新食用奶制品时又出现，宝宝也许是对牛奶过敏。如果是这样，让儿科医生帮助你调整一下你的饮食 |
| 宝宝的哭声非同寻常，非常痛苦，腹部紧绷并且膨胀（变得更大更圆，因为肚子里胀气）。有黄色呕吐物并且粪便中带血 | 肠道阻塞或其他潜在的严重肠道问题 | 马上打电话给儿科医生。在儿科医生诊断之前不要喂食。宝宝也许需要紧急治疗 |

为自己会失控或伤害到宝宝的时候，打电话给你的亲人或朋友。试试深呼吸，数到10。如果你感到自己就要丧失理智了，最安全的做法就是，把婴儿留在婴儿床上或其他安全的地方，自己去另外一个房间，让他一个人哭一会。控制好愤怒和沮丧的情绪对于防止发生婴儿虐待性头部外伤是非常重要的，这是一种通常发生在1岁以内的婴儿身上严重的儿童虐待。

永远都不要摇晃、抛扔、打击、碰撞、猛拉你的宝宝。虐待性头部外伤会造成严重的脑损伤、失明、脊椎损害和发育延迟。如果婴儿发生虐待性头部外伤，通常会出现易怒、嗜睡、战栗、呕吐、抽搐、呼吸困难及昏迷等症状。

如果你的宝宝遭到摇晃，马上带他去急诊中心或儿科医生那里。他需要做个检查。任何有可能发生的脑损伤如果没有得到治疗，都会变得越来越糟糕。

## 用安抚奶嘴让宝宝保持愉悦

安抚奶嘴不应该被用来替代或延迟喂奶。如果你把安抚奶嘴给饥饿的婴儿，他也许会因为没有得到喂食而非常不安。购买的时候，要选用一体化安抚奶嘴。根据婴儿年龄选择合适的奶嘴尺寸。用开水或洗碗机清洗。不要把安抚奶嘴系在婴儿的脖子上，也不要用奶瓶上的奶嘴替代安抚奶嘴。

## 症状

单纯大便变稀不是腹泻，腹泻是一天出现12次的水样便。母乳喂养的婴儿粪便是浅黄色的，软软的，甚至呈水样，常常有看起来像种子一样的颗粒状物。母乳喂养的婴儿，也许每次喂奶的时候都会排便。配方奶粉喂养的婴儿，他们的便便往往看起来是黄色到黄褐色的，像花生酱一样黏稠。不论是母乳喂养还是配方奶粉喂养，随着孩子的成长，便便的次数会慢慢变少。有关较大婴儿和幼儿的腹泻，参看第70页“婴儿和儿童腹泻”。

便便中稍微带点绿色是正常现象。只要宝宝吃东西和成长都正常，就不用担心。除非他的便便带白色或是黏土样，水样带黏液，或又干又硬。并且正常的便便不应该是黑色的或带血。如果出现了这样的状况，请咨询儿科医生。

**如果你的宝宝有腹泻并且有以下症状，马上打电话给儿科医生**

- 年龄小于等于3个月。
- 直肠的温度高达100℉（38℃）或以上。
- 呕吐。
- 无力或易激惹且不想进食。
- 表现出脱水症状，比如口干或超过3小时没有排尿。

**注意！**

婴儿很容易脱水。如果婴儿不到3个月大并且出现发热(参看第8页“3个月以内婴儿的发热”)和腹泻。马上打电话给儿科医生。如果是3个月以上的婴儿有轻微的腹泻，并且低热超过1天，确认一下他排尿量是否正常。并且用温度计测量体温后，打电话给儿科医生。

## 应对婴儿腹泻

由病毒感染引起的呕吐和腹泻，会让婴儿在1~2天感到不安。如果婴儿在其他方面的表现都很健康，症状会自行消失。儿科医生会建议给婴儿喂水，以补充腹泻时体内流失的水分和电解质（比如钠和钾）。如果是母乳喂养的婴儿，儿科医生很可能会建议你像往常一样喂养。如果宝宝喝配方奶粉，儿科医生也许会指导你给宝宝喂食一种特殊的饮料，里面含有电解质和糖分。药店里可以买到现成的、适合新生儿和小婴儿的电解质平衡饮料。因为家里自制的往往达不到准确的电解质平衡，所以不要使用。

| 父母的疑虑 | 可能的原因 | 应对措施 |
|---|---|---|
| 宝宝每天排便很多次 | 正常的消化 | 只要宝宝很愉快并且胃口好，就不需要采取什么措施。最终，他排便的次数会减少 |
| 宝宝突然间比往常排便增多。便便是水状的，还出现呕吐、发热或者易激惹 | 腹泻、病毒性肠胃炎 | 咨询儿科医生，看看是否需要去检查并进行治疗 |

## 症状

在出生的第一年里，宝宝的主要食物是母乳、奶粉或两者的混合（儿科医生建议在婴儿4~6个月或体重达出生体重2倍时添加固体食物）。父母所关心的是如何确保婴儿获取足够的热量。你可以制订一个喂养计划，并不是说你要严格按照计划执行，并坚持让婴儿在每餐吃下固定的量。注意婴儿所发出的需求信号并满足他才是最重要的（也可以参看第16页“吐奶”）。

早期的时候，婴儿需要每两三小时喂一次，这样一天需要喂奶8~12次。如果婴儿一次睡眠的时间超过了4~5小时，会错过喝奶时间，这时把他弄醒，给他喂1瓶奶或母乳。实际上，如果婴儿还不到两三个月大，就开始睡整夜觉，晚上不喂奶，这样可能会影响他的进食量。另一方面，有些婴儿需要频繁地喂食，每1~2小时就要喂一次，这样会帮助妈妈增加产奶量。

快速成长期或许会让婴儿比往常更加容易饥饿。尽管每个婴儿各不相同，但快速成长期通常都发生在婴儿3周、6周、3个月和6个月大的时候。有时候，你甚至感觉不到婴儿成长速度的变化。如果宝宝是母乳喂养，做好准备，增加喂母乳的次数。如果宝宝喝配方奶粉，则要考虑增加每次喂奶的量。儿童或青少年进食问题，参看第184页“进食障碍”。

**如果婴儿有以下症状，告诉儿科医生**

- 体重减轻或不增加。
- 出生1周之后的新生儿皮肤还是皱巴巴的或者发黄。
- 每天超过8次稀便或水样便。
- 每次喝奶后都大吐。

**注意！**

许多家长都担忧他们的婴儿有喂养不当。为了消除疑虑，可以去儿科医生那里确认一下婴儿在最初2个月的体重增长情况。

## 给婴儿适量的食物

要知道，给婴儿适当的奶量不是一件容易的事。但是，时时记着，婴儿的胃是很小的。出生几天的新生儿每次喂2~3盎司（60~90毫升）奶量。刚刚出生几周的婴儿，平均3~4小时就要吃一次。母乳喂养的婴儿，通常需要更少的量、更多次的喂食母乳。快满月的时候，他们每次至少可以喝120毫升奶，差不多4小时喂一次。到他们6个月的时候，婴儿每次能喝6~8盎司（180~240毫升），每天吃4~5次。

平均来说，每天婴儿每1磅（453克）的体重，需要摄入2.5盎司（75毫升）奶。但是，婴儿会根据每天自己的个体需求来调节摄入的奶量。让婴儿自己来告诉你，他已经吃饱了，而不是非要他喝下固定的量。在刚刚出生的那个月里，大多数的婴儿每次喂3~4盎司（90~120毫升）奶就能满足需求。此后每个月会增加1盎司（30毫升）的量，直到七八个月大的时候，他们最大食量可达到7~8盎司（210~240毫升）。如果婴儿一直以来的食量都多于或少于以上的数据，请咨询儿科医生。

| 父母的疑虑 | 可能的原因 | 应对措施 |
| --- | --- | --- |
| 婴儿有时候喝奶喝得很慢，有时喝几口就睡着了 | 并不是很饿、困了（在婴儿刚刚出生那周很常见） | 轻轻地敲一敲婴儿的脸颊和嘴，以激起他的觅食反射去寻找乳房或奶瓶。如果婴儿还不饿，过一会儿再喂。如果他就要睡着了，把他的衣服脱下来，直到只剩下尿布 |
| 如果婴儿惊慌不安无法喂食 | 发脾气、过度饥饿、肠绞痛（参看第2页“哭闹和肠绞痛”） | 在婴儿过度不安之前，就做好一切准备。在安静的环境下喂奶。婴儿长大后肠绞痛就会消失。试一试缩短两餐间隔时间 |
| 婴儿每次喝完奶后都吐奶，但是体重正常增长（参看第16页“吐奶”） | 正常表现或可能是过度喂养 | 婴儿吐奶现象会随着长大而消失。给自己准备一条毛巾，以免弄脏。喂食过后让婴儿保持平静。咨询儿科医生看是否有过度喂养 |
| 婴儿在每次喂食之后呕吐。体重减轻或没有增加 | 幽门狭窄或其他的消化道阻滞，胃食管反流（食物从胃中反流入食管） | 咨询儿科医生做评估和治疗 |
| 水样便，大便带血，充满黏液。每天排便8次以上 | 感染性腹泻、食物过敏 | 咨询儿科医生 |
| 婴儿体重增长不如预期 | 发育迟缓 | 立刻给儿科医生打电话。婴儿也许只需要简单的处理，但是儿科医生要对他进行检查，以排除任何严重的健康问题。你还可以和儿科医生一起分析婴儿的生长曲线 |

## 症状

婴儿发热会让许多父母感到不安。然而，大多数情况下发热是无害的。实际上，发热能够调动免疫系统帮助身体击退感染。只有当发热让婴儿感到不舒服时才需要去治疗。记住，婴儿的表现比温度计上的数字更加重要。

正常情况下，人体体温比人体平均温度 98.6 ℉（37℃）高或低 1 ℉（17℃）。几乎所有的孩子，在婴儿时期都遭受过至少一两次轻微感染。这些感染表现为许多症状，其中之一就是身体温度上升。

如果你觉得婴儿发热了，你想给她测量体温，使用电子温度计测量直肠温度。这样测出的温度是最准确的（如果婴儿不满 12 个月）。如果婴儿的体温在 100.4 ℉（38℃）或以上，立刻给儿科医生打电话。除此之外，如果发热超过 24 或 48 小时，也应当咨询儿科医生以获取进一步的建议。由于发热，身体的水分会流失，婴儿或许存在脱水的危险，如果同时还伴有呕吐或腹泻，将会更加危险。

**如果出现下列情况，马上给儿科医生打电话**

- 3 个月内的婴儿温度在 100.4 ℉（38℃）以上。
- 你无法安抚婴儿，他出现了以下症状，例如：呼吸困难、虚弱、腹泻、呕吐，或看起来病得更加严重了。

**注意!**

千万不要给婴儿服用阿司匹林退热。使用阿司匹林可增加患瑞氏综合征的风险。瑞氏综合征是一种罕见但十分凶险的疾病。它由病毒感染引起，会影响到大脑和肝脏。虽然对乙酰氨基酚（比如泰诺）有助于退热缓解不适，但是没有医生的建议，千万不要把它或其他任何药物给 3 个月以下婴儿服用。如果儿科医生建议服药，一定要注意，不要超过建议用量（例如，给婴儿服用其他也含有对乙酰氨基酚的药物）。确保使用的药品自带测量用量的器皿。

| 父母的疑虑 | 可能的原因 | 应对措施 |
|---|---|---|
| 婴儿的脸蛋看起来很红。虽然她看起来不像是生病的样子，但是她不睡觉并且出了很多汗。她的头发很潮湿，身上有热疹 | 太热了 | 保持室内温度舒适，凉爽。看看婴儿是否穿得太多。如果婴儿出汗了，或头发湿了，脸蛋红了，长痱子了，说明她太热了 |
| 3 个月以内的婴儿体温超过 100.4 ℉（38℃） | 感染或其他需要检查和治疗的健康问题 | 打电话给儿科医生，3 个月以内的婴儿发热有可能很严重。儿科医生要给婴儿做个检查以排除任何严重的感染和疾病 |

## 如何测量直肠温度

如果宝宝不到 1 岁出现了发热，给他测量直肠温度会得到最准确的结果。按以下 6 个步骤（图 1-1）来测量直肠温度。

1. 用电子体温计来测量婴儿温度。
2. 用外用乙醇、肥皂或水清洁体温计末端。用冷水冲洗。不要用热水冲洗。
3. 在体温计末端涂点润滑剂，比如凡士林。
4. 把宝宝肚子朝下放在你的腿上或坚硬的物体表面上。用你的手掌扶住他背部下方、臀部之上。或让宝宝面朝上平躺着，把他的腿弯曲在他的胸前。把另一只手紧靠在他的大腿后侧。
5. 用另一只手打开温度计，然后将温度计插入肛门开口处 0.5~1 英寸（1.27~2.54 厘米）的深度。不要插得太深。用两只手指稍稍固定住体温计，用其余手指托住宝宝的臀部。就这样保持 1 分钟，直到你听到体温计的“滴滴”声。撤走体温计，读出体温计上的温度。
6. 记住要给测量直肠温度的体温计做上记号，这样就不会误拿用来测量口腔温度了。

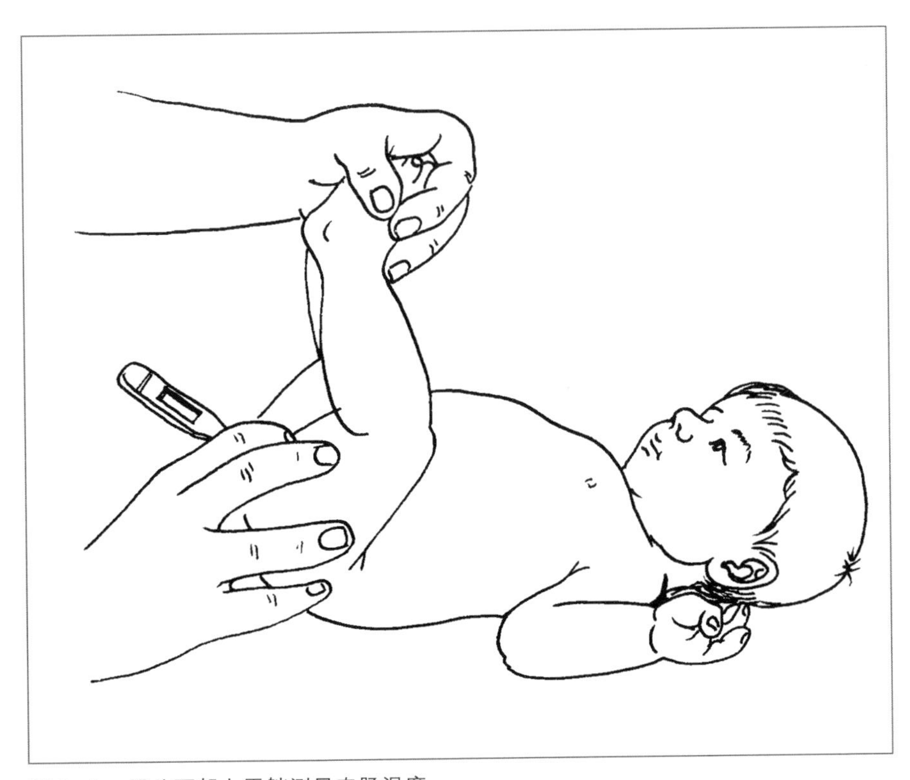

**图 1-1**　婴儿面朝上平躺测量直肠温度

## 症状

黄疸是指皮肤颜色出现黄染，这常常发生在眼白处。它是由血液中超量的胆红素引起的。胆红素是红细胞在正常细胞周期结束时破坏或受损时形成的一种色素。通常情况下，胆红素由肝脏代谢，并通过粪便排出。80% 的新生儿患有黄疸，因为他们的肝脏还未发育成熟，代谢速度跟不上胆红素的生产速度。许多母乳喂养的婴儿在出生的第 1 周都会有黄疸。不要太担心，这并不是什么危险信号，儿科医生会检查婴儿，以排除引起黄疸的特殊的严重原因。

再大一些的儿童、青少年中，黄疸是一种危险信号，它说明肝脏受到了感染或肝功能方面出现了健康问题。任何年龄段的孩子得了黄疸，都应该去看医生，儿科医生会查出引起黄疸的原因并给出治疗方案。

**如果有下列症状，打电话给儿科医生**

- 孩子的皮肤或眼白变黄。

## 新生儿黄疸的治疗

许多健康的宝宝在刚刚出生几天的时候，皮肤或眼白会呈淡黄色。这种叫作生理性黄疸。说明新生儿的血液有过多的胆红素，这是红细胞正常破裂时释放的一种化学物质，在新生儿的体内它的浓度常常较高。这是因为宝宝出生时体内含有多余的红细胞，并且这些红细胞的生命周期比成年人的短。胆红素通过肝脏代谢，然而，新生儿的肝脏功能尚未发育完全并不能充分发挥作用。在新生儿粉嫩的皮肤上出现一点黄疸并不需要特殊治疗。

体内正常的胆红素浓度不会危害到宝宝的健康，但是如果胆红素浓度高过正常水平很多，就会引起脑部损伤。根据婴儿体内胆红素浓度、婴儿早产的程度或婴儿是否患其他疾病，儿科医生也许会使用光疗对黄疸进行治疗。这种治疗方法是让婴儿照射特殊的灯光，以减少体内的胆红素，直到婴儿的肝脏更加成熟。这些灯光中不含紫外线。即使用了这种疗法，在几天或几周内，婴儿体内的胆红素浓度还可能会比正常情况高一些。儿科医生如何用光疗法治疗黄疸，取决于婴儿体内胆红素的浓度。婴儿可以在家里接受治疗，也可以在医院得到医护专业人员持续的监测。有时候，对于轻微黄疸的婴儿，医生更倾向于用多喂母乳或奶粉的方法来治疗黄疸。这样有助于胆红素从粪便中排出。

| 父母的疑虑 | 可能的原因 | 应对措施 |
| --- | --- | --- |
| 出生 2~7 天的婴儿患上黄疸 | 生理性黄疸 | 向儿科医生咨询，医生会对婴儿进行检查并且进行必要的治疗（通常情况下不需要治疗） |
| 母乳喂养的婴儿出生 1 周后，皮肤看起来还是黄黄的 | 母乳喂养性黄疸或其他需要评估和治疗的健康问题 | 咨询儿科医生，他会给婴儿做检查并确定引发黄疸的原因。75% 母乳喂养的婴儿会有持续至少 1 周的轻微黄疸，这是无害的 |
| 母乳喂养的婴儿，出生 2 周后还有黄疸。便便的颜色非常浅 | 母乳性黄疸 | 咨询儿科医生。如果黄疸持续时间更久，有必要进行进一步检查 |
| 奶粉喂养的婴儿，出生 2 周后，仍然患有黄疸。便便的颜色非常浅 | 胆道闭锁（胆管阻塞）、其他的阻塞造成胆汁流通不畅 | 咨询儿科医生。需要对婴儿进一步检查来确定病因并推荐治疗方案 |

## 症状

婴儿的皮肤在出生前，被像芝士一样的胎儿皮脂保护着。胎儿皮脂在孕晚期产生，(出生后) 一旦脱落，宝宝的皮肤会因暴露在空气中而有些脱皮。这是正常现象，并不需要治疗。此外，许多婴儿的胎记并不需要治疗，它会随着时间慢慢褪去。但是有一些胎记在消失前会变大，还有一些是永久性的。儿科医生会告诉你什么样的胎记需要治疗。新生儿和小婴儿在刚刚出生的几个月里会长出各种各样的疹子。就像胎记一样，这些疹子往往会自行消失，不需要治疗。如果婴儿长了顽固的或大面积的疹子，请告诉儿科医生。

无论婴儿用品广告怎么宣传，通常情况下婴儿不需要粉、油和乳液来保持皮肤光滑。如果婴儿的皮肤很干燥，可以在干燥的部位涂一点无香的婴儿乳液或软膏。避免使用婴儿油，因为它含有香精且不如乳液滋润。要使用婴儿专用肥皂和护肤品，其他产品可能含有香精、色素、乙醇或其他会引起刺激的化学成分。

每天洗一次澡，对婴儿来说是好的，但并不是必需的，可以把洗澡当成睡前常规的一部分。给婴儿洗澡时为了确保水的温度适宜，可以用手腕或肘内侧来测量水温，以这两处感到温度刚刚好为宜，同时还要注意控制洗澡的时间。用无香型的润肤露，洗澡后抹上润肤霜和软膏能让婴儿皮肤保持湿润。要把宝宝从脸到手所有的食物残迹都清洗干净，换尿布的时候要将尿布包裹的皮肤彻底清洁干净。

**如果婴儿有以下症状，请咨询儿科医生**

- 顽固的或大面积疹子。
- 变大的胎记。

**注意!**

用清水、吸水性棉布或干净的毛巾来清洁婴儿的皮肤。不要使用湿巾。如果你要用湿巾的话，选择婴儿专用的湿巾。成年人用的湿巾含有乙醇，会造成皮肤干燥和过敏。

## 应对尿布疹

婴儿期，许多婴儿尿布区域会出现轻微的尿布疹。引起的原因包括：尿布穿得太久或是由于腹泻或稀便刺激所致；湿或脏的尿布上的化学成分刺激了皮肤，使得皮肤对细菌感染抵抗力变弱。疹子通常呈红色或凸起于皮肤表面，长在直接接触湿的或脏的尿布的，包括下腹部、臀部、生殖器和大腿的褶皱处。如果你照顾得及时，皮疹症状在 3~4 天就会有所改善。治疗尿布疹是很重要的，因为受损的皮肤接触到尿液和粪便后会变得更加敏感。

没有经常更换尿布或排便次数多的婴儿，更容易得尿布疹。此外，使用抗生素的婴儿也容易得尿布疹，因为抗生素杀死了好的细菌，而且使得正常皮肤上的酵母菌在稀便中的数量增加并过量增长。

在婴儿排便后马上更换尿布，能够尽可能降低婴儿患尿布疹的风险。同时，用清水、吸水性棉布或软布清洁尿布区域，换掉湿的尿布，避免婴儿的皮肤暴露在尿液的湿气和化学物质中。尽量减少婴儿穿尿布的时间。如果用的是紧包着大腿和下腹部的一次性尿布，要确保它们足够宽松，以利于空气在里面的流通。

如果婴儿长了尿布疹，使用含氧化锌成分或凡士林的尿布疹霜涂抹疹子，并且经常更换尿布。如果 2~3 天还没有好转，请咨询儿科医生。

| 父母的疑虑 | 可能的原因 | 应对措施 |
| --- | --- | --- |
| 婴儿身上有一处或多处粉红色、棕色、红色或紫色的斑块 | 出生几周的婴儿，身上会长鲜红斑痣（一种胎记）、血管瘤、葡萄酒色斑（深红到紫色的胎记） | 根据胎记类型必要时进行检查和治疗。在某些部位（例如颈背、额头中央、上唇中线、鼻周、眼睑）出现的粉红色斑块状平坦的胎记，被称为橙红色斑或鹤吻纹。通常在婴儿 12~18 个月时会自行消失。鲜红色血管瘤（“草莓印记”）刚开始长得很快，之后会平缓下来，长到孩子 5~7 岁大时会慢慢消失。如果血管瘤中心有溃疡，干扰到婴儿的视力或引发了其他问题，也许需要进行治疗。对于葡萄酒色斑，儿科医生也许需要在检查后再决定可能的治疗 |
| 婴儿背部或臀部有蓝灰色像瘀青样的大块胎记 | 蒙古斑 | 这种胎记很常见。一般在孩子 5 岁之前会褪去 |
| 新生儿的鼻子、上嘴唇、脸颊、额头上有大量的黄白色斑点 | 皮脂腺增生、粟粒疹（小白头）、热疹（痱子） | 前两种情况是由油脂腺增大引起的，不需要治疗，会自行消失。痱子不需要治疗，一般会消失。同时，避免给婴儿穿太多衣服 |
| 婴儿长了黑头、白头或其他像痤疮一样的斑点 | 新生儿痤疮 | 痤疮在新生儿和小婴儿中很常见，可能是由母亲或婴儿体内的激素造成的。不需要治疗，会自行消失，但如果一直不褪去，请咨询儿科医生 |
| 婴儿的头皮或耳后有油腻的黄棕色斑块 | 脂溢性皮炎（头痂，参看第 94 页“掉发”） | 常常用温和的洗发水清洁婴儿的头皮，并擦干。在清洁之前，用婴儿乳液或凡士林涂抹头皮，能软化痂皮。可以向儿科医生咨询相应的乳霜 |
| 婴儿的尿布区域长了红色点状疹子 | 尿布疹（受到尿液或粪便的刺激），或合并了酵母菌和其他细菌的感染；脂溢性皮炎（皮脂腺分泌过多油脂）；银屑病（罕见）；皮肤变红 | 马上把湿的或脏的尿布换掉。用清水清洗尿布区域并擦干。涂抹凡士林和含有氧化锌的屁屁霜能保护宝宝受感染的皮肤。如果疹子没有好转或更严重了，请咨询儿科医生 |
| 婴儿的脸颊、尿布区域或其他地方长了红色鳞状斑块 | 湿疹 | 咨询儿科医生。如果湿疹非常严重，儿科医生会求助皮肤科医生（参看第 26 页“过敏反应”） |
| 婴儿身上长水疱 | 大疱性脓疱病（一种葡萄球菌感染） | 马上打电话给儿科医生。这很可能是严重的健康问题，需要立刻进行治疗 |

## 症状

新生儿和小婴儿吃饱了就会睡觉，饿的时候就会醒过来。然而，就在这个阶段，你可以开始教他们，白天的时间是用来玩耍和互动的，晚上的时间是用来睡觉的。晚上喂奶的时候，调暗灯光，尽量保持安静，用最快的速度更换尿布。宝宝吃完奶换完尿布轻轻地拍拍后，就可以把他放回床上。

等到婴儿的体重达到12、13磅(5.44~5.9千克)的时候，他的胃有足够的空间储存整个夜晚需要的奶量。实际上，大多数婴儿在3个月大的时候，几乎每个夜晚都能一觉睡6~8小时，而不会中途醒来。但是如果哪天他半夜又醒了，也不要感到不安。感冒或其他疾病、分离焦虑(参看第84页“恐惧”)等其他因素也可能会打断睡眠。即使已经形成了睡眠习惯的孩子，也会因为白天睡得过多晚上睡得少而睡反。如果你有足够的耐心，并且坚持作息时间，他还是会回到原来的睡眠模式。

用洗澡、换睡衣这些方式结束白天的活动。遵循固定的睡眠程序就能把时间分成醒来的时间和睡眠的时间。如果你制订了一个常规的作息时间表，你会发现一些突发事件会更加容易处理。

婴儿有时候需要一些帮助，才能入睡，尤其是刚出生几个月的婴儿。提供一个舒适的环境，能让新生儿更容易入睡。对于许多婴儿来说，安抚奶嘴也是很有用的。许多婴儿每天都保持睡前洗澡、换睡衣、听故事的习惯。这样会令他们感到放松。听轻柔的音乐也有助于婴儿的睡眠。当婴儿困倦时，在他睡着之前，把他放到婴儿床上(参看第2页“哭闹和肠绞痛”，获得更多如何让哭闹的婴儿平静下来的方法)。尽管婴儿能在持续的高分贝噪声中入睡，比如街道上车来车往的声音、家里大孩子的打闹声，但是突发的不同声音，比如弄纸的噼啪声、钥匙的开锁声，却会立刻把他们吵醒。

**如果有下列症状，请咨询儿科医生**

- 婴儿半夜醒过来有发热。
- 婴儿一直在睡觉几乎没有完全清醒的时候。

**注意!**

尽量不要每次一听到声响就冲到婴儿面前。浅睡的时候，婴儿会烦躁甚至哭泣。这对于一些婴儿来说是正常现象，因为他们正在学着重新入睡。当然，如果他的哭声告诉你，他饿了、疼痛或要换尿布，满足他的需求并把他放回到床上。

## 婴儿的睡眠姿势

当你把婴儿放下，让他睡觉的时候，确保让他脸朝上睡在硬床垫上。研究表明婴儿脸朝上睡觉，比较不容易得婴儿猝死综合征(SIDS)。但是，面部畸形的婴儿是特例，这些婴儿脸朝上睡觉时容易气道堵塞。另外，宝宝有呕吐、上呼吸道有解剖问题的喉裂婴儿，不要脸朝上睡觉。这里的呕吐和吐奶是不同的概念。更多吐奶 的相关的内容，参看第16页“吐奶”。更多呕吐相关的内容，参看第168页“呕吐”。

在婴儿睡觉前，清理掉婴儿床上的玩具和床品，包括毯子和床围。这些东西如

果离婴儿的脸部太近会影响睡眠。

引发婴儿猝死综合征的原因很多，睡眠姿势可能只是其中一个。然而，儿科医生觉得这两者之间很可能是相关的，所以最安全的做法就是听从他们的建议。一旦婴儿能翻滚，并找到让自己舒服的姿势——通常是在婴儿 4~7 个月，这时他已经度过了得婴儿猝死综合征风险最高的时期。

| 父母的疑虑 | 可能的原因 | 应对措施 |
| --- | --- | --- |
| 婴儿睡着的时候，眼睛抽搐、痉挛或移动，半睁着眼睛睡觉 | 对于新生儿和小婴儿来说，是正常的睡眠行为 | 不必采取什么措施。这些行为发生在快速眼动睡眠期间，这时候婴儿正在做梦。过不了多久，他睡觉时就会完全闭上眼睛 |
| 3 个月的婴儿还不能睡整夜觉。他喝奶喝得很好，长得也正常 | 正常行为 | 婴儿最终总是会睡整夜觉的。试着展开固定的睡眠程序，或考虑一下试试早点上床 |
| 当你把婴儿放到婴儿床上的时候，他的哭声听起来好像哪里会痛。他有点发热并感冒了 | 呼吸道疾病或耳朵感染（参看第 8 页“3 个月以内婴儿的发热”） | 咨询儿科医生 |
| 不论睡觉或醒着，婴儿呼吸的声音很吵 | 喉气管软化症（气道组织的正常软化） | 如果婴儿吃东西、睡眠和成长都正常，这些噪声说明气道组织还没有完全长好。到他 18 个月的时候，这些呼吸的噪声就会消失，但是要向儿科医生说明一下这种情况 |
| 婴儿的呼吸很吃力，好像呼吸困难一样 | 呼吸窘迫 | 马上咨询儿科医生，或者直接去急诊室 |
| 6 个月以上 1 周岁以内的婴儿，晚上醒来的次数变多了 | 分离焦虑（参看第 84 页“恐惧”） | 与儿科医生讨论一下这件事 |

## 症状

喂完奶后，如果婴儿的肚子过饱或突然改变婴儿的姿势，胃里面的东西会强迫括约肌打开，并反流到食管。与呕吐（参看第 168 页“呕吐”）不同的是，吐奶不涉及强有力的肌肉收缩。吐出少量的奶，不会让婴儿感到痛苦或不舒服。

许多婴儿在喝奶时吞下空气后会吐奶。最好的预防措施是，在他还不是非常饥饿的时候喂他。喂奶的时候，在特定的角度抱着他，能阻止空气进入他口中。在他喝奶停下来休息的间隙，轻轻地给他拍嗝（参看“减少吐奶小贴士”）。喝完奶后，限制剧烈运动，并竖着抱他至少 20 分钟。如果吐奶的频率超出一般范围，有的儿科医生会建议加入少量米糊，使奶变稠。做法如下，在每盎司（约每 30 克）奶中加入 1~3 茶匙米糊。通常，当婴儿会坐的时候，他就不会吐奶了。但是有一部分婴儿会持续吐奶，直到他们改用杯子喝奶或会走路。在停止吐奶之前，喂奶和拍嗝的时候，试着养成用毛巾或布尿片保护自己的习惯。

### 如果有下列症状，咨询儿科医生

- 每次喂食之后，婴儿都呕吐得很厉害。
- 婴儿体重减轻或没有增加。
- 婴儿呕吐时带血。

**注意!**

一旦婴儿躲开奶瓶就不要再坚持喂奶了。婴儿知道自己该吃多少，你强行让他喝下过多的奶，只会让他吐奶。

## 减少吐奶小贴士

吐奶几乎无法避免。但是能靠喂奶技术让婴儿不会吞下过多的空气。做到以下几点能够帮助减少吐奶的量和次数。

- 在婴儿极度饥饿之前喂奶。
- 喂奶时保持平和、安静、慢速、放松。
- 喂奶时避免中断、突发的噪声、明亮的灯光和其他的干扰。
- 每隔 3~5 分钟，或是在喝奶间隙，从一边乳房换到另一边乳房的时候，给婴儿拍嗝。
- 母乳喂养的婴儿，如果喝奶的时候不顺畅，会感到沮丧或不安。你可以帮宝宝调整到正确姿势。抱着宝宝，让宝宝的整个身体而不仅仅是他的头部，朝向你的身体。把你的拇指放在乳晕（乳头旁边的粉红区域）上，手掌和其他手指扶在下边，握着乳房。轻轻地挤压乳房，把乳头放进婴儿口中。这样，婴儿就能含住整个乳头了。
- 喂奶的时候让婴儿舒适地坐着。喂完奶，让婴儿直坐在你的膝盖上、婴儿车里或婴儿座椅上大概 20 分钟。避免在宝宝躺着的时候喂他。
- 刚刚喂完奶的时候，尽量不要推挤婴儿，不要玩得太剧烈。
- 如果婴儿用奶瓶，请确保奶嘴的状况良好，上边的孔不会太大（太大会造成奶的流速太快）或太小（太小会让婴儿沮丧，并且吞下空气）。如果奶嘴上的孔大小合适，当你把奶瓶奶嘴朝下的时候，奶会滴出几滴，然后停止。

| 父母的疑虑 | 可能的原因 | 应对措施 |
| --- | --- | --- |
| 每次喂完奶后，婴儿都会吐一点奶 | 胃食管反流(如果是轻微的，是正常现象) | 不必采取什么措施。随着婴儿肌肉发育成熟，吐奶的频率会降低，直到停止 |
| 婴儿一口气喝完了奶，似乎吞进了很多空气 | 吞气症 | 确保婴儿喝奶的姿势正确(参看第16页“减少吐奶小贴士”，也可以参看第6页“婴儿的喂养问题”) |
| 喂完奶后，你上下摇晃婴儿或和他玩耍，引起吐奶 | 过度刺激 | 喂奶的时候保持平静，喂完奶后的30分钟内应当限制剧烈玩闹 |
| 每次喂完奶后，婴儿由吐奶变成了涉及肌肉收缩的呕吐。呕吐物强有力地喷射出来 | 幽门狭窄或其他需要诊断和治疗的健康问题 | 咨询儿科医生，让医生给婴儿做检查并确定呕吐的原因 |
| 你发现婴儿吐奶或呕吐时带血 | 食管炎或其他需要诊断和治疗的健康问题 | 立刻咨询儿科医生，让他马上给婴儿做检查 |

第二章

# 婴儿和儿童常见症状

## 养育一个健康的孩子

随着婴儿渐渐长大，他们越来越多地接触到外界的人或物，这些能激发他们的好奇心，能促进他们的成长。这个全新的阶段，让你欣喜的同时也让你担忧。随着婴儿接触范围的扩大，他会受到传染性疾病的侵害，也会遇到危险的情况。

尽管你小心翼翼地采取了所有的预防措施来防止孩子生病或受伤。总会有这样那样的情况，令孩子即使是在最健康的时候，也还是会生病。有些疾病，表明暂时性的身体不适，比如感冒。另外一些疾病，却严重得多，需要请儿科医生马上治疗。这一章的表格中，列出了从婴儿时期到青少年时期最常见的疾病。在这一章里，表格中的内容会帮助你识别哪些疾病症状会自行消失，哪些疾病需要儿科医生的看顾。如果孩子身上的症状与所列出的这些都不是十分符合，或者你关于如何处理这些情况有任何疑虑，请打电话给儿科医生寻求建议。

## 症状

许多生理或心理的原因都会引起腹痛。急性腹痛，来势汹汹（关于慢性腹痛，是指反复腹痛持续 1 周或以上，参看第 22 页“慢性腹痛”）。幸运的是，大多数腹痛不需要特殊治疗，会自行消失。就像之前提过的那样，父母必须熟悉特殊的或可能引起严重后果的疾病表现。

## 治疗阑尾炎

阑尾炎是阑尾（图 2-1）部位受到感染或有炎症。阑尾处在大肠和小肠交接的地方，是一个虫子状的袋状物。当孩子腹痛，或有其他症状，证实是阑尾炎时，必须尽快切除阑尾。否则，它就会破裂，引发腹膜炎（一种会在腹腔内扩散的严重感染）。手术后，几乎所有的孩子都会很快康复，不会留后遗症。

**注意!**

不要强迫腹痛的孩子吃东西，如果他想喝水的话，提供足够多清水，不要给他服用镇痛药（如给 3 个月以上未出现呕吐和脱水的孩子服用对乙酰氨基酚），除非经过儿科医生的检查，征得同意。

**如果有下列症状，立刻打电话给儿科医生**

- 1 岁以下的婴儿，看起来很痛苦，这说明他可能肚子痛了（比如异常的哭声，把腿屈向肚子）。
- 孩子持续腹痛 3 小时或以上。
- 孩子腹股沟或睾丸处肿痛。
- 呕吐或腹泻 3 小时后，持续腹痛。
- 孩子的呕吐物呈绿色，或者粪便或呕吐物中带血。

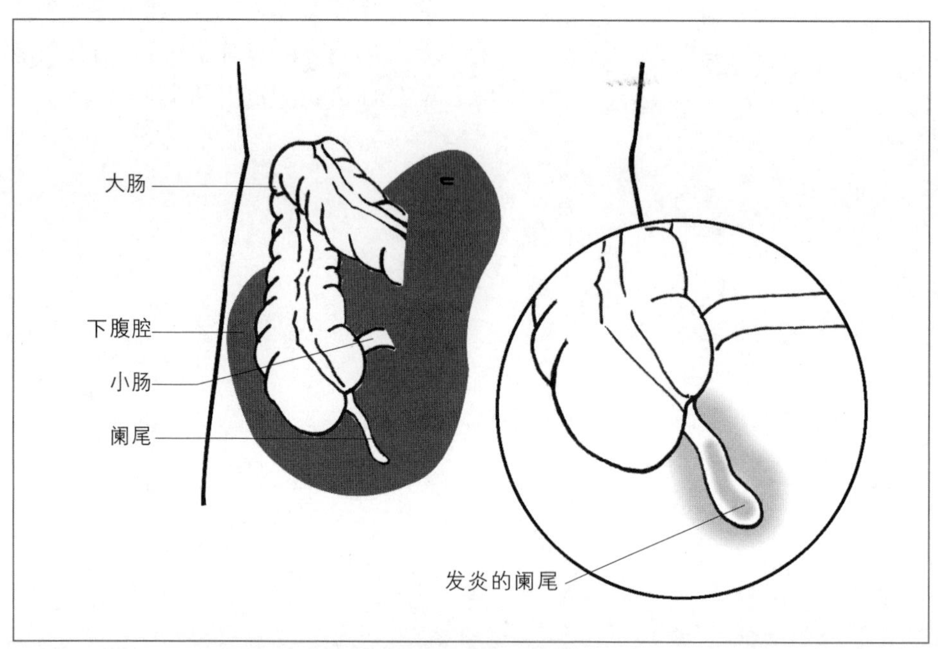


图 2-1　阴影区域是阑尾炎发作时会疼痛的地方

| 父母的疑虑 | 可能的原因 | 应对措施 |
| --- | --- | --- |
| 孩子肚子痛伴有腹泻或呕吐 | 肠胃炎 | 如果孩子不到6个月，继续喂母乳或奶粉。如果是大一些的孩子，给他喝电解质溶液和吃少量的正常饮食。如果症状在48小时内未改善，咨询儿科医生 |
| 孩子不愿意让你轻轻地按压他的肚子 | 肠胃炎，或者如果疼痛持续超过3小时，早期阑尾炎 | 如果孩子的症状改善了，当他能吃得下东西时，马上给他喝水，正常饮食。如果持续腹泻，用上述处理肠胃炎的方法。如果疼痛超过3小时，咨询儿科医生 |
| 孩子持续腹痛至少3小时，从肚脐开始，转移到下腹部右侧 | 阑尾炎 | 在儿科医生检查之前，不要给孩子吃任何东西时。儿科医生可能会怀疑是阑尾炎或其他的严重疾病。一经确诊，孩子可能要做这些方面的检查，要住院 |
| 3岁以上的孩子喉咙痛，而且有其他症状，比如头痛 | 病毒感染或链球菌感染了喉咙（链球菌咽喉炎） | 立刻打电话给儿科医生，以便他对孩子做检查，并制订治疗方案。给孩子最喜欢的饮料和对乙酰氨基酚（扑热息痛），以减少疼痛和不适 |
| 孩子的腹股沟或睾丸轻微肿大 | 绞窄疝（疝气阻断了对肠的供血），睾丸反转 | 马上给儿科医生打电话。孩子可能需要住院治疗 |
| 孩子至少有以下两种症状：体温高于101 ℉（38.3℃），尿床（已经好几个月不尿床了），尿频，尿痛且尿液有气味 | 尿路感染 | 与儿科医生面谈，他会进行测试来确诊。他可能会开抗生素 |
| 孩子的呕吐物带绿色 | 肠梗阻 | 马上给儿科打电话。在医生检查完之前，不要给孩子吃任何东西 |
| 4岁以上的孩子经常抱怨疼痛，却没有疾病发作 | 非特异性腹痛，通常和压力有关（参看第22页“慢性腹痛”） | 孩子休息的时候给他用加热毯，给他喝水。注意危险信号（参看第20页“注意！”）。与儿科医生面谈，他会给孩子做检查以排除疾病的可能性，找出触发疼痛的可能原因 |
| 孩子的腹痛与便秘相关 | 便秘 | 鼓励孩子定时排便和多喝水。如果有突发症状，打电话给儿科医生，他可能会开出灌肠的处方或促排便药 |

## 症状

慢性腹痛在儿童中很常见，但是通常情况下，它不是严重的疾病。不像急性腹痛，慢性腹痛持续1周或以上，并且反反复复。在慢性腹痛的病例中，胃痛通常会在1~2小时消失。在许多情况下，找不出生理性原因，这种症状被称为功能性疼痛（例如与压力有关的非特异性腹痛）。疼痛的方式和部位也许可以说明疼痛的原因（比如学校恐惧症、家庭原因引起的情绪上的不安）。只要孩子的成长和体检正常，疼痛不涉及某个特定部位，没有相关明显症状，慢性腹痛不是严重到需要马上治疗的一种疾病。即使没有发现原因，孩子的疼痛却是真真切切的，他的困境需要得到关注。新生儿和小婴儿的喂养问题，参看第6页。

**如果有下列症状，请打电话给儿科医生**

- 孩子的疼痛非常严重，且随着时间并无好转。
- 孩子从睡眠中痛醒。
- 4岁或以下的孩子，时不时地腹痛。
- 孩子食欲降低，体重减轻。
- 孩子腹痛渐渐加重，呕吐。
- 孩子的粪便、尿液、呕吐物中带血。

**注意！**

如果孩子常常腹痛，是很令人担忧的。然而，检查和治疗却不一定会有效。这些也许只会增加孩子的不安。

| 父母的疑虑 | 可能的原因 | 应对措施 |
| --- | --- | --- |
| 在过去的两三天，孩子排便的量和次数减少了 | 便秘 | 如果孩子整体状况不错，增加他的饮水量和膳食纤维摄入量。如果还是不排便，打电话给儿科医生，他也许会开促排便药给孩子（参看第54页“便秘”） |
| 当孩子感到有压力时，比如学校考试或家庭问题，就开始肚子痛 | 功能性疼痛 | 咨询儿科医生，他会给孩子做个检查，如果有必要的话，也许会进行检测。他会讨论引起疼痛的原因。这些原因可能是生理上的、心理或饮食上的 |
| 孩子可能有腹胀、排气、腹部绞痛和腹泻的症状。他会长疹子或水肿，这些症状发生在他食用某些特定食物之后，即使几小时或几天后 | 食物过敏或不耐受 | 与儿科医生面谈，他会给孩子做个检查。他或许会建议你记录饮食日记，用去掉某些食物，或其他方法来认定或避免问题食物（参看第26页“过敏反应”） |
| 当孩子喝牛奶或吃冰激凌时就会肚子痛。疼痛的同时伴有胀气、绞痛和腹泻 | 乳糖不耐受（有时候会发生在2~3岁的孩子身上） | 如果儿科医生同意，用豆奶和大米替代奶制品一两周时间。慢慢添加牛奶，看看症状是否会重新出现（呼吸测试也可以检验出是否是乳糖不耐受）。询问儿科医生关于替代乳糖酶的特定饮食和酶补充剂。如果你把牛奶从孩子的饮食中去除，确保他的饮食中含有能够提供足够维生素D和钙质的其他食物来源 |

（续表）

| 父母的疑虑 | 可能的问题 | 应对措施 |
|---|---|---|
| 当孩子吃小麦、大麦和黑麦时就会肚子痛。他容易发脾气，而且体重增长很慢，有时候会呕吐。他的粪便颜色很浅而且气味很大 | 腹腔疾病（小肠对麸质过敏，引起了消化问题） | 给儿科医生打电话，在确诊任何疾病之前，他会进行血液测试。儿科医生会给你推荐一名营养师以获得营养方面和无麸质饮食的指导 |
| 孩子抱怨腹部隐隐疼痛。你家住在墙皮剥落的旧房子里或正在重新装修 | 铅中毒（市区和旧社区比较常见） | 打电话给儿科医生，他会进行血液测试来确定孩子的血铅浓度。孩子可能需要治疗。必须采取措施移走铅污染源 |
| 孩子腹痛时伴随腹胀、排气、绞痛、腹泻。你居住的地方水体受到污染或最近曾到过这样的地方度假 | 寄生虫感染，很有可能是贾第鞭毛虫病（小肠受到感染） | 咨询儿科医生，他也许会进行贾第鞭毛虫或其他寄生虫的检测。如果结果是阳性的，儿科医生会开出处方药 |
| 孩子腹胀、排气，并且腹泻。最近他食用了大量苹果、果汁或不含糖的糖果和口香糖 | 果糖或山梨糖醇（糖类）食用过量 | 让孩子少吃苹果和果汁，限制食用糖果和口香糖。如果 2 天内症状没有改善，与儿科医生面谈 |
| 孩子肚子痛的时候，经常性地头痛、恶心、呕吐。睡眠有助于止痛。每次疼痛暴发之前都会有视觉方面的问题（例如模糊、盲点、闪光）。有偏头痛家族病史 | 与恶心、呕吐相关的偏头痛（在儿童中不常见） | 让孩子在安静的、昏暗的卧室里休息。与儿科医生谈谈，他会建议对偏头痛进行治疗，或开出治疗严重恶心、呕吐的药物（更多信息，参看第 168 页“呕吐”） |
| 孩子的粪便中带血。腹部和关节疼痛。没有食欲、恶心、疲惫 | 炎症性肠病，比如溃疡性结肠炎或克罗恩病 | 马上和儿科医生谈谈，需要进行诊断性试验和合理的治疗 |
| 孩子粪便带血，肚子、关节疼痛，没有食欲。持续 1 周或以上，便秘或腹泻伴有恶心疲乏，并且反反复复 | 炎症性肠病，比如溃疡性结肠炎或克罗恩病；过敏性大肠综合征 | 马上咨询儿科医生，需要进行诊断性试验和合理的治疗。治疗建议中也许会包括增加膳食纤维和粪便软化剂，或者需要转诊以进行进一步诊断，并且考虑使用促进肠胃动力和止痉挛的药物 |

## 症状

幼儿通常都有小肚腩(突起的小肚子)和凹陷的背部(下背部的曲线向内凹)。这是非常正常的。到孩子第三个生日的时候,他就会看起来更加苗条、高挑。他的肚子会变得扁平,背部变直,腿部会更细长。如果你觉得孩子的姿势不对,或对他的体形有其他方面的担心,和儿科医生确认一下。

## 肚脐四周肿大

婴儿哭闹的时候,如果他肚脐周围看起来好像是被推出来一样,他可能是得了脐疝(图 2-2)。

脐疝是由于肚子里的压力造成肠组织在腹肌壁脆弱的地方隆起。脐疝并不是严重的疾病,往往在孩子三四岁的时候闭合。如果症状没有自行消失,儿科医生会建议外科医生会诊。

**如果有下列症状,马上打电话给儿科医生**

- 腹胀、坚硬或疼痛。
- 孩子呕吐、腹泻或严重便秘。
- 孩子的体温超过 101 ℉(38.3℃)。

**注意!**

孩子的肚子肿胀,也许是消化道或其他器官的问题;也许是因为堆积的液体和气体造成的;也许是因为肠梗阻。

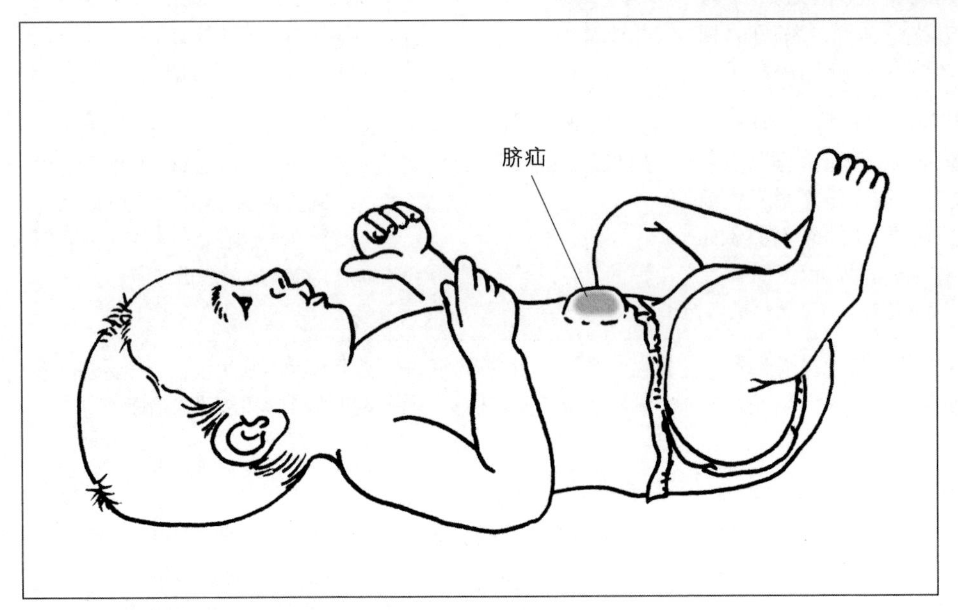


**图 2-2** 脐疝是肠组织在肚脐周围腹肌壁脆弱的地方隆起。这种常见的疝气在孩子哭闹的时候往往更加明显。这不是严重的疾病,通常会自愈。脐疝并不是严重的疾病,往往在孩子三四岁的时候闭合。一些罕见的情况,需要手术治疗

| 父母的疑虑 | 可能的原因 | 应对措施 |
| --- | --- | --- |
| 孩子便秘，其他一切都好 | 便秘 | 确保孩子摄入足够的水和膳食纤维。如果这个健康问题一直存在，与儿科医生谈谈（参看第 54 页“便秘”） |
| 孩子腹胀和剧痛突如其来 | 肠梗阻 | 打电话给儿科医生，他会给孩子做检查，进行检测，并展开对肠梗阻的治疗 |
| 孩子的粪便颜色很浅，黏稠并常常伴有恶臭。他经常放屁，咳嗽咳个不停。他的体重不达标，皮肤带咸味 | 吸收不良，比如腹腔疾病、囊性纤维化（一种遗传性疾病，影响到分泌黏液、汗液、消化液的细胞，会造成肺部的问题） | 咨询儿科医生，他会对孩子进行检查，进行检测。根据测试结果，儿科医生会推荐治疗方案，并让营养师对孩子饮食方面做出指导和改变 |
| 孩子最近受到链状球菌的感染，比如说喉咙痛或脓疱病（一种传染性皮肤病）。尿液的颜色呈烟灰色到红棕色。他的脸部肿大，并伴有头痛或发热 | 链球菌感染后肾小球肾炎（肾脏感染） | 马上给儿科医生打电话。这种肾脏发炎会跟随链球菌感染，如果治疗不当，会导致慢性肾病 |
| 除了腹胀之外，孩子基本全身水肿，尤其是眼睛和面部四周。他的尿液看起来正常，但尿量很少 | 肾病综合征（肾功能紊乱，造成过多的蛋白质从尿液中排出） | 马上找儿科医生谈谈。这种肾部疾病（多发于 1~6 岁的男孩）会发展成慢性病。需要马上诊断和治疗 |
| 上腹部的肿大十分明显。有不明瘀伤和发热。体重持续降低 | 特殊的血液问题，比如白血病 | 马上与儿科医生谈谈 |

## 症状

我们身体的免疫系统，时时刻刻都在与来自外界的威胁做斗争。当外界的物质试图打破身体的防御，免疫系统就会和炎症做斗争；直接接触外在环境的感染部位会有发热、泛红或水肿的症状。这些部位包括皮肤、鼻子、眼睛、喉咙、肺部，还有消化道。有时免疫系统会防卫过当，试图与一些无害的甚至有益的物质做斗争。结果就是过敏反应。

过敏往往是家族性的。如果父母一方或双方过敏，孩子过敏的概率就很高。然而，令孩子过敏的物质也许和父母的不一样。但是，鼻炎、结膜炎（环境过敏）、湿疹、哮喘和食物过敏经常在同一个孩子身上或同一个家庭出现。

许多过敏原（引起过敏的物质）能被识别出来。这是因为通常情况下，接触了过敏物后，短时间内就会出现过敏反应（几分钟或几小时内）。有了孩子接触过的东西和接触过后的反应这些信息，儿科医生就有办法找到引起过敏的原因。有的环境性过敏是季节性的，有的全年都会发生。

皮肤测试或血液测试能够对过敏做出有效诊断。然而，环境性过敏会造成孩子去不了学校或引发哮喘，食物过敏有潜在的生命危险。一个已知对某种食物过敏的孩子，如果接触了这些问题食物，必须马上注射肾上腺素。

治疗的手段还包括，为了防止过敏反应，应当尽量避免接触已知的过敏原。遇到不可避免的情况，比如花粉，可通过药物控制孩子的症状。如果情况很严重，儿科医生给你推荐的过敏专家会建议用免疫疗法——通过一系列的注射，把少量致敏物注射到孩子体内，让他对这种物质降低敏感度。

**如果孩子有以下严重的过敏反应，马上拨打急救电话**

- 头晕
- 虚弱
- 神志不清
- 皮肤苍白或发紫
- 大量出汗
- 呼吸困难
- 哮喘
- 剧烈咳嗽
- 喉咙发紧
- 吞咽困难
- 严重水肿
- 大面积的疹子
- 呕吐
- 腹泻
- 腹部绞痛

**注意！**

在治疗感冒、皮疹和呼吸道问题之前，告诉儿科医生孩子的致敏物。除了鼻腔盐水喷雾剂，长期使用某些商业鼻腔减充血喷雾剂，会加重鼻腔充血症状。老式的抗组胺药会引发不良反应，比如困倦、口干、便秘、食欲变化，有时候还会引起孩子行为变化。新的、效果更持久的无镇静作用的抗组胺药能够更好地帮助孩子，但是一定要在儿科医生的指导下使用。

## 食物过敏与食物敏感

在美国，食物过敏影响到1/13的18岁以下儿童，其中，婴儿和6岁以下的孩子最容易出现这个问题。食物过敏是指我们吃的食物引起了免疫系统的敏感反应。如果孩子食物过敏，他每次吃完某种食物的20~30分钟都会起反应。

另外，食物敏感或不耐受，更倾向于消化系统的问题，并不是每次吃某种食物都会发生。食物不耐受比食物过敏更为普遍。比如，乳糖不耐受者，是因为肠道中缺少乳糖酶，它是用来消化牛奶中的乳糖的。

儿科医生与过敏专家会一起评估孩

子，来判断他是食物敏感还是食物过敏。

记录饮食日记常常能够帮助你找出引起孩子过敏的食物。记录下孩子吃的所有东西，喝的所有饮料，还有吃喝的时间。当症状出现时记录下来。通过症状的类型，也许就能找出问题食物。在饮食中去掉所有问题食物，把你的发现告诉你的儿科医生和过敏专家。

| 父母的疑虑 | 可能的原因 | 应对措施 |
| --- | --- | --- |
| 孩子感冒了，流清鼻涕，眼睛发痒，打喷嚏，咳嗽。在一年中特定的时间，症状会加重 | 季节性过敏性鼻炎 | 与儿科医生谈谈，如果孩子的症状影响到上学或其他活动。儿科医生会开药减轻急性症状；也会建议你采取一些措施来减少孩子对致敏物的接触 |
| 孩子身上有发炎、发红、干燥的斑块。家里有人长湿疹 | 湿疹 | 如果情况轻微，不需要医学治疗。按时使用无香型润肤乳。每天用温水（不是热水），快速地给他洗澡。洗完澡马上给他涂上润肤乳或药膏，来保持皮肤湿润。不要给孩子贴身穿羊毛质地的衣物 |
| 孩子身上特定的地方出现刺激性的红色皮疹 | 接触性皮炎（皮肤的炎症反应） | 咨询儿科医生，他需要给孩子做个检查以做出恰当的诊断。找出和避免致敏物是很重要的，这可以避免再发生过敏反应。首饰上的镍和衣物上的按扣是引发过敏性皮炎的一个普遍原因。毒漆藤也是一个原因 |
| 孩子的呼吸急促、粗重。他有气喘或咳嗽的现象。他得了花粉热或湿疹。你家有哮喘家族病史 | 哮喘，可能是环境性过敏或上呼吸道发炎引起的 | 打电话给儿科医生，他会给孩子检查身体，并给出治疗方案以减轻症状，防止疾病侵袭。有必要做过敏测试来确定激发哮喘的原因。儿科医生或许会给出建议，改变一下你的家庭环境或生活方式（参看第 50 页“控制哮喘”） |
| 疹子呈红色凸起状，看起来像被蚊子叮过一样。疹子的大小和长的地方都不同 | 荨麻疹，有时是由食物或药物过敏引起的 | 荨麻疹有时候不需要治疗，会自行消失。有时候可能需要使用非处方抗组胺药。以下情况你需要给儿科医生打电话：你怀疑是食物或药物过敏；孩子呼吸困难、吞咽困难或病情反复；孩子出疹时间超过 4 小时 |
| 孩子双眼发红、流泪、发痒、水肿。这些症状可能是季节性的 | 适应性过敏 | 询问医生关于如何减轻孩子突发不适的方法，避免接触已知致敏物 |
| 孩子有一个或几个以下症状：刚吃完某种食物后长疹子、水肿、恶心、呕吐、腹泻、呼吸困难、哮喘、咳嗽 | 食物过敏 | 与儿科医生谈谈，并报告任何可疑食物。过敏反应能够帮助你找出致敏的罪魁祸首，引导你避免这些问题食物。最常见的能够引起过敏反应的食物有牛奶、蛋、花生、坚果（比如杏仁）、豆类、小麦、鱼和贝类 |

## 症状

许多父母担忧他们的孩子是否吃得太少（或太多）。但是大多数的孩子，食量是由身体生长发育和玩耍所消耗的能量决定的。就像成年人一样，孩子的胃口变化也是很正常。孩子也许某一天要添饭，第二天就连闻都不闻一下。希望家长们注意一下：孩子在第一年的快速生长后，生长速度会变慢。有时候会造成孩子食欲下降。

幼儿对食物的喜好会发生变化，使父母非常沮丧。2岁的孩子会突然之间拒绝某种颜色的食物，或要求放在盘子里的食物不能挨在一起。但是就在父母不安的时候，他们很快发现孩子们能用自己的方式处理食物。如果父母对这些置之不理，孩子会因为失去对食物的控制而完全丧失对食物的兴趣。

只要提供给他们有营养的食物，孩子不会让自己饿着，并且体重也不会减轻。大一些的或青春期的孩子出现进食障碍是一个例外（参看第184页“进食障碍”）。

**如果孩子有以下症状，请咨询儿科医生**

- 明显没有食欲（超过1周）。
- 拒绝喝水。
- 持续三四个月体重减轻或没有增长。

**注意！**

孩子需要补充大量液体，最好是喝奶和水。严禁给6个月以内的婴儿喂食任何果汁。6个月后，如果给他喝果汁的话，果汁的摄入量也需要控制。1~6岁的幼儿每天的果汁摄入量不应超过4~6盎司（120~180毫升）。确保孩子不要摄入过量果汁（比如每天超过24盎司，约720毫升），因为这样有可能造成孩子对固态食物失去兴趣，进而造成营养不良。

## 养成良好的用餐习惯

婴幼儿时期形成的用餐习惯会影响孩子的一生。许多成年人会让孩子在即使肚子不饿的情况下，也要把盘子里的食物吃光或对孩子把饭吃光的行为进行奖励。这些会教会孩子因为这样那样的理由吃饭，而不是因为肚子饿。

你所能做的最好的事情就是信任孩子的本能。让他们自己来，孩子会根据身体需要的能量储备来决定进食的量。鼓励孩子逐步独立——允许他有自己天生的对食物的好恶——确保提供适量种类的健康食物供他选择。父母本身也要养成良好的饮食习惯，树立榜样。孩子知道自己的需求，父母所要做的只是为健康饮食提供有营养的食物。

| 父母的疑虑 | 可能的原因 | 应对措施 |
| --- | --- | --- |
| 1~2 岁的孩子身体健康，体重增长和精力都正常。但是对吃饭没兴趣 | 因为生长速度变慢的正常饮食变化 | 不管采取什么措施。确保你根据 ChooseMyPlate.gov 上的建议，提供给孩子不同的食物（参看第 80 页“进食问题”） |
| 孩子喉咙痛、咳嗽、感冒、发热 | 上呼吸道发炎（病毒性的） | 给孩子冷饮、冰激凌或酸奶来舒缓炎症。喝点鸡汤会让孩子舒服些。给孩子服用对乙酰氨基酚或布洛芬来缓解不适 |
| 孩子颈部淋巴结肿大并且发热了。他的喉咙疼痛越来越严重，还有其他的症状，比如吞咽困难 | 喉咙感染链球菌、传染性单核细胞增多症（病毒感染引起喉咙痛、发热和疲惫） | 去儿科医生那里，他会对孩子进行检查并确定治疗方案 |
| 孩子腹泻 | 胃肠炎 | 如果是轻微腹泻，继续保持正常饮食。如果很严重的话，给孩子服用电解质溶液（参看第 5 页“婴儿腹泻”）。打电话给儿科医生，如果孩子呕吐超过 12 小时，或腹泻的时候带血超过 48 小时 |
| 孩子尿频、尿急、尿痛，可能还伴有胃痛 | 尿道感染 | 咨询儿科医生，他将检验孩子的尿液，如果有必要的话，还会开抗生素 |
| 孩子的排尿量很大。他的体重减轻，看起来非常疲惫 | 糖尿病 | 马上打电话给儿科医生，如果诊断试验证实是糖尿病，孩子必须注射胰岛素或采取其他措施来控制病情 |
| 初始的时候，孩子的腹股沟附近疼痛，之后转移到右下腹部。他感到恶心或呕吐 | 急性阑尾炎 | 马上打电话给儿科医生（参看第 20 页“急性腹痛”） |
| 孩子的脸色非常苍白，无力或易怒持续几周时间 | 系统性疾病（全身都会受到干扰的一种疾病） | 咨询儿科医生，他会给孩子检查看是否患有贫血、铅中毒或其他疾病 |

## 症状

儿科医生和专家们认为，儿童的正常行为有一个范畴。孩子们时不时会表现得不安分，精力旺盛。有些孩子很好动，有时候注意力很难集中在一件事情上。患有注意缺陷多动障碍（ADHD）的儿童有什么不同之处呢？与同龄人相比，他们的上述行为更加激烈，几乎从不好好坐着，几乎一直在动而且注意力无法集中，常常用破坏性行为打断他人。因为他们很容易分散注意力，所以一件任务开始后很难完成。他们的行为问题（参看第38页“行为问题”）如此频繁且剧烈，会影响家庭、学校生活，以及与同龄人的相处。老师很难管理好ADHD的孩子，其他孩子也会对他们不满。患ADHD的孩子总是在被批评、失败和沮丧之中挣扎。

注意缺陷多动障碍困扰着6%~9%的学龄儿童，男孩被诊断出的概率是女孩的3倍。研究表明，患ADHD的孩子的大脑功能可能异于普通孩子。许多家庭的近亲（比如父母或兄弟姐妹）中，会有注意力问题。这表明，这种疾病至少是部分遗传的。不论是由什么引起的，你和孩子能够通过学习特殊的技能来应对ADHD。行为修正是干预儿童ADHD的第一步。如果必要的话，孩子还要服用药物。

如果孩子患上ADHD，你难以应付他一天24小时无止境的旺盛精力。别犹豫，你要立即和儿科医生谈谈你的烦恼，找一个支援小组来帮助你，在那里你能听到别人的处理方法。

**如果孩子总是有下列症状，请打电话给儿科医生**

- 过度兴奋，失去控制。
- 学业跟不上。
- 打架，很难维持朋友关系。
- 完不成任务。

**注意!**

干预注意力问题的第一步，采用的是行为修正，而非药物修正。如果使用药物干预，要知道药物无法治愈ADHD，但是能够帮助控制症状，让孩子尽可能地发挥自己的能力。

## 识别ADHD的危险信号

专家们认同发展为ADHD的倾向，在婴儿一出生时就存在。然而，许多家长、老师或其他抚养者，却常常直到孩子们进入小学阶段才注意到ADHD行为。这种发现上的延迟，是因为所有正常发展的学龄前儿童，总是常常表现出ADHD的核心行为——注意力不集中、冲动、过动。普通的孩子，随着年龄的增长已不再有上述行为，但是患ADHD的孩子却没有改变，冲动和过动这些特点更加突出。因为教室里的活动需要孩子更专心、更有耐心、更加自律。而通常在家里或运动场上不会有这些要求，孩子的问题就会更少些。

儿科医生以过动、冲动和注意力不集中为诊断多动症的依据。然而许多注意力缺失的孩子却没有过动的症状，他们主要的表现是走神和健忘，这些行为也同样令人头痛。ADHD的诊断是非常重要的，

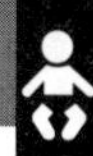

| 父母的疑虑 | 可能的原因 | 应对措施 |
| --- | --- | --- |
| 孩子过于胆怯，无法控制自己的哭或笑。他经历过令人感到恐怖的事件。他有朋友，学校的功课不错 | 焦虑 | 与儿科医生谈谈，他会制订一个计划来帮助孩子克服恐惧和控制自己的行为 |
| 学龄儿童依旧爱发脾气。他总是过度兴奋、疲惫。其他时候他做事专注和家庭成员还有朋友们相处愉快 | 发脾气（也可参看第156页“发脾气”） | 制订作息表，规定好睡觉、玩耍和吃饭的时间来防止孩子过度疲惫和饥饿。估计出孩子会发脾气的情境，然后尽可能避免它。关注和奖励他的正面行为。对你的规定给出简短的理由。如果这些方法都无效，与儿科医生谈谈 |
| 学龄儿童的行为在家里、学校和其他社会活动中，让人觉得很不愉快。他总是在动，他不怎么睡觉 | 多动症；学习问题；家庭压力；性格不合群；不恰当的期望 | 与儿科医生谈谈，他会评估并推荐治疗方法 |
| 孩子易冲动和注意力分散。集中注意力的时间很短暂 | ADHD | 与儿科医生讨论一下，他会给你建议 |
| 孩子在学校的时候总是走神。他很难完成一件事并喜欢独处。他总是被捉弄 | ADHD；学习障碍；缺乏社交技巧；情感问题；不恰当的期望 | 与儿科医生谈谈，他会评估并推荐治疗计划 |
| 孩子总是不服从你，他的行为很难管教。当你纠正他的时候，他反抗或打你 | 在试验哪些是好的或不好的行为；性格问题；学校的问题；家庭的压力；不恰当的期望 | 当你们俩人都平静的时候，和孩子一起回忆一下哪些是问题行为。共同制订一个计划，一起来改善这些行为。设定奖励系统。如果为期2个月的跟踪有效的话，让儿科医生评估一下孩子的情况 |
| 孩子总是在动。他容易冲动，鲁莽草率，无法集中注意力。他的成长缓慢 | 需要医学鉴定的神经系统或生理问题 | 与儿科医生谈谈，他会给孩子做检查，或许会把孩子推荐给其他专家 |
| 孩子常常感到疲惫，即使睡了一夜。他鼾声很大。他白天难以集中精力，难以完成学校的任务 | 睡眠呼吸暂停综合征（在睡眠中有时候会无法呼吸） | 咨询儿科医生，他会鉴定孩子的情况，并可能会把孩子推荐到睡眠研究中心 |
| 孩子在课堂上打瞌睡，而且在学校很难集中精力 | 睡眠问题 | 通过改善睡眠环境让孩子获得更多睡眠。确保孩子每天都在合理的时间上床睡觉。帮助他避免含有咖啡因的饮料和食物（比如巧克力、可乐、茶）。如有必要，找儿科医生谈谈 |

因为这些典型的症状往往伴随着沮丧(参看第182页“抑郁”)、压力或学习障碍(参看第110页)。因此,治疗的方式也有所不同。

注意缺陷多动障碍有时很难诊断出来,因为针对不同年龄,有不同的行为标准。比如,你不可能指望一个学龄前儿童与一个五年级的孩子,有相同水平的注意力。儿科医生不可能仅仅靠孩子来办公室一次所观察到的,就诊断出ADHD。因为这一次,孩子也许表现出的是最好的一面,或他有些害怕。相反,儿科医生要根据自己长期的观察,学校的报告,父母、老师和其他抚养者的评价,仔细地判断孩子的行为方式。

为了给学龄儿童ADHD的诊断做出统一的流程,美国儿科学会为儿科医生编写了一个标准指南清单,来评估一个被认为是注意力不集中、过动、冲动、学业不合格,或有行为问题的孩子。儿科医生也会以最新版的《精神障碍患者的诊断和统计手册》(*Diagnostic and Statistical Manual of Mental Disorders*)为诊断依据。儿科医生还会用评估量表比如范德比尔特量表(*Vanderbilt Scales*)来管理老师、家长和其他抚养者的观察所得。量表中会要求老师和家长从多个方面评估一个孩子,这些方面包括注意力、听力、组织能力、攻击性和情绪障碍。

为了做出诊断,这些行为都要存在6个月或以上,还要比大多数同龄人表现出来的更为明显。有些症状在7岁之前就已经存在,被观察到的这些症状会影响生活中的两个或两个以上的主要生活场景。这些行为一定是严重妨碍孩子在学业或社交场合的表现,而且这些症状不能由心理或生理原因引起,比如受到头部外伤、身体虐待或性虐待,以及来自学校和家庭的巨大压力。

只有医生和心理学家才能诊断注意缺陷多动障碍。虽然老师能够识别出需要儿科医生鉴定的问题,但是老师不能对注意缺陷多动障碍进行诊断。注意力缺失和学习障碍常常共同出现,而且其中的一方会让另外一方更加糟糕。

**如果孩子出现了以下问题中的几个并且影响到学校学业和与其他孩子的关系,请咨询儿科医生**

- 无法把注意力集中在一件事上。
- 注意力容易分散。
- 容易冲动。
- 容易沮丧且没有耐心。
- 坐立不安,手脚乱动。
- 常常静不下来,无法控制自己的精力。
- 常常打断别人说话。
- 说个不停。
- 学业水平低于同龄人。
- 缺少规划。
- 不顺从。
- 情绪起伏,易怒。
- 完成指令有困难。
- 很难交朋友或维持朋友关系。

很多父母想不通,为什么相同的育儿技巧适用于其他孩子,却不适用于ADHD的孩子。实际上,孩子们能理解并记住你的话;他们知道什么是恰当的行为,只是没办法做到。行为疗法和对父母的训练是引导ADHD孩子最有效的手段。通过教育和训练,父母可以提供所需的工具和方法来帮助孩子管理自己的行为。行为疗法

对还没有养成长期习惯的、年龄较小的孩子最有效，但是对大一点的孩子甚至是青少年也有帮助。行为疗法的过程也有助于增进你和孩子之间的感情。

在治疗 ADHD 的过程中，帮助孩子改变行为是十分必要的。但是许多儿科医生也会建议用药物控制 ADHD 的症状，同时治疗过程中也常常会用到教育手段，例如辅导和心理咨询。儿科医生还会在其他方面对你进行引导、支持，许多家庭受益于家庭疗法。成功治疗 ADHD 要靠多方面合作，包括你自己、儿科医生，其他专家、老师，还有孩子。治疗的最终目标是为了让孩子感知到控制和做好面对生活中挑战的准备。这样做有助于建立他的自尊和自信。

所有的孩子，在结构化环境中都有最好的表现。和大多数孩子相比，ADHD 的孩子在规划和遵守规则方面存在困难，所以他们需要固定的时间表。给孩子更多的关怀，帮助他在穿衣服和做作业这些事情上能集中注意力。如果让孩子事先知道你对他们在社交场合或外出时的期望表现，会让这些事情更加容易。但是不要指望孩子，不论是不是患有多动症，在超出他们认知和欣赏范围的事件中，能从头到尾安静地坐着。

无添加剂的饮食、限制糖、大剂量使用维生素等方法，在治疗多动症方面是有争议的，它们在科学测试中显示无效。当你尝试使用任何治疗时都要先咨询儿科医生。

## 症状

因为在运动、玩耍、摔跤和负重过重时容易受伤，比如背着沉重的书包，所以孩子背部的问题是很常见的。肌肉拉伤、韧带拉伤和擦伤是引起背痛或僵硬的主要原因。背痛一般不需要特殊的治疗，通常会在 1 周内消失。

虽然有规律的运动对所有的孩子都有益处，但是密集的训练会导致孩子过劳性损伤，引起背痛。例如，舞者和体操运动员由于运动过度，很容易背痛。另外一方面，过于安静的孩子（不爱运动）因为核心区肌肉太过脆弱，也许也会背痛。体重太重或姿势不对，会引起背部拉伤。

脊柱侧弯（脊柱严重弯曲）是引起背痛的可能原因之一，在青春期的女孩中尤为常见。在每次健康随访中，儿科医生都会评估孩子的姿势，确保他的背是直的，生长状况正常。

腰椎椎弓峡部裂是腰椎骨桥上的问题，经常发生在脊柱下部，常常会引起背痛，活动会使之恶化。如果怀疑是腰椎椎弓峡部裂，拍 X 线片是很有帮助的。通常很少或不需要做身体检查。

**如果背痛的孩子不到 10 岁，或出现以下情况，咨询儿科医生**

- 疼痛不止或更严重了。
- 体温降低或体重减轻。
- 移动肢体有困难。
- 肢体麻木或刺痛。
- 大小便失禁。
- 步态或姿态改变。

**注意!**

孩子背痛，但是并没有受伤。要引起重视，需要让儿科医生检查一下。

## 脊柱弯曲

4% 的青春期女孩和 0.5% 的青春期男孩会出现这个问题。从某种程度上说，脊柱弯曲也叫脊柱侧弯（图 2-3）。目前，许多学校都会在孩子们临近青春期，在他们的骨骼还没有停止生长时，通过筛查来发现脊柱侧弯。如果发现异常，学校的医务人员会与你联系，建议你同儿科医生谈谈。如果孩子的脊柱稍微有点弯曲，儿科医生往往只是密切观察。如果是更严重、很糟糕的脊柱侧弯，儿科医生会要求孩子戴上专用支架或通过手术来让脊柱变直。科学研究并未表明推拿（揉捏肌肉和关节）对脊柱侧弯的孩子有任何益处。10 岁以下的孩子，脊柱变形或出现与脊柱变形相关的神经系统症状和问题，不是正常现象。这两种情况都应立即就医检查。

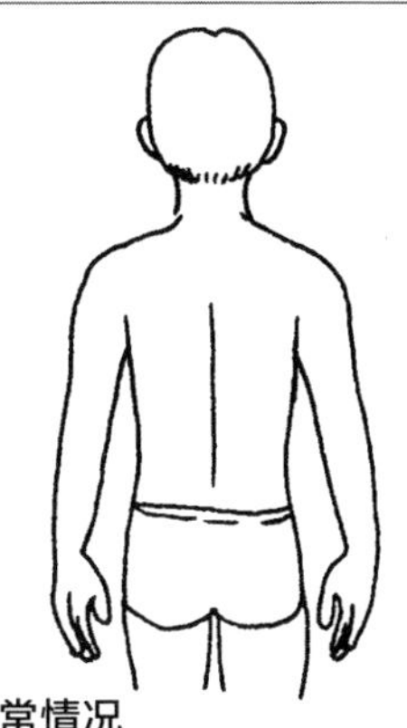

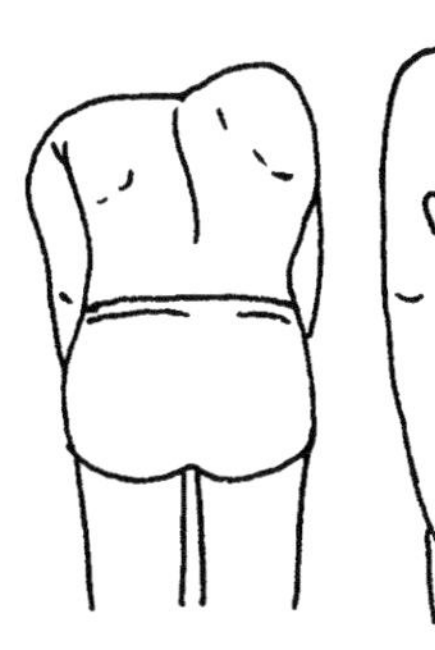

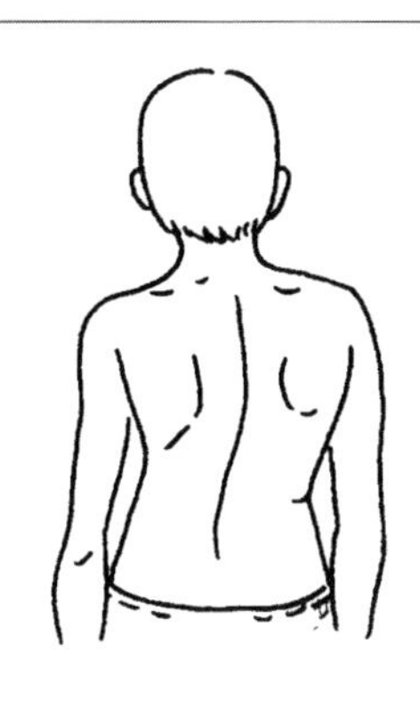

**正常情况**
- 头部位于身体正中。
- 肩部水平。
- 肩胛骨水平，两侧突出一致。
- 臀部水平且对称。
- 两侧手臂与身体距离相同。

**有可能是脊柱侧弯**
- 上背部，下背部，或两者都不对称。

**有可能是脊柱侧弯**
- 头部偏向一侧臀部。
- 一侧肩膀更高。
- 一侧肩胛骨更高，而且可能会更突出。
- 一侧臀部更凸出。
- 两侧手臂与身体距离不相同。

**图 2-3** 识别脊柱侧弯

| 父母的疑虑 | 可能的原因 | 应对措施 |
|---|---|---|
| 孩子最近运动量较大，或者玩耍时过于剧烈。他摔了一跤或受了其他伤 | 肌肉拉伤，韧带拉伤或擦伤 | 马上在孩子的受伤部位冷敷，接着洗一个温水澡也许会让他更舒服些，给他服用一些对乙酰氨基酚或布洛芬镇痛 |
| 孩子从相当高的一个地方掉了下来 | 脊柱或头部受伤 | 马上拨打急救电话。不要试着去移动孩子，除非他有生命危险(参看第 226 页“骨折”) |
| 背部受了轻伤之后，孩子行动困难，他的一侧肢体麻木或刺痛，或大小便失禁 | 脊柱受伤 | 带孩子到最近的急救中心去 |
| 孩子抱怨脊柱的一侧刺痛。他尿痛、尿频、发热或哮喘 | 急性肾炎 | 立刻打电话给儿科医生 |
| 孩子下背部疼痛，活动会加剧疼痛 | 腰椎椎弓峡部裂，下脊柱腰椎的骨桥出现问题 | 咨询儿科医生，他会给孩子做检查，预约X线检查，如果有必要的话，会推荐孩子到另外的专家那里去进行治疗、检查 |
| 孩子在熟睡中因背部疼痛痛醒了 | 椎间盘炎、炎症、肿瘤 | 咨询儿科医生，他会对孩子进行检查，预约测试或 X 线照射。如果有必要，或许会推荐孩子到其他的专家那里进行治疗 |

## 症状

对于白天控制排尿、夜晚不尿床这两件事，不同的孩子在顺序和时间上有着很大差异。大多数孩子在3~4岁就已经完成了如厕训练，他们在能够控制白天排尿之后的半年到一年，就能控制好夜间排尿了。但是约有15%的孩子，直到他们5岁甚至更大的时候，仍然会持续地、有规律地尿床。这种状况被称为原发性夜遗尿，在男孩中较为常见，通常他们都有家族性遗尿史。有的孩子在晚上已经不尿床之后，突然又开始尿床。这通常与可识别的原因或继发性遗尿症有关。不论何种情况，原发性夜遗尿会在青春期之前痊愈。

**如果孩子有下列症状，请咨询儿科医生**

- 到了5岁的，晚上还一直尿床。
- 几个月不尿床后，晚上又开始有规律地尿床。
- 不论白天夜晚都控制不好排尿。
- 有其他症状，比如比平时更口渴，排尿的时候疼痛或有灼烧感，或白天尿裤子。

**注意！**

不要盲目相信邮件或网络上治疗尿床的广告。儿科医生是你最可靠的信息来源。没有儿科医生的建议，不要进行任何对于尿床的治疗。

## 如厕训练步骤

当孩子做好生理上的准备之后，就能控制身体的大小便功能了。不要人为加快这个进程，但是你可以通过增强孩子的信心，从而鼓励他们去努力。在孩子准备好之前，强行进行如厕训练可能会适得其反，会延长这个过程。通常，早期的幼儿更倾向于排斥如厕训练。如果孩子还没有度过排斥期，如厕训练不会成功。孩子通常想要独立完成这个大跨越，这个跨越阶段出现在孩子18~24个月的时候，但是如果延迟到来，也是十分正常的。

一旦孩子做好开始的准备，只要你和孩子都保持轻松的心态，如厕训练会进行得十分顺利。表扬孩子做出的努力，在孩子发生小意外没做好的时候，表现出不快或增加紧张元素都会阻碍如厕训练的进程。以下是训练孩子如厕的5个步骤。

1. 让孩子熟悉便盆（或带幼儿座椅的坐便器），但是不要指望他过不久就能使用。

2. 仔细观察孩子，当他尿湿纸尿裤时，会感到很不舒服。一旦他的尿布能够保持干燥2小时，那就可以时不时地让他使用便盆或坐便器了。孩子当然也会知道干和湿的区别，能够脱下和穿上裤子，会对学习如何使用坐便器感兴趣。

3. 帮助孩子学习如何使用坐便器。与孩子一起阅读适合孩子语言和年龄的如厕指导书。把孩子带到洗手间，由相同性别的父母一方或年长的哥哥姐姐陪伴，学习如厕流程。表扬他坐便盆的尝试。

4. 当孩子能够很好地使用便盆时，在家里的马桶上装上幼儿坐便器和踏脚凳，让他逐步熟悉这个新设施。他可以自己选择使用便盆还是马桶，直到最后，他只用马桶。

5. 许多孩子掌握了白天排尿控制之后，才能控制好夜间排尿。如果孩子在白天已经能够控制好排尿但晚上仍需要穿纸尿裤，请不要感到惊讶。关于孩子的夜间排尿控制和年龄是否合适，请与你的儿科医生谈谈（参看第160页，“小便失禁”）。

| 父母的疑虑 | 可能的原因 | 应对措施 |
| --- | --- | --- |
| 3岁以下的孩子，晚上会尿床 | 与年龄相符的排尿控制 | 排尿控制的生理功能还未发展完善。当这些功能成熟的时候，孩子将能够控制好排尿 |
| 孩子不到5岁，晚上还要穿纸尿裤睡觉或会尿床 | 膀胱或唤醒机制未成熟 | 许多孩子对排尿的夜间控制能力晚于白天的。这种情况不必担心，最终会自动消失 |
| 6岁以上的孩子，还在尿床 | 原发性夜遗尿 | 咨询儿科医生，他会评估孩子的状况还有你的家族史。儿科医生也许会建议一些治疗方式，比如夜间闹钟、行为纠正、心理咨询或使用药物 |
| 已经很长时间不尿床的孩子，在经受压力的时候又开始尿床（比如去上学、父母不和） | 情绪压力 | 安抚孩子，并在床单下垫一张隔尿垫。如果尿床的时间超过2周，或压力的来源不明，请与儿科医生谈谈 |
| 孩子抱怨排尿的时候灼烧或疼痛。他白天的时候排尿很频繁 | 尿道炎 | 咨询儿科医生，如果合适的话，他会预约测试并开抗生素 |
| 除尿床之外，孩子白天的排尿量也很大。体重减轻，看起来非常疲惫 | 糖尿病 | 马上咨询儿科医生 |

## 症状

婴幼儿在会说话之前会用行为来表达自己的意愿。孩子的个性和他们适应环境的能力构成了孩子的部分行为。你对孩子的回应，你的家庭状况和任何的应激源，正面或负面的强化，基因还有其他的生活经历，都会影响孩子的行为。良好的纪律是一个框架，教会孩子如何表达自己的情感，如何举止得体。稳固的养育关系和安全的环境，能够培养孩子的韧性和力量以应对挑战。

孩子大多是通过模仿别人或观察大人还有其他孩子解决问题的方法，来形成自己的行为。当父母用尊重和善良对待家人和外人，就会给孩子树立一个好榜样。但是当父母行为刻板、妒忌、暴力，就会树立坏的榜样。还有电视和电影里的暴力镜头也会影响孩子的行为。

请记住，一个年龄阶段能够被接受的行为，在另一个阶段或许会让人忧心。比如说，情绪失控发生在“可怕的 2 岁”时，是很正常的，但是如果发生在学龄儿童身上就会让人担忧（参看第 156 页“发脾气”）。无论何时都不能接受的行为是，孩子伤害到自己、家人或其他人，包括动物和财产。如果孩子很顽皮，遇到麻烦他也许会哭喊着寻求帮助。然而，常常被忽视的是过分顺从的孩子，他们的自控能力和急于取悦别人往往也是问题的征兆。

“正常”的行为也因家庭传统而异。例如，某些文化群体会让孩子坦率直言，这会让其他一些群体觉得不合适。一些孩子无力自控，因为父母没有设置什么限制。然而，还有一些孩子的行为方式，反映出发育迟缓或其他问题（参看第 64 页“发育迟缓”）。至少，应该教会孩子尊重别人的权利和情感。给孩子列出得当行为的详细指南，但是不要做出不合理的要求，使他处于没有做好准备去应对的境地。给孩子贴上标签，往往会导致他们自我实现预言的发生。重要的是孩子的总体行为方式，而不是当孩子疲惫或过度兴奋时偶尔的失误。

### 如果孩子有下列症状，请咨询儿科医生

- 行为方式比同龄孩子显小。
- 反抗你，打你，对合理的要求或规则无反应。
- 对事情反应过度，无法平静下来。
- 完全没有安全意识。
- 威胁别人，对动物很残忍，玩火，破坏财产。
- 情绪波动，学校问题，失去朋友，饮酒或服用毒品，或存在自尊问题。

**注意！**

越早发现孩子的问题，并及时处理，成功的可能性就越大。如果孩子得不到帮助，他的行为问题最终会发展成品行障碍和潜在的情绪问题。

## 用正面管教来规范行为

长期的正面管教能更加有效地帮助孩子调整情感和行为，鼓励孩子做出期望行为的最好方式是正面管教。正面管教可以通过一对一交流、互动这样的定期活动，与孩子建立亲密关系，来加强得体的行为。与负面管教不同，负面管教是把东西从孩子身边拿走以减少不恰当的行为，正面管教是用表扬和鼓励来奖励孩子的好行为。

随着孩子的成长，用正面的语言和孩子交流你所期望的行为方式是很重要的，比如“我喜欢你和你的妹妹好好相处”，或者“你把玩具收起来了，谢谢你帮忙保持家中的整洁”。

当孩子做错事时，尽管你会非常生气，但千万不要打他。更好的方法是让他独处(time-outs)：当孩子做错事时，让他在安静的地方待几分钟，远离大家、电视或书本。当独处时间结束后，给孩子解释为什么他的行为不被接受。

虽然独处在约束孩子方面能起到一定作用，但最有效的方法还是正面管教。记住，纪律的目的是为了教会孩子遵守规则，而不是惩罚。

| 父母的疑虑 | 可能的原因 | 应对措施 |
|---|---|---|
| 孩子常常违反你设置的规矩。当你纠正他的时候，他会挑衅你 | 试探行为；性格、学校或家庭的问题；对孩子期望值过高 | 当你们俩人都心平气和的时候，共同制订一个计划来改变某个特定方面的行为。如果计划实行2个月后还不见效，咨询儿科医生 |
| 学龄儿童在家里具有攻击性。学校的老师和其他的父母曾经抱怨过他欺负同学 | 缺乏自律；寻求关注，压力，与兄弟姐妹相争；妒忌 | 孩子在幼儿园的时候就应该要能够控制好他们的攻击冲动。儿科医生可能会建议治疗方案和有效的育儿训练 |
| 孩子在学校受到欺凌。他很焦虑，没有安全感，缺乏良好的社交技巧 | 社会、情绪或生长发育的因素 | 儿科医生也许会让孩子去看心理医生。受到欺凌的孩子，如果没有得到帮助和引导，没有找到新的思考和行为方式，往往会一直很焦虑，缺乏安全感 |
| 孩子的行为几乎太过完美。他很害羞，不与别的孩子来往，更喜欢和大人待在一起 | 正常行为、焦虑、害羞 | 鼓励孩子参加兴趣小组或体育活动以融入其他孩子。如果他焦虑发作时伴有呼吸急促，与儿科医生谈谈 |
| 孩子常常说脏话。他咒骂别人或给别人取外号 | 缺乏自律、模仿大人或媒体上的行为、不尊重他人 | 让孩子知道，诅咒往往没有什么作用，低俗的语言和咒骂他人是不能被容忍的。给孩子树立一个良好的榜样 |
| 孩子有来源不明的财物。你担心他可能偷了东西 | 不能接受，但是在成长的某一阶段并不是异常行为；压力、同伴压力；想得到关注 | 问孩子东西是从哪儿来的。如果是偷来的，要求他还回去，并道歉；必要的话，跟他一起去。让他明白，无论如何偷东西都是不能被容忍的行为；如果已经形成习惯，或在孩子的物品中发现大量偷来的东西，表明孩子急切需要帮助。与儿科医生谈谈 |
| 你发现孩子撒谎 | 注意到自己做错事了；害怕受到惩罚或让父母失望；同伴行为 | 告诉孩子你不能接受撒谎的行为，如果他讲真话的话，面临的麻烦会少一些；如果你对无恶意的小谎言和真假参半的话设置了双重标准，改变它；如果孩子撒谎成性，分不清现实和想象，去看儿科医生 |

## 症状

孩子被动物咬伤的伤口可能看起来很小，但是却有很高的感染风险。相反，大多数虫子的叮咬引起孩子皮肤的发红、疼痛和发痒，但症状却会很快消失，不需要特殊治疗。然而，在一些人群中，虫子的毒液会引发过敏反应，或轻或重，重者可能会危及生命。尽快完整地把虫子的螯针拔出来是很重要的，叮咬如果弄破了皮肤会引起感染。有些虫子会传播疾病，例如蜱虫会传播莱姆病（Lyme disease）、落基山斑疹热（Rocky Mountain spotted fever）或兔热病（tularemia）（图 2-4，图 2-5）；蚊子会传播致病病毒，如虫媒病毒。跨国旅行者可能会面临携带疟原虫的蚊子的困扰，疟疾是一种严重的寄生虫感染。

确保孩子能认识，并且辨认出所在区域里常见的危险动植物、昆虫和动物。

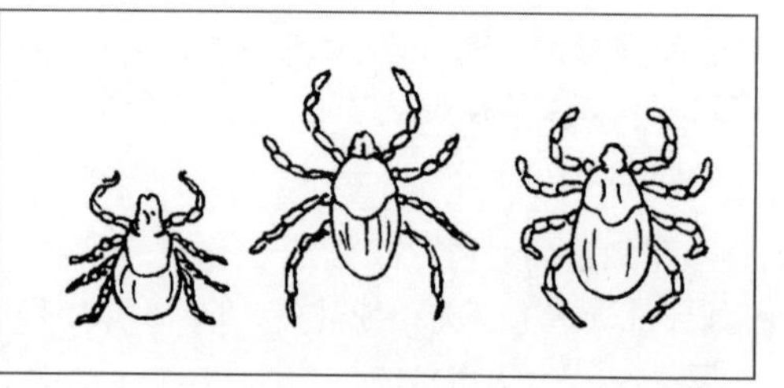

图 2-4　蜱虫的种类。鹿蜱会传播莱姆病；褐色犬蜱和美国森林蜱会传播落基山斑疹热（图片被放大了许多；鹿蜱只有罂粟种子那么大）

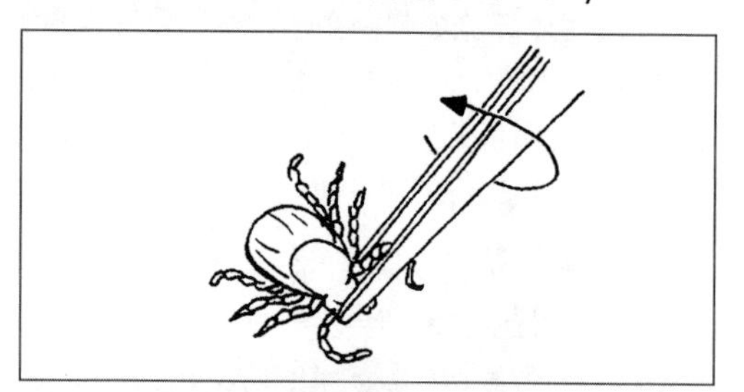

图 2-5　拔除蜱虫。用镊子来拔除蜱虫，小心翼翼地把整只虫子都拔出来。尽可能夹住它的头部，然后把它从叮咬的部位拔出来

**如果孩子有以下情况，马上打电话给儿科医生**

- 被蛇、野生动物、来路不明的狗或动物咬伤。
- 在非原来被叮咬的部位长皮疹或荨麻疹。
- 被蜱虫咬过后出疹子或有其他症状。
- 在伤口周围有感染的迹象（例如出现红色条纹、发热、持续发肿）。
- 发热、呕吐、脖子僵硬或行动改变。

**注意！**

如果孩子对叮咬过敏，让他随身携带自动注射的肾上腺素笔。学会如何使用，并教会其他抚养者。定期检查笔是否过期，并确保里面的剂量是否适合孩子。如果被虫子叮咬之后，发生严重的过敏反应，请拨打急救电话。过敏症状包括嘴巴、舌头、喉咙肿大；皮肤湿黏苍白，虚弱或神志不清，呼吸困难。

## 远离虫子

- 在孩子的皮肤上涂抹防虫剂，涂抹时要注意避开破损皮肤的伤口。阅读说明书，确保防虫剂中避蚊胺的含量低于 30%。这种液体能有效防虫且有安全保障，但如果误服或过量使用，会产生危害。氯菊酯是另一种可以用在衣物上的防虫剂，但不如避蚊胺那么常见。
- 香茅和薄荷精油是天然的防虫剂，可以用植物油稀释一下，喷洒在衣物上。
- 维护好房子的窗户，防止虫子进入。
- 在去有蜱虫的区域之前，给孩子穿上浅色的长衣长裤，并在衣物上涂上防虫剂。回到家里，在孩子身上找找是否有蜱虫，有的话用镊子把它们除去。

| 父母的疑虑 | 可能的原因 | 应对措施 |
| --- | --- | --- |
| 孩子感到有点疼痛、水肿、发红、发痒 | 被蚊子、苍蝇或蚂蚁叮咬 | 冷敷孩子的皮肤以减轻不适。如果是 2 岁以下的孩子，用冷的湿布，不要用冰块 |
| 孩子被虫子叮了一下，叮咬处变红、发痒、发肿、疼痛 | 被蜜蜂、马蜂或黄蜂叮了一下 | 如果看得到螫针，用银行卡把它刮出来，然后用肥皂水清洗感染部位并冷敷 |
| 孩子被虫子叮了，反应严重，比如虚弱、苍白、气短；同时，长疹子，大面积水肿 | 严重的全身过敏反应 | 如果孩子嘴巴周围肿了或有其他的严重过敏症状，马上拨打急救电话。如果孩子已经没有心搏了，打完电话后马上对他进行心肺复苏（参看第 215~216 页） |
| 孩子的伤口红肿，疼痛，你怀疑是被蜘蛛咬伤 | 蜘蛛的毒液非常危险，尤其是黑寡妇、棕色隐士或狼蛛 | 如果你觉得这种蜘蛛是毒性很高的品种，拨打急救电话，或去最近的急救中心；或在被咬伤的地方用肥皂水清洁，冷敷。如果伤口发炎或溃疡，马上给儿科医生打电话 |
| 如果孩子身上有像牛眼睛一样的印记（中心的深色圆点被一圈浅色的晕圈和最外面一个红环包围着） | 由鹿蜱叮咬引起的莱姆病，可能发生在几天之前 | 在孩子的皮肤上查找蜱虫。用镊子尽量夹住蜱虫的头部，把它从伤口移开，不建议用手或其他工具来拔除。打电话给儿科医生，他会对孩子进行检查，如果诊断出或疑似莱姆病，医生会开抗生素 |
| 孩子的皮肤被动物或人咬破 | 伤口可能会受到感染，比如破伤风或狂犬病 | 用肥皂水清洗伤口，给儿科医生打电话以获取帮助，避免感染。孩子也许需要注射破伤风疫苗。如果没什么风险的话，抓住那只动物（或留着动物的尸体，如果动物已经死亡），以便进行狂犬病检测（参看第 219 页“动物咬伤”） |
| 孩子在海水中游泳时被叮了一下 | 水母毒素、黄貂鱼 | 冷敷。如果孩子出现气短、眩晕的症状，请拨打急救电话。同时，用衣物或沙子把孩子皮肤上残留的触角去掉 |
| 孩子接触了荨麻或其他会刺人的植物 | 植物毒素引起的过敏 | 由荨麻引起的皮疹不需要特别治疗，会自行消失。如果孩子接触过毒藤、毒橡树、漆树，把他的衣服脱下来，用肥皂水清洗他暴露的皮肤。同时把衣服洗了。防止孩子抓挠长疹子的皮肤。如果疹子很严重，影响孩子的脸部和外阴，或炎症不断扩散，打电话给儿科医生 |
| 孩子被蛇咬了（尤其是响尾蛇、棉口蛇、珊瑚蛇或铜斑蛇） | 蛇毒 | 拨打急救电话，或把孩子带到最近的急救中心。不要用冰块或止血带，要用夹板固定住伤口。如果是被珊瑚蛇咬伤了，拨打紧急医疗服务电话，并让孩子保持静止状态（不要动） |

## 症状

流血是指血液从身体组织流出，例如皮肤、口腔、鼻腔和直肠。瘀斑是指皮下出血。引起儿童流血或瘀斑的原因有受伤（有意或无意）、感染、某些药物的副作用、免疫系统受到影响、凝血因子不足、癌症等。

一个健康的孩子受伤弄破了皮肤，流血会在几分钟内停止，并且血液会凝结起来，这些凝血会最终形成一个壳，保护着伤口，这个壳就叫作痂。头皮受伤会流很多血，因为头皮上有丰富的血管（参看第222页“割伤和刮伤”）。孩子身上任何部位受伤，如果几分钟内尤其是经紧急处理之后，仍血流不止，必须去看儿科医生；如果孩子的意识水平在降低，剧烈疼痛（包括头痛），身体某一部位移动困难，肤色泛白，出汗或水肿，必须马上把他送到儿科医生那里进行治疗。这些症状表明孩子的内脏在出血。

瘀斑是在受伤后，皮肤里出现的蓝黑色区域。随着瘀斑之下的组织愈合，瘀斑的颜色会慢慢发生改变。幼儿很活跃或运动时受伤，导致小腿上的瘀斑，或者运动的时候受伤导致的，不需要担心。然而，出现在臀部、脸上、肩膀、背部的无法解释的瘀斑，需要进行评估。

**如果孩子有以下情况，请咨询儿科医生**

- 无法解释的瘀斑或在不寻常的部位出现瘀斑。
- 大小便中带血。
- 小伤口引起的长时间流血。
- 很容易瘀斑伴随肤色异常苍白、疲惫和其他症状。
- 月经量很大。

**注意！**

血流不止或在不寻常的部位出现瘀斑，必须去看儿科医生。不要忽视虐待儿童的可能性，尤其是当孩子不愿意告诉你瘀斑是如何来的时候，这种可能性更大。

## 白血病

白血病是儿童最常见的癌症，占了儿童肿瘤的1/3。大多数得白血病的孩子会发热或肤色苍白，许多会有瘀点和紫癜。瘀点是针尖大小的红色病变，按压时不会变白。瘀点是皮肤层里的出血。紫癜是更大块的凸起病变，按压之后也不会变白。随着出血时间的长短，瘀点和紫癜表现出多种颜色。两种病变都可能出现在身体的任何部位。如果在孩子身上看到你认为是瘀斑和紫癜的东西，马上联系儿科医生。

| 父母的疑虑 | 可能的原因 | 应对措施 |
| --- | --- | --- |
| 孩子的瘀斑主要是在小腿上。孩子很健康活跃 | 在体育活动中有小碰撞或摔跤了 | 不用进行治疗 |
| 孩子流鼻血了，大体上还是很健康的 | 儿童鼻出血（参看第122页）、血管性血友病 | 让孩子坐着，身子向前倾，用力持续按压孩子鼻子上的柔软部位，直到止血。如果常常流鼻血，并且出血量很大，和儿科医生讨论一下如何防止再流鼻血。儿科医生可能会预约血液测试来进一步评估孩子流鼻血的问题 |

（续表）

| 父母的疑虑 | 可能的原因 | 应对措施 |
| --- | --- | --- |
| 孩子的直肠出血。粪便中带血 | 肛裂（肛门的边缘溃疡）、肠胃炎（胃肠内膜炎症）、肠套叠，幼年性息肉（大肠上小的，良性的结节） | 咨询儿科医生，或许需要进一步检查 |
| 孩子身上有大量的针尖大小的瘀点，或有大块的紫癜。近期生病 | 特发性血小板减少症、紫癜（疾病过后，血小板减少） | 打电话给儿科医生，他会预约适合的测试，并可能会推荐孩子到小儿血液医生那里去治疗。到急救中心去，如果孩子头痛得厉害或意识水平降低 |
| 孩子的瘀斑面积不断变大，并伴有呕吐和发热。他昏昏欲睡，精神恍惚，脾气暴躁 | 严重的细菌感染、受到虐待 | 马上给儿科医生打电话，或去最近的急救中心 |
| 孩子在服用药物期间（例如抗生素），出现呕吐，并且身上起了针尖大小的瘀点 | 药物反应 | 立刻给儿科医生打电话；或者孩子需要换一种药物 |
| 孩子的腿上和脚踝处有不明瘀斑，并伴有胃痛、关节肿大触痛 | 过敏性反应、过敏性紫癜（一种疾病，会导致皮肤里的细小血管、关节、肠、肾出血） | 给儿科医生打电话，他会对孩子进行检查并预约诊断性测试 |
| 孩子因为黏膜上的一个小伤口持续流血几小时或几天 | 出血性疾病或凝血因子缺乏症，例如血友病或血管性血友病 | 和儿科医生讨论一下诊断性测试和应对凝血因子缺乏的措施。血友病或血管性血友病是遗传性的 |
| 孩子从托儿所或保姆那里回家之后，身上有多处或形状很奇怪的瘀斑，孩子胆小又孤僻 | 儿童虐待 | 马上给儿科医生打电话。如果确认孩子受到虐待，要通知相关部门，孩子会受到保护 |
| 孩子很容易瘀斑。他脸色苍白，无精打采，爱发脾气 | 一种全身性疾病，有可能是白血病 | 马上给儿科医生打电话 |

## 症状

皮肤上出现蓝紫色（发绀）说明皮下组织氧气不足。当蓝紫色只出现在身体的某一部位，如手或脚，可能是因为过紧的衣服或绷带使血液流动受阻。寒冷也会使嘴唇、手指或脚趾变紫，暖和起来后它们会变回原来的颜色。

很小的婴儿在吃奶的时候，嘴周围常常会出现蓝白色的一圈。这是很正常的，吃完奶就会恢复原来的颜色。然而，如果婴儿身上出现了大面积的蓝白色，也许是婴儿缺氧的标志，需要马上进行治疗。

患有先天性心脏病的孩子，通常血液中的含氧量较低，皮肤或许一直都会发绀。和心脏病专家讨论一下血液中含氧量的最低限和监测方法。

高铁血红蛋白症是一种可以由家族遗传的罕见疾病。患这种疾病的孩子，血红细胞中的高铁血红蛋白含量异常。它限制了红细胞往身体各个部位的运氧功能，缺氧的皮肤通常会泛蓝。因为其他原因也会引起皮肤发青紫，和儿科医生讨论诊断建议和应对方法。

**如果孩子身上的这些部位发青，立即给儿科医生打电话**

- 全身。
- 嘴唇和舌头，同时伴有异常呼吸音。
- 脸上同时伴有发热。

**注意！**

如果孩子皮肤出现蓝紫，并且不能呼吸、说话、咳嗽，马上拨打急救电话，并根据孩子的年龄，按照第 215~216 页介绍的步骤做。

## 应对屏气发作

这是令人感到恐怖的一幕：通常在孩子发脾气或者孩子受到惊讶和疼痛时，平时可爱的孩子大声尖叫哭泣，他的脸色可能会从红色变成蓝灰色；有些孩子会摔倒在地上，看起来好像要昏厥过去。虽然这一幕看起来很惊险，但是实际很可能并没有那么糟。与孩子自身相比，屏气发作吓到的更多是父母。不要去限制孩子或强迫他呼吸，因为即使是最倔强、最愤怒的幼儿，从生理上说，也不可能憋气到足够长的时间使自己受伤。如果孩子失去了知觉，他会恢复本能反应，一会儿他的呼吸就会恢复正常。

即便如此，如果孩子屏气发作时发生昏厥或发绀，请给儿科医生打电话。儿科医生会希望给孩子做个检查，排除机体原因引起的失去意识或抽搐。如果儿科医生怀疑是心理因素引起的，他会建议你带孩子到心理医生那里去。然而，大多数屏气发作不会造成伤害，孩子最终会找到适宜的方法来发泄自己的愤怒。同时，对屏气发作不要反应过度。保持镇静，确保孩子是安全的，但是切记不要夸大事态或满足孩子的无理要求，这样的反应会让将来的情形更加严重（更多指导参看第 156 页“发脾气”）。

| 父母的疑虑 | 可能的原因 | 应对措施 |
| --- | --- | --- |
| 孩子在寒冷的室外，或在游泳或玩水。他浑身发抖，身上摸起来很凉 | 对低温的反应（低体温） | 把孩子身上擦干，用毯子把他包起来或带他到温暖的房间里去。如果他非常冷，把他放入一盆温水里。根据温度给孩子添加衣服，防止体温过低 |
| 孩子犬吠样咳嗽，他的呼吸很费力，有噪声 | 哮吼（喉炎） | 拨打急救电话或带孩子去最近的急救中心（参看第 58 页“应对喉炎”） |
| 孩子嘴部周围发青，喘息声很重 | 呼吸系统疾病、有可能是哮喘 | 立刻拨打急救电话（参看第 26 页“过敏反应”，第 50 页“呼吸困难”） |
| 婴儿的皮肤发紫。他的感冒越来越严重，已经咳嗽一两天了。他呼吸急促且困难。他拒绝进食，脾气暴躁，看起来很不好 | 毛细支气管炎（也可以参看第 50 页“呼吸困难”） | 马上拨打急救电话或打给儿科医生。孩子需要马上诊断和治疗 |
| 孩子哭闹，屏住呼吸，昏厥过去，很快又苏醒过来 | 屏气发作 | 与儿科医生谈谈，他会对孩子进行检查，来排除机体上的原因，并会给出应对焦躁和坏脾气的方法建议（参看第 44 页“应对屏气发作”，第 156 页“发脾气”） |
| 孩子看起来青紫，尤其是嘴部四周。他有点发热，感觉很糟糕，呼吸很急促。他最近感冒了，或有其他病毒感染性疾病 | 支气管肺炎 | 马上给儿科医生打电话。儿科医生会给孩子做检查，开出治疗处方或建议到医院进行治疗 |
| 孩子在吃东西、玩耍或运动时，突然脸色发青紫。他的指甲、嘴唇、舌头、黏膜都是紫色的 | 心脏、肺部或循环系统疾病 | 给儿科医生打电话，他会对孩子进行检查，也许会推荐孩子到其他专家那里进行评估 |
| 孩子昏厥过去了，并且尿失禁。他之前曾经有过抽搐发作 | 癫痫（参看第 134 页“惊厥”） | 与儿科医生谈谈，他会预约测试并可能会开出抗惊厥药物 |

## 症状

婴儿通常都有膝内翻(两侧膝盖远离，脚踝靠拢）和内八字足(两侧脚趾朝向相对，图2-6)。这些弯曲到孩子3岁时才会变直，所以基本上没有幼儿的腿是笔直的。实际上，当他们开始走路的时候，有时候会出现胫骨扭转(胫骨向内弯曲)。在孩子两三岁的时候，胫骨扭转往往会发展成轻微的膝外翻(靠拢的膝部和远离的脚踝)。到孩子10岁时，这些弯曲会自行纠正。支架和矫正鞋不会起到什么作用。虽然有些家庭有成年人存在膝内翻、膝外翻和内八字足的情况，但是大多数的孩子到青春期(也就是13~17岁)的时候，会有笔直的双腿。

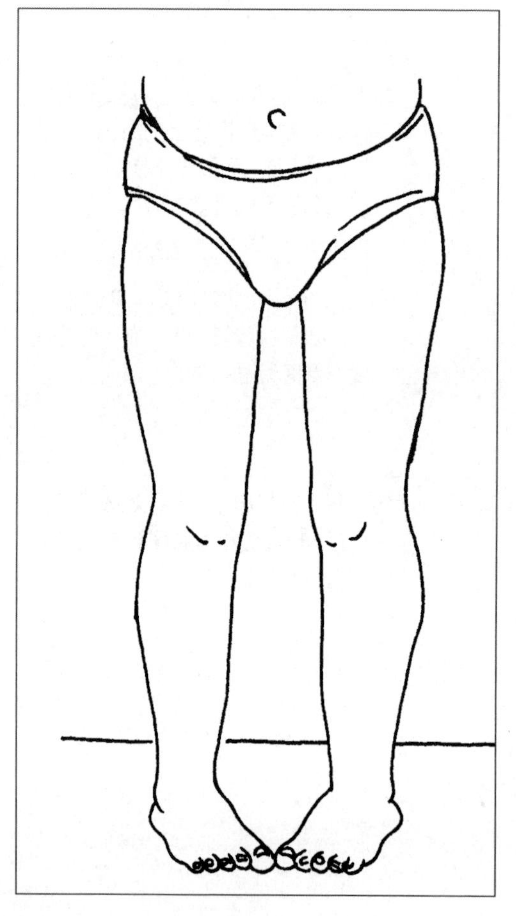

图2-6 婴儿早期典型的膝内翻和内八字足，到孩子3岁时会逐渐变直。然而，当孩子两三岁开始走路时，向内弯曲的小腿会变得稍稍外弯。这种情况不需要治疗。到孩子10岁时，双腿会逐渐变直，支架和矫正鞋几乎没什么作用。虽然一些家族内会有成员有膝内翻、膝外翻、内八字足的倾向，但是大多数孩子到青春期时，腿部会变直

**如果孩子有以下问题，请咨询儿科医生**

- 有一条腿特别弯曲。
- 只有一边的腿是弯的。
- 3岁之后膝内翻变严重了。
- 11岁之后还有严重的膝外翻。
- 膝内翻或外翻严重，双腿对于年龄来说太短了。

**注意!**

如果你的孩子过了3岁，膝内翻变得严重了咨询儿科医生。

## 预防佝偻病

佝偻病是因为骨骼缺乏矿物质(骨头会变软）造成的。它曾经是引起身体缺陷的主要原因，随着营养的改善，软骨病没那么常见了。孩子需要维生素D来帮助形成骨骼，并使之强壮。患软骨病风险大的孩子，包括有吸收问题的孩子，需要长期治疗来防止和缓解痉挛的孩子。还包括只喂母乳，不能获取足够营养的稍大些的婴儿和幼儿。如果你不确定孩子是否摄入足够的维生素D，把你所担心的问题与儿科医生讨论一下。

 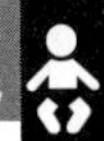

| 父母的疑虑 | 可能的原因 | 应对措施 |
|---|---|---|
| 3 岁以下的孩子，腿看起来还是弯的（向下、向前弯曲） | 膝内翻 | 这种弯曲是正常的。通常到孩子 3 岁会变直 |
| 12~24 个月的孩子，小腿向内弯曲。他的脚趾向内朝 | 胫骨扭转 | 这是正常现象，也许在孩子 18~24 个月会很明显，但是到他 3 岁时就会自行矫正 |
| 当孩子站着、膝盖并拢的时候，他无法将脚踝靠在一起 | 膝外翻 | 如果问题很严重或影响孩子走路或跑步，咨询儿科医生 |
| 孩子只有一条腿是弯的，年龄超过 2 岁，弯曲很严重 | 胫骨内翻也叫布朗特病（胫骨生长异常，导致小腿向内弯） | 咨询儿科医生 |
| 10 岁以上的孩子，走路的时候脚趾朝内 | 股骨前倾（大腿骨内翻） | 与儿科医生确认一下 |
| 孩子骨折后膝内翻 | 生长板受伤、治疗不当 | 咨询儿科医生 |

## 症状

如果父母对孩子乳房肿大的问题感到担忧，和儿科医生谈谈。这也许是正常现象，取决于孩子的年龄和发育阶段。

新生儿的乳房，有时候也会增大，甚至可能会分泌少量乳汁。这是因为孕期母亲体内的雌激素，进入子宫里胎儿体内。随着母亲体内激素作用退去，新生儿的乳房会在几周内变小。月龄大一点的女婴或幼儿，可能会经历“小青春期”，或许会出现短暂的乳头下方和乳晕变大。这是正常现象。学龄期儿童，女孩在 8 岁以前，男孩在 9 岁以前，若出现乳房变大的迹象，要去儿科医生那里进行评估，检查一下是否发生了性早熟（发育早于普通的青春期）。年龄大点的超重男孩或女孩，他们的胸部也会增大，因为脂肪堆积在他们的胸部。更多关于青春期之前和青春期男孩乳房变大，参看第 202 页“青春期”。

**如果孩子有以下症状，请打电话给儿科医生**

- 不是普通的增大，孩子的乳房组织和乳晕上有分离开的肿块。
- 孩子的乳房肿大、发炎、疼痛，而且孩子发热了。

**注意！**

任何年龄的孩子，乳房疼痛、肿大、发红都可能意味着发炎。与儿科医生谈谈，可能需要使用抗生素。

## 青春期前乳房发育

如果一个小女孩乳房开始变大，但是她身上没有任何其他性发育的迹象，这种现象叫作单纯性乳房早发育，在 3 岁前的女孩中较为常见。这是由于孩子体内少量雌激素造成的。这些雌激素在孩子的儿童时代后期，会把他们带入青春期；然而，乳房的发育也许只是进入青春期的第一个迹象，需要儿科医生的关注和建议。儿科医生会帮助你识别真正的乳房增大和多余的脂肪组织。

| 父母的疑虑 | 可能的原因 | 应对措施 |
|---|---|---|
| 新生儿的乳房肿大，但是其他方面都很健康 | 母亲雌激素的影响 | 不必采取措施。新生儿乳房肿胀和增大是因为母亲体内的雌激素短暂作用于新生儿的身体系统。几周后，随着雌激素作用的消退，肿胀会消失 |
| 6个月到2岁的女婴或幼儿，乳房变大 | 单纯性乳房早发育，一些女孩会出现的良性发育 | 与儿科医生谈谈你担忧的事情。孩子的成长发育表和体检单，能够帮助医生识别是否是良性的发育或是否必须要找专家咨询一下 |
| 你不到8岁的女儿，胸部发育了 | 性早熟(发育早于普通的青春期) | 儿科医生会查看孩子和他的成长发育表。乳房发育常常是青春期发育的第一个迹象，可能有必要咨询一下内分泌专家 |
| 处于青春期的男孩，胸部有点变大 | 正常的青春期阶段 | 和儿科医生谈谈你担忧的事情，他会查看孩子和他的生长发育表。单侧乳房增大在男孩中很常见 |
| 学龄期儿童或青少年，男孩或女孩，过度肥胖，有乳房增大的现象 | 脂肪堆积 | 和儿科医生谈论一下这个健康问题。肥胖是一个很大的健康隐患，必须开始新的营养和健身计划 |
| 婴儿的一侧乳房发红或肿大，婴儿才出生不到几个月 | 乳房发炎或脓肿 | 与儿科医生谈谈，他会对婴儿进行体检。孩子可能需要用抗生素或住院治疗 |
| 不到8岁的女孩，或不到9岁的男孩，乳房肿胀 | 不小心接触到了激素、女孩青春期前乳房发育、男孩肾上腺肿瘤(激素引起的肿瘤) | 与儿科医生谈谈。孩子可能服用了家中某个成员的激素类药品，例如避孕药或是使用了含有雌激素的乳液。青春期前乳房发育和肾上腺肿瘤也许是这些原因引起的 |

## 症状

气短也可称为呼吸困难或呼吸窘迫，常常意味着孩子需要进行医学干预。从像哮喘和肺炎这样的呼吸道疾病到比较少见的肺部缺陷或心脏衰竭，都会引发呼吸困难。液体在肺部堆积可能是这些疾病引起的，也有可能是由气管堵塞或发炎引起的。有时焦虑也会让孩子呼吸急促，导致体内化学物质的变化，从而加重换气过度。

**如果孩子出现以下症状，打电话给儿科医生**

- 呼吸短促的情况非常严重。
- 如果他吸气的时候发出像吹口哨一样的声音或很大的噪声。
- 呼气或吸气时出现喘鸣。

**或出现以下症状：**

- 忽冷忽热、呕吐。
- 胸口疼痛。
- 黏稠的、带有颜色的或带血的浓痰。
- 皮肤和舌头发紫。
- 非常困倦。
- 无法说话和吞咽。
- 流口水。
- 坐姿很怪异。

**注意!**

如果孩子呼吸越来越吃力，他发不出声音也说不出话，或者他身上变紫，马上进行急救，刻不容缓！这些迹象表明，孩子的呼吸道阻塞，正处于窒息的危险中（参看第四章“基础急救”）。

## 控制哮喘

6%~10% 的美国儿童受到哮喘的困扰。在过去的 20 年里，美国 5 岁以上患哮喘的儿童数量增长了 160%。大多数孩子都有轻微的哮喘，但是只有一部分经常发作。避开会引发哮喘的物质或活动，即使是严重的哮喘也能得到控制。

哮喘和支气管哮喘都是因为呼吸道肌肉紧张引起的，它阻碍了空气恰到好处地进出肺部。哮喘发作常常是由病毒感染、过敏、运动、冷空气和吸烟引起的。专家们认为，在市区生活的孩子，接触蟑螂和缺少户外活动也许是引发哮喘发病率上升的原因。虽然压力过大也会引发哮喘，但哮喘始终是肺部问题而不是心理问题。

找到引起孩子哮喘的原因是很重要的。儿科医生也许会建议你对孩子进行皮肤测试以找出致敏物。也许他会建议你每天做个记录来看看哪些活动与引发孩子的哮喘有关。许多医生建议采用几种方法综合治疗，如避免触发、用药预防、改变生活方式等来控制哮喘。当孩子的哮喘能被很好地控制时，他就能好好享受充满活力的运动和玩耍了。如果你发现他的症状和一些活动有关，告诉儿科医生，以便对症下药。良好的控制哮喘的方法，不会对孩子的体育活动有所限制。

| 父母的疑虑 | 可能的原因 | 应对措施 |
|---|---|---|
| 孩子鼻塞，喉咙痛，咳嗽，还有点发热 | 普通的感冒（也可以参看第 58 页“咳嗽”） | 鼓励孩子多休息，给他喝水以稀释分泌物。给他服用单成份布洛芬或对乙酰氨基酚。如果孩子的症状加重或持续了好几周，给儿科医生打电话。如果孩子鼻塞，咨询一下医生是否可以使用生理盐水滴剂或喷雾和吸鼻器 |

（续表）

| 父母的疑虑 | 可能的原因 | 应对措施 |
|---|---|---|
| 孩子咳嗽剧烈，发低热，胸口不舒服。症状在夜晚会加重。孩子最近受到病毒感染 | 喉气管支气管炎 | 与儿科医生谈谈。夜间使用冷水汽化器或加湿器（参看第 58 页“应对喉炎”）。如果呼吸很吃力，孩子的皮肤开始变紫，带孩子去最近的急救中心，或拨打急救电话 |
| 孩子突然急促地喘气，他的脸色开始发紫。他无法说话或无法发出正常的声音 | 被异物或食物卡住 | 这种情况很紧急。使用海姆利希急救法（Heimlich maneuver）进行急救，让其他人去打急救电话 |
| 孩子的喘息声音很重并且咳嗽，尤其是在夜晚或运动时或者运动后 | 哮喘 | 给儿科医生打电话。儿科医生会给孩子诊断是否是哮喘引起的症状。如果是的话，儿科医生会给你建议控制哮喘的方法 |
| 孩子哮喘发作了，皮肤发紫，说话困难。孩子迷茫又焦虑 | 突发的严重的哮喘发作 | 如果孩子有支气管扩张药（一种可以扩张呼吸道的药物），马上使用。立刻带孩子去离你最近的急救中心或拨打急救电话 |
| 孩子整夜睡不着，大声地喘气，嘴巴张得大大的下巴往下垂。皮肤和指甲都变紫了。他的体温高于 101 ℉（38℃） | 会厌炎（喉咙后侧阻止异物进入气管的组织水肿） | 这是紧急医疗事件。马上拨打急救电话或带孩子去最近的急救中心。由于注射了乙型流感嗜血杆菌疫苗，目前会厌炎是很少见的感染。通常只发生在 3 岁或以上的孩子中 |
| 婴幼儿呼吸困难急促。他感冒了，咳嗽了一两天。他拒绝进食，烦躁，不舒服 | 毛细支气管炎（肺部最细小的气管受到感染） | 马上给儿科医生打电话，对孩子进行检查。如果诊断出来是毛细支气管炎，孩子需要马上做治疗 |
| 孩子呼吸急促且声音很大，他感冒了，胸口有点痛。他有点发热，最近得了呼吸道疾病 | 肺炎 | 打电话给儿科医生。通常情况下，让孩子好好休息，服用医生开的药，在家里就能把肺炎护理好。有些孩子不论是在家里还是在医院都需要吸氧 |
| 孩子呼吸时声音很响，这种情况持续了几小时或几周。他咳嗽，体温升高或正常 | 吸入性肺炎（吸入的物体或食物引起的肺炎） | 打电话给儿科医生，他会预约 X 线照射，有必要的话，他会安排治疗 |
| 孩子突然呼吸困难。他的皮肤湿冷，大面积水肿，脉搏增快。他过敏了或被虫子叮了一下 | 严重的过敏反应 | 马上拨打紧急医疗服务，或带孩子去最近的急救中心。这是紧急的医疗事件，孩子需要马上治疗 |
| 少年或儿童呼吸困难。他感到眩晕，手脚麻木、刺痛 | 过度通气（由焦虑引起的过度换气；也可参看第 180 页，“焦虑”） | 找出和排除引起孩子焦虑的原因。儿科医生也许会希望给孩子做个检查，来排除会因为焦虑引起相似症状的生理疾病。他会推荐一个治疗方案 |

# 24. 胸部疼痛

## 症状

孩子出现反复的胸部疼痛，是常见现象，通常不是由严重的健康问题引起的。孩子运动过量或进行新的体育项目常常会引起胸部肌肉拉伤，这是引起胸部疼痛的常见原因。在学校或家里，孩子情绪波动引发的肌肉紧张也会导致胸部疼痛。肋软骨和胸骨之间有炎症引起的胸部疼痛叫作肋软骨炎，这种疾病可以用消炎药治疗，比如布洛芬。由心脏或肺部问题引起的疼痛，需要确诊。如果发现了问题，要用适合的方法治疗。还有一些严重的但是不常见的原因也会引起孩子胸部疼痛，包括引发炎症的疾病，比如哮喘；消化道的问题，比如食管炎或胃溃疡；过度通气（年龄较大的孩子）；气胸（肺塌陷）。

**如果孩子有以下症状，马上给儿科医生打电话**

- 长期胸部剧痛，即使是在睡觉的时候。
- 常常抱怨胸部感到重压，心搏加快。
- 呼吸困难。

**注意！**

如果孩子长期胸部疼痛，运动过后症状加重，应当带他去看儿科医生。如果孩子受伤后出现胸部疼痛，需要马上进行医学观察，来排除肋骨骨折、肺穿孔和其他损伤。

## 由肺塌陷引起的胸部疼痛

肺塌陷也叫气胸，会引起孩子胸部剧痛和突然而又短暂的呼吸急促；更常见于20~40岁的男性群体中。有慢性病的孩子，比如囊性纤维化，最容易发生气胸，但这种疾病也会发生在正常孩子身上——通常是较瘦的青少年男孩——还没有发现是由什么明确的原因引起的。

引发气胸的原因是肺部的一小块组织破裂，使空气从肺部泄漏出去，并且聚积在肺部和胸壁之间。如果缺口很小，孩子只会感到疼痛，没有什么别的症状。儿科医生会对孩子进行评估，但是没有必要做特别的治疗。这是因为破裂的组织会自己长好，漏出去的空气会随着时间的推移被慢慢吸收掉。但是如果大量空气聚积，导致孩子肺部的某个地方塌陷，孩子就会感到胸部剧烈疼痛、干咳不断、呼吸困难。治疗过程中，可能要进行一个小步骤，把多余的空气排出。大多数孩子会在医疗专家们的密切观察下痊愈。

| 父母的疑虑 | 可能的原因 | 应对措施 |
|---|---|---|
| 孩子的生长发育正常，食欲也很好。他的呼吸正常，最近运动量提高了，并且在进行新的体育项目。他最近受伤了 | 肌肉拉伤、瘀伤、肋软骨炎 | 给孩子服用布洛芬，以减轻疼痛。如果孩子的胸部疼痛在 2~3 天没有好转，和儿科医生谈谈 |
| 孩子休息时感到疼痛，但是每次只持续一两分钟。他的身体大体上很好，但是在学校有学习和社交困难。家里给了他很大压力。孩子一直很忧虑 | 非特异性胸痛 | 给儿科医生打电话，他会给孩子做检查，排除严重的原因。通过详细的问话，儿科医生会找出孩子焦虑的原因。他也许会建议治疗。同时，帮助孩子集中精力在一种爱好上，也许可以把他的注意力从生理问题上分散开来 |
| 孩子咳嗽或有呼吸道疾病。他的体温高于 101 ℉（38.3℃） | 哮喘或其他感染性疾病 | 给儿科医生打电话，他会给孩子进行检查。孩子也许需要治疗。儿科医生会建议给孩子用镇痛药或其他合适的药物 |
| 孩子有时候会在睡梦中痛醒过来，疼痛发生在胸部或上腹部。孩子常常抱怨胃部灼热，口中有酸味。有时他会呕吐，但生长正常 | 消化问题，比如胃食管反流、食管炎和胃溃疡 | 与儿科医生谈谈，他也许会开处方药给你。不要让孩子吃含有咖啡因的食品，例如可乐或巧克力。把孩子的床头抬高，这样能够防止夜间胃酸反流进入食管 |
| 孩子常常抱怨心搏加快或心率改变异常（超过了运动时心跳的正常增快）。这些变化持续的时间超过一两分钟。运动时，他会感到胸痛、头晕、眩晕。当这些症状出现时，他会脸色惨白，露出病态或出汗 | 心脏病（很少见） | 马上给儿科医生打电话。孩子也许需要做一个详细的体检和诊断测试。这些措施能帮助儿科医生排除引起胸部疼痛的严重原因，也能帮助儿科医生确认疼痛的来源 |
| 孩子在休息时，胸部疼痛。他的关节处水肿、柔软，他的脸上和身上长了疹子 | 自身免疫疾病，比如青少年特发性关节炎或系统性红斑狼疮 | 与儿科医生谈谈，他会给孩子做检查，如果有必要的话，会把孩子推荐给健康专家进行评估 |

## 症状

许多父母错误地认为，如果孩子没有每天排便一次就是便秘。实际上，每个孩子的排便模式是有差异的：有的孩子一天排好几次便，有的孩子却两三天才有一次正常排便。对比之下，便秘时排的粪便又干又硬，排便时可能需要很用力，甚至会疼痛。

如果婴儿排便时涨红了脸，脸上的表情看起来好像很痛苦并发出低低的哼声，不要紧张。这是很正常的现象，这仅仅只是表明孩子的直肠在生长发育中。如果便便很软，他就不是便秘。

孩子的饮食中应包含大量水和富含膳食纤维食物，比如水果、青菜和全谷食物。有规律地运动对形成规律性的排便也很重要。让孩子每天坐在马桶上一两次，能够帮他形成健康的排便习惯。一个规律的如厕时间，能够帮助孩子在生活中形成良好的排便习惯。

**如果孩子有以下症状，请咨询儿科医生**

- 抱怨排便时会痛。
- 粪便坚硬干燥。
- 有能通过排便缓解的腹痛。
- 粪便里带血。
- 在两次排便之间会有水样便。

**注意!**

如果没有征得儿科医生的同意，不要用通便剂或灌肠剂来处理孩子的便秘。滥用通便剂会扰乱孩子的正常排便功能。

## 焦虑和拒绝排便

自主和控制的矛盾情绪，常常出现在孩子进行如厕训练的时候。有些幼儿会拒绝把便便排在便盆或马桶里，以此来表达矛盾情绪。当他们拒绝排便时，滞留的粪便会变干、结块，排便的时候就会疼痛。拒绝排便和感到疼痛的恶性循环，会导致严重的焦虑。在这种情况下，孩子排便就会成为全家的焦点。有时新的液体状的粪便会随着成形的粪便一起排出来，一些父母会错误地把这种情况当成腹泻。

儿科医生会用逐步的排便训练计划来解决这个问题，计划中常常包括粪便软化剂和保持按时如厕的时间表。增加孩子饮食中的膳食纤维含量，多吃水果、蔬菜和谷物，还是很有帮助的。你还应该鼓励孩子多喝水、果汁和其他液体，尤其是在炎热的天气或做完运动后。有规律的体育运动也能够促进正常排便（也可以参看第 150 页“大便失禁”）。

| 父母的疑虑 | 可能的原因 | 应对措施 |
| --- | --- | --- |
| 母乳喂养的4~6个月大的婴儿改变了排便方式。他的粪便变少、变硬了 | 开始吃辅食时出现的轻微便秘；孩子本身的排便方式 | 有一些母乳喂养的婴儿在开始吃辅食时会出现轻微便秘，但不久就会恢复正常。如果婴儿的粪便是硬的，儿科医生也许会建议调整一下婴儿的饮食 |
| 奶粉喂养的婴儿排干硬的粪便 | 奶粉引起的便秘 | 咨询儿科医生，他或许会建议能把粪便变软的治疗方式 |
| 孩子3天排便1次，粪便是正常的。其他方面都很健康，没有什么不舒服的地方 | 孩子正常的排便 | 确保孩子喝大量水和摄入足够多的膳食纤维食物，包括水果和蔬菜。减少孩子饮食中低纤维食物，比如香蕉、大米、麦片和面包 |
| 你正在给孩子断母乳改喝牛奶 | 改成喂牛奶和乳制品可能会产生凝聚效应 | 奶量要控制在每天16~24盎司(454~680克)。询问儿科医生关于饮食的建议 |
| 婴儿排出较少见的很硬的粪便。他排便时会疼得哭起来 | 肛门括约肌过紧 | 和儿科医生谈谈，他会给婴儿做个检查，也许会推荐治疗方式 |
| 新生儿或小婴儿从出生时起就总是排便量少且硬，除非使用粪便软化剂。他的肚子胀大 | 先天性巨结肠，一种不常见的先天性与排便相关的神经缺失 | 与儿科医生谈谈，他会对孩子进行检查，看看当直肠空旷时，是否是阻留的粪便使他的肚子胀大。如果确诊为先天性巨结肠，可以通过手术治疗 |
| 从父母开始对孩子进行排便训练起，孩子就一直便秘 | 排便训练的时机还没到 | 先暂时不要进行排便训练；当孩子更加主动，不再便秘的时候再进行 |
| 孩子一直抱怨很难受，因为他无法排出粪便。他的粪便是一粒粒又小又干的颗粒 | 便秘，引起的原因可能有多种，包括摄入的水分和膳食纤维不足。以及感到压力 | 给儿科医生打电话，他会给你提供治疗帮助。增加孩子饮食中水和膳食纤维的含量，鼓励孩子吃新鲜的蔬菜和水果，定时参加体育活动。尽量消除或减少孩子的压力 |
| 孩子在排便时或排便后抱怨疼痛。他的粪便中带血。他肛门周围长了疹子 | 肛裂(肛门边缘的一种线状溃疡，很痛)、肛周皮炎 | 与儿科医生谈谈，他会对孩子进行检查，并推荐治疗方案。他也许会建议给孩子使用粪便软化剂 |
| 孩子便秘，并且呕吐物呈黄绿色，同时肚子胀大(也可以参看第24页“腹胀”) | 肠梗阻(罕见) | 马上给儿科医生打电话。在儿科医生给孩子检查之前，不要给他吃任何东西。如果医生确诊了肠梗阻，孩子也许需要住院治疗 |

## 症状

每个孩子的协调性(同时活动身体不同部分的能力)和身体的灵活性(动手能力)各不相同。有些孩子天生优雅而灵活,而另外一些孩子在动作发展方面却面临很多困难。婴儿的精细动作技能(运用小块肌肉的能力)与大动作技能(运用大块肌肉的能力)发展过程相似且同时进行。但是在婴儿6个月之前,大动作技能比精细动作技能发展得更多。有些青春期之前的孩子或青少年会经历一个笨拙的阶段,因为他们正在适应生理的变化和青春期的快速生长。

你可以通过手工制作和体育运动提高孩子的身体协调性。你可以鼓励孩子参加娱乐活动,在某种程度上,他能在这些活动中找到生理和心理的满足。

**如果孩子有以下症状,请咨询儿科医生**

- 协调性很好的孩子变得笨手笨脚。
- 孩子头痛、呕吐、出现视力问题,并且协调性变差。
- 孩子的协调性变得越来越差。

**注意!**

如果笨拙让孩子产生自我怀疑或使他无法参与到某种活动中去,与儿科医生谈谈。医生也许会采用物理疗法、运动疗法或职业疗法来改善孩子身体的协调性。

## 笨拙和过动

冲动、烦躁、过分活跃,如果这听起来像在说你的孩子,带他去看看儿科医生。通常除了这些还有其他一些行为表明了注意缺陷多动障碍,尤其是如果近亲(父母或兄弟姐妹)中有人小时候也存在有类似的问题。只有专家可以确诊注意缺陷多动障碍,并推荐治疗方式。如果孩子显得笨手笨脚、焦躁不安、难以捉摸,应寻求专业人士的帮助。

| 父母的疑虑 | 可能的原因 | 应对措施 |
|---|---|---|
| 3岁以下的孩子看起来很笨拙 | 正常的动作发展 | 把你所担心的和儿科医生谈谈。和孩子玩运动游戏，来促进孩子的协调性和精细动作的发展 |
| 学龄儿童表现得很笨拙，如果在压力之下会更糟 | 动作发育迟缓 | 儿科医生会检查孩子，以排除生理原因，他还会建议进一步的评估和治疗 |
| 学龄儿童分不清左和右，记不住英语单词、字母和数字 | 发育问题（中枢处理障碍） | 儿科医生会给孩子做检查，如果有必要的话，会建议进行心理和教育评估 |
| 孩子正在服用药物，协调性变差了 | 药物的副作用 | 儿科医生会做出判断，这种药物是否会引起协调性问题。他会改变药量或预约测试 |
| 孩子存在肌无力，有要摔跤的倾向。孩子头痛或呕吐 | 肌肉或神经系统疾病 | 立刻给儿科医生打电话，安排检查。如果有必要的话，他会推荐孩子到健康专家那儿去 |

## 症状

咳嗽有助于保持呼吸道畅通。当孩子感冒或有其他小毛病的时候，咳嗽和其他症状会随着时间慢慢消失。但是当孩子得了更加严重的疾病的时候，例如哮喘或百日咳，咳嗽症状不会减缓、停止或减轻，这会让孩子很疲惫。清除掉他呼吸道里的分泌物，让他得到良好的休息，会有助于他恢复健康。

**如果孩子咳嗽，而且有以下症状，马上给儿科医生打电话**

- 呼吸困难、急促，带有噪声。
- 体温在 101 ℉（38.3℃）或以上。
- 无精打采或昏昏欲睡。
- 嘴唇、嘴部、指甲周围发紫。
- 拒绝喝水。

**注意!**

在没有征询儿科医生建议之前，不要给孩子服用非处方药。不建议给 6 岁以下的儿童服用止咳药，6 岁以上的儿童，只有当咳嗽影响到睡眠时，才能服用止咳药。

## 应对喉炎

当孩子在充满水蒸气的浴室里，或在打开的窗户旁时，喉炎的袭击通常会温和一些。如果孩子的症状很严重或很久都没好，药物治疗是有必要的。不应该让孩子接触到二手烟，尤其是当他们有喉炎倾向的时候。在孩子的房间，放一个冷雾加湿器常常能够防止喉炎发作，尤其是他房间的空气总是很干燥的时候。

| 父母的疑虑 | 可能的原因 | 应对措施 |
|---|---|---|
| 孩子流鼻涕，喉咙痛 | 普通感冒 | 让孩子多休息，给他喝白开水来稀释分泌物。如果嘴唇或鼻孔感到刺激，涂点药膏缓解。如果是 1 岁以上的孩子，给他蜂蜜以缓解咳嗽。感冒症状大概会在 1 周内消失（也可以参看第 50 页“呼吸困难”，第 132 页“流鼻涕、鼻塞”） |
| 孩子半夜醒过来，咳嗽剧烈，呼吸困难。他不到 5 岁，最近感冒了。他吸气时你能听见尖锐的声音，这种声音叫作喘鸣 | 哮吼（喉炎） | 在充满水蒸气的浴室里待着会使孩子的呼吸平复（参看“应对喉炎”） |
| 不到 12 个月的孩子，剧烈咳嗽，至少持续了 2 小时。他最近有感冒或鼻塞 | 毛细支气管炎（一种病毒性肺部感染，常常发生在感冒之后） | 给儿科医生打电话寻求建议和护理。这种感染常常会在 1 周之内消失（参看第 50 页“呼吸困难”） |

（续表）

| 父母的疑虑 | 可能的原因 | 应对措施 |
|---|---|---|
| 孩子的体温高于100.4 ℉（38℃），流鼻涕，喉咙痛，咳嗽。他的关节和肌肉也疼痛，浑身感到不舒服 | 流行性感冒 | 确保孩子喝下大量的水；给他服用对乙酰氨基酚或布洛芬退热以减轻不适。如果2天内症状还没有好转，他长了疹子或呼吸困难，打电话给儿科医生（参看第50页“呼吸困难”） |
| 孩子白天一直在咳嗽、打喷嚏，但是晚上却很少。他一直流清鼻涕 | 过敏性鼻炎（花粉过敏，鼻道里的过敏反应）、支气管炎（呼吸道感染） | 与儿科医生谈谈，他可能会建议用药物治疗（参看第26页“过敏反应”） |
| 孩子在感冒后，持续咳嗽十几天，流脓鼻涕 | 鼻窦炎 | 与儿科医生谈谈，他会对孩子进行检查，如果确定是鼻窦炎，他会给孩子开抗生素（参看第132页“治疗鼻窦炎”） |
| 孩子白天一直咳嗽，此外没有其他症状。咳嗽常常在孩子睡着时停止 | 习惯性咳嗽或痉挛 | 找出并去除令孩子焦虑的源头。如果是因为学校的原因影响到孩子的心理，和老师谈谈。问问儿科医生，心理咨询是否对孩子有帮助 |
| 孩子咳嗽不断，而且喉咙感到刺激。周围有空气污染源，并且家里有人吸烟 | 环境过敏 | 问问儿科医生，如何让孩子尽可能少地暴露在过敏物中。找出净化家中空气或减少污染物影响的办法。最后，禁止在家里或公寓里吸烟 |
| 孩子的咳嗽在晚上更重了。他在运动时或吸入冷空气时咳嗽。他也会喘鸣。你家中有人患过敏和哮喘 | 哮喘 | 儿科医生会检查孩子，并评估他的肺功能。如果儿科医生确诊是哮喘，孩子将需要治疗；你要采取措施减少孩子接触会引发哮喘的事物（参看第50页“呼吸困难”） |
| 孩子突然开始咳嗽，但是没有其他症状。你怀疑他被小东西或食物卡住了 | 呼吸道异物 | 如果孩子无法说话，脸色发紫，开始对孩子进行急救（参看第215~216页），并拨打急救电话。或马上给儿科医生打电话。孩子需要治疗来取出异物，防止进一步的健康问题 |
| 孩子有慢性咳嗽并经常感冒。他的痰很难咳出来或带有颜色。他的身体发育得很慢。他的排便量很大，油腻，气味很难闻。他的汗是咸的 | 囊性纤维化（一种遗传性疾病，影响分泌黏液、汗液和消化液的细胞） | 儿科医生会检查孩子的身体并进行测试。这是一种遗传性疾病，通常在婴儿期就能确诊，但是咳嗽、长得慢，还有其他症状，却可能在稍大的孩子中指向囊性纤维化。如果医生确定是这种疾病，孩子需要终身治疗和特殊饮食 |

# 28. 内斜和外斜视

## 症状

在婴儿出生后的最初几个月，目光通常是游离的。然而，他很快就能学会用双眼一起看东西，并且在他3~6个月时能够协调好两侧眼球的运动。

如果孩子出生几个月后，眼睛还是持续地眼神迷离、内斜视，或两侧眼球运动方向不一致，那么他们的眼部肌肉可能不平衡，这种情形称为斜视。斜视会造成孩子眼球位置的变化。如果眼球向外移称为外斜视；向内移，称为内斜视；当然，还有其他形式的斜视（图2-7）。斜视让孩子的双眼无法同时聚焦到同一个目标上。

有时候，有些小孩看起来好像是斜视，但实际上不是；他们的鼻梁比较宽，皮肤的褶皱较大，影响了眼睛的对齐。这种称为假性斜视。随着孩子的脸变得成熟，鼻梁变窄，他们的眼睛看起来就正常了；然而，真正的斜视眼是需要治疗的，不会随着孩子的成长而消失，并且会对他们未来视力的发展起到负面作用。

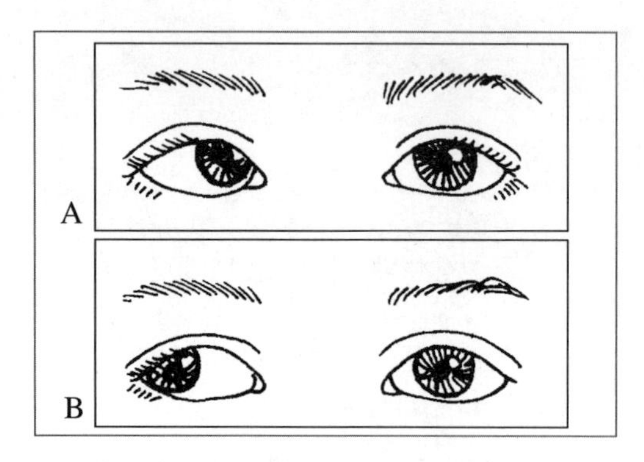


**图2-7** 当一只眼球无运动，目光不能正确追视物体时，如图片上的左眼，眼球也许是朝内的（图A）或朝外的（图B）。如果孩子出现这种情况，就可能需要佩戴眼镜或戴眼罩遮盖来纠正有运动障碍的那只眼睛。眼镜、运动或手术都能够矫正斜视

**如果孩子有以下症状，请咨询儿科医生**

- 婴儿4个月之后，眼睛斜视或双侧眼球不能注视同一个目标。
- 孩子的头部倾斜或姿势不对。
- 眼睑下垂让孩子一只眼睛显得比另一只小。
- 孩子总是闭着一只眼睛。
- 孩子的眼睛会抖动或跳动。
- 照片里，孩子的双眼对光反射情况不相同。

**注意！**

如果斜视没有得到尽早的诊断和治疗，孩子的视觉深度就会变差，视觉失调的那只眼睛，甚至会丧失视力。

## 矫正眼睛问题

孩子眼睛的问题应尽早治疗；到青春期中期（14~16岁的时候）视觉系统发育完善的时候，某些问题就无法矫正了。这就是每次常规体检时，儿科医生都要检查孩子视力的原因。他们会寻找眼部疾病的迹象，并且确认双眼可以同时工作。到孩子3岁时才会进行普通的视力测试——年龄足够大，能够明白医生的指示并表达出来。如果你家有严重眼疾的家族病史、弱视或斜视，或你所担心的某个问题，儿科医生会对孩子进行检查并推荐他（即使他只是个小婴儿）到眼科专家那里去做更多、更彻底的检查。

早产儿比其他孩子更可能出现眼部问题，包括眼睛内部的问题、斜视，还有视力非常模糊。

斜视可能在婴儿时期就存在，直到童年时才表现出来，会使眼睛聚焦能力变弱；也有可能是由疾病，或眼睛或脑部受伤引起的。治疗方式常包括戴眼镜、滴眼

剂、运动或外科手术。如果必要的话，眼科专家认为孩子的斜视没有改善时，进行手术治疗是效果最好的，哪怕是6~18个月的宝宝和先天性斜视的儿童。许多孩子做完矫正手术后，仍然需要在至少一段时间内，佩戴眼镜或眼罩。

弱视通常是指一只眼睛视力变弱，是由斜视、高度屈光不正（通常是散光或远视）、上睑下垂（上眼睑严重下垂）或其他问题，对一只眼睛的影响比另一只眼睛大造成的。治疗弱视可能会需要长期戴眼镜、把视力较强的一只眼睛罩起来或使用滴眼剂。这些方法能极大提高弱视眼睛的视力，对年龄较小的孩子最有效。如果没有得到很好的治疗，弱视到孩子8岁时，就会成为终身问题。

| 父母的疑虑 | 可能的原因 | 应对措施 |
| --- | --- | --- |
| 6个月或以上的孩子，至少是部分时间眼球无法单独移动。当一只眼睛聚焦在某个目标时，另一只向内或向外看；两只眼都向内看，或两只眼睛本来都是正常的，但是突然间成了斜视眼或目光游离 | 斜视 | 与儿科医生谈谈，他会给你的孩子做个检查，并且推荐到眼科专家那里去做彻底的评估和治疗 |
| 孩子的一只眼睛看起来比另一只小，因为有一只眼睛的上眼睑下垂，这只眼睑看起来好像影响到孩子的视力。他看东西要仰起下巴或脸 | 上睑下垂 | 与儿科医生谈谈，他会决定是否要推荐孩子到眼科专家那里去。严重的上睑下垂会影响孩子视力的发展，必须要治疗 |
| 孩子斜视，或在视力普查中发现了潜在的视力问题。你们家族有遗传性眼疾或弱视 | 弱视 | 与儿科医生谈谈，他会决定推荐孩子去眼科专家那里是否合适。不进行治疗，弱视是不会改善的。如果孩子弱视，五六年后不用的那只眼睛就会永久性失明 |
| 孩子的眼睛看起来会抖动或跳动 | 眼球震颤（眼球不自觉地、快速地、有节奏地跳动） | 马上找儿科医生谈谈，孩子也许需要神经科或眼科专家的评估。他们会找出引起眼睛问题的原因 |

## 症状

健康的牙齿对于清晰的表达和良好的营养是很重要的。好好保护乳牙，恒牙才会健康整齐。婴儿的乳牙应该按时用软毛牙刷清洁，父母应该每天给孩子清洁牙齿两次。孩子 8 岁之后，你可以监督让他自己刷牙。大多数孩子刷牙或使用牙线时需要大人密切监督和帮助。但是，即便是很长时间后，你也许还是需要提醒孩子每天早、晚刷牙，直到他习惯成自然。

糖会对牙齿造成直接损伤；糖黏在牙齿上，比如黏性水果干或淀粉类谷物里分解出来的糖分残留在口腔里，尤其有害。孩子的饮食必须要多喝水，可以吃非致龋（不会腐蚀牙齿）的零食，比如生蔬菜。

牙科医生使用一系列的方法来预防蛀牙，包括封闭材料和氟化物治疗。如果有必要做正畸治疗的话，在骨骼骨龄小、柔韧性好的时候进行，效果最佳。这些有助于终身的牙齿健康。

孩子抱怨牙痛的时候，不要忽略（参看第 118 页“口腔疼痛”）。虽然一些小毛病会自行消失，但是严重或持久的疼痛，可能是严重疾病的信号，而这个疾病如果不治疗，可能会永久性影响孩子的健康或面貌。

**如果孩子的恒牙松动，应该马上给儿科医生打电话。做到以下几点，脱落的恒牙就能够重新种植**

- 马上用自来水清洗，不要碰到牙根，马上把它放在牛奶里，拿到孩子的牙医那里去。
- 孩子尽快到牙医那里去。在 30 分钟内重新种植牙齿，最容易成功。

**注意！**

千万不要在孩子上床时给他喝瓶装的奶、果汁或类似的甜味饮料。这些饮料中的糖分长时间接触牙齿，会造成严重的蛀牙，也就是儿童早期龋齿。如果孩子不用奶瓶就睡不着，可以在奶瓶里加白开水。类似地，不要把安抚奶嘴浸入蜂蜜或其他糖水里。

## 应对流口水和吃手指

婴儿在出牙期通常会留更多的口水，而且总是喜欢把好几根手指或整个拳头放到嘴里。很多人认为，发热、腹泻或其他症状是长牙引起的，其实并不是。如果孩子有这些症状，和儿科医生谈谈。一个烦躁的、在长牙的婴儿，或许会觉得咬咬胶或硬的无糖磨牙饼干很舒服。不要用冰冻的咬胶玩具，极低的温度或许会伤到宝宝的口腔组织，引起更多疼痛。在他的牙龈上涂止痛药既没有必要也没有作用。

| 父母的疑虑 | 可能的原因 | 应对措施 |
| --- | --- | --- |
| 婴儿口水流得比往常更多。他一直把手指或拳头放在口中 | 长牙，一个正常的生长发育阶段 | 安抚你的宝宝，用你干净的手指或干净的布按摩他的牙龈以减轻疼痛。如果他非常不安或体温达到甚至高于 100.4 ℉ (38℃)，打电话给儿科医生。宝宝的症状可能是其他问题引起的 |
| 孩子的牙齿一阵阵地抽痛。他的牙(或某一颗牙) 对冷和热很敏感 | 儿童早期龋齿，他会感到疼痛(蛀牙) | 尽快和牙科医生预约一个时间会面，可能需要补牙 |
| 当孩子用最近补的牙咬东西的时候，他会感到疼痛。他感觉那颗牙齿在口腔里不是很合适 | 治疗过后暂时性敏感 | 补牙后牙齿的敏感性终究会变弱。如果牙齿的感觉不太好，和牙科医生说一下，他会对补过的牙进行调整 |
| 孩子的牙龈红肿，刷牙的时候很容易出血 | 牙龈炎或牙周炎(牙龈发炎，尤其是少年儿童) | 与儿科医生谈谈，如果牙龈炎需要治疗，他会建议你带孩子去牙医那里 |
| 孩子睡觉的时候会磨牙。他睡醒的时候会抱怨下巴痛 | 夜磨牙症，常常由压力引起 | 与儿科医生及孩子的牙医谈谈。夜磨牙症也许会损伤孩子的牙齿和牙龈，但是夜间防护牙托可以帮助打破这个坏习惯 |
| 6 岁以上的孩子还会吸拇指，父母担心吮吸拇指会引起恒牙变形 | 吮吸拇指 | 如果他只是在睡觉前吸一会儿，没必要治疗。如果这个习惯更严重，问问儿科医生或牙医的建议。他们也许会推荐使用矫治器来提醒孩子不要吮吸拇指 |
| 孩子总是嘴巴痛。他有一颗牙齿松了、突出来了或与别的不一样。当孩子吃凉的或甜的东西时，会感觉痛 | 牙脓肿、牙隐裂、补过的牙下面又蛀了 | 马上给孩子的牙医打电话，他会决定孩子的牙是要留着还是要拔掉。给孩子服用对乙酰氨基酚或布洛芬以缓解不适 |
| 很显然，孩子的乳牙因外力而脱落，并且找不到了掉出来的牙齿 | 牙齿因为受到挤压而脱落，脱落的牙齿可能掉出口腔或被吞下去 | 马上给孩子的牙医打电话。有时候牙医会把掉下来的乳牙重新植回牙龈，但是通常乳牙脱落的位置能够再次健康地萌出牙齿，新萌出的乳牙会在换牙的时候脱落。如果是恒牙脱落就必须要重新植回 |

## 症状

生长和发育总是照着一定顺序进行的，但是因为遗传和其他因素，每个孩子都有独特的发育进程。孩子达到生长发育的重要里程碑的时间各不相同，比如走路和说话。如果孩子在一定的年龄区间达到了发育指标（参看第66页“发育里程碑”），那么他的成长很可能具有普遍性。

大约每88个孩子中就会有1个孩子，带有发育迟缓的遗传基因或自闭症谱系障碍（参看第68页）。在另一些孩子中，严重的疾病或受伤也会引起发育迟缓。随着孩子的成长，其他问题也会逐渐呈现出来，例如当孩子上学时，发现自己很难跟上同学们的节奏。

许多遗传或先天性缺陷都能找到原因，新的技术手段可以在孩子出生前发现一些情况，例如唐氏综合征、神经管畸形或某些基因缺陷。这样，父母在孩子还未出生时，就能根据他的情况，做好更充足的准备。在某些情况下，发育迟缓的出现和某种慢性病有关系。早发现、早治疗可以减轻影响，给孩子更高质量的生活。

看起来好像是发育迟缓的孩子，需要进行全面的医学和发育检查。如果儿科医生担心孩子的发育与别的孩子不同，他会建议进行评估，其中很可能包括向发育学专家咨询。合格的行为测试不仅能体现出孩子的问题，还能体现出他的特长和能力。在许多社区，可以免费或花很少的费用进行这些评估。当地的教育部门、卫生部门或社会服务机构能够为你提供所在地区的服务信息。

根据筛查或评估结果，儿科医生会从身体、语言和作业疗法这些方面提供一个计划。孩子可能也需要接受特殊教育。在老师和治疗师的帮助下，父母可以设定切合实际的目标来帮助孩子发展自身的能力。美国联邦和州政府为发育障碍的儿童和家庭提供了额外的帮助计划。

在孩子一两岁时，即使是专家也很难从孩子的测试中预测孩子未来的发育情况。这是因为相同的情况对不同的孩子来说，在发育迟缓程度的影响上有着巨大差异。随着孩子的成长，进行一系列检查才可以得到更全面更准确的印象，仅仅通过一次检查，是无法确诊的。研究表明，如果不考虑早年的缺陷和障碍，孩子的成长环境是帮助他们发挥出最大潜力的重要因素。

**如果孩子有以下症状，请咨询儿科医生**

- 以前一直在进步的孩子，正在逐渐失去说话、社交或走路的能力。
- 达不到66页列出的生长发育指标（见第66页“发育里程碑”）。

**注意!**

产后抑郁是一种严重的情绪障碍，父亲和母亲都会受到其影响。家长的抑郁会损害到亲子关系，甚至会导致虐待、忽视或终止母乳喂养，也会造成孩子发育迟缓，随之而来的是社交和行为的问题。如果你怀疑父母有一方有抑郁倾向，马上寻求医学干预。

## 早期大脑发育

孩子出生后最初的1000天，对形成一个健康的大脑是非常重要的。在这些日子里，发育中大脑的可塑性使得孩子对早年的经历非常敏感，尤其是早期的亲子关系。

大脑的发育不仅仅只是它本身，相反它是一个综合过程，在这个过程中，社交、

情感和学习技能相互紧密交杂，互相倚靠。大脑中分管记忆和学习的区域，与分管社交情感和语言发展的区域联系密切。

毒性压力，比如虐待、忽视，家长有精神疾病或吸毒等，这些都会破坏孩子大脑的发育能力，进而会导致对孩子健康的持续伤害。

另外一方面，正面的养育有助于大脑缓解压力，建立复原能力。家庭尤其是父母，在孩子早期的大脑发育中起着重要作用。美国儿科学会鼓励父母做到以下几点。

- 每天和孩子一起阅读。
- 每天和孩子一起唱歌、玩耍，拥抱孩子。
- 发展每日常规，尤其是针对吃饭、睡觉和家庭娱乐。
- 用赞扬来奖励孩子，增强他的自信心，促进正面行为。
- 与孩子发展出紧密的亲子关系，作为他们健康成长的基础。

另外，孩子需要玩耍的时间。玩耍对于孩子的健康成长是非常重要的，已经被联合国人权事务高级专员办事处认定为每个儿童都享有的权利。某些国家的儿童受限于童工、剥削或战争和暴力时，美国的儿童却被快节奏和压力大的生活方式约束着，不能自由玩耍。孩子玩耍的权利被其他丰富的活动剥夺，根源在于父母的恐慌。他们担心孩子将来会失去获得更高级教育的机会，与此同时，孩子花在电子产品（一种有害的被动娱乐）上的时间也越来越多。

重要的是，父母要明白大脑靠积累才能发育。早期简单的连接和循环构成了

| 父母的疑虑 | 可能的原因 | 应对措施 |
|---|---|---|
| 父母常常感觉2个月大的孩子发呆或僵硬。当他平躺着的时候，你把他抱起来，他的头会往后仰。到他6个月的时候，他几乎总是用一只手去拿东西，另外一只手一直握成拳头。到他10个月或更大的时候，他爬行时不能保持平衡；他用一侧的手和脚前进，拖动着另一侧的手和脚 | 发育迟缓、脑瘫（虽然有时是孕期疾病引起的，也有可能是婴儿时期的重病或受伤引起的） | 与儿科医生谈谈，他会对婴儿进行检查，并决定是否要看健康专家 |
| 孩子看起来越来越笨拙，走路有困难 | 神经系统或肌肉疾病 | 与儿科医生谈谈，他会给孩子做检查，如果有必要的话，会建议你到健康专家那里去（参看第56页“协调性问题”） |
| 孩子说话、走路与其他大动作都没有达到相应年龄的发育指标。他超过2岁了，会说的词不超过5个，发音很不清晰 | 发育迟缓、丧失听力 | 与儿科医生谈谈，他会对孩子进行检查，尤其是听力方面的检查。孩子也许会被推荐到别的健康专家那里去 |
| 孩子在学业上有困难，他有阅读和数字方面的障碍，他在学习和社交上无法跟上同班同学 | 发育迟缓、学习障碍（参看第110页）、精神压力 | 和孩子的老师谈谈，看看这些问题严重到什么程度。儿科医生会给孩子检查，排除生理原因，并且会给出治疗计划 |

基础，才有了更加复杂的过程和行为。就像肌肉一样，常常使用到连接和循环，随着时间的推移，这两个功能越来越强大有效（“神经元串在一起，连成一气”）。但是那些没被用到的连接和循环都被去除了，消失了（如果你不用它，就会失去它）。关键在于，在童年早期为孩子创造一个好的环境，与之后再在生活中处理问题相比，既高效又省力。

**发育里程碑**

| | 0~3 岁宝宝发育里程碑 |
|---|---|
| 0~12 周 | • 在刚出生的最初几周，吃和睡<br>• 嘴部开始动<br>• 打开和合上拳头<br>• 寻找熟悉的声音<br>• 比起其他图案，更喜欢看人的脸 |
| 3 个月（图 2-8A） | • 除了哭之外，会发出咯咯的笑声，咕咕声，会发出咿咿呀呀的声音和其他声音<br>• 手常常是打开的<br>• 被竖着抱起来的时候，头可以抬起来几秒钟<br>• 对父母的声音有反应 |
| 6 个月（图 2-8B） | • 会两只手互相抓着玩<br>• 有声音从另外一个房间传过来的时候，会把头转过去<br>• 会打滚<br>• 抱着他的时候，他似乎想试着站起来<br>• 看到你时，会把手伸向你<br>• 会发出一连串的声音 |
| 9 个月 | • 坐着的时候不需要人扶，也不需要用手支撑着身体<br>• 会用四肢爬行<br>• 故意试着扔掉玩具，喜欢敲打和摇晃玩具<br>• 会发出带有元音和辅音的声音<br>• 会抱着瓶子 |

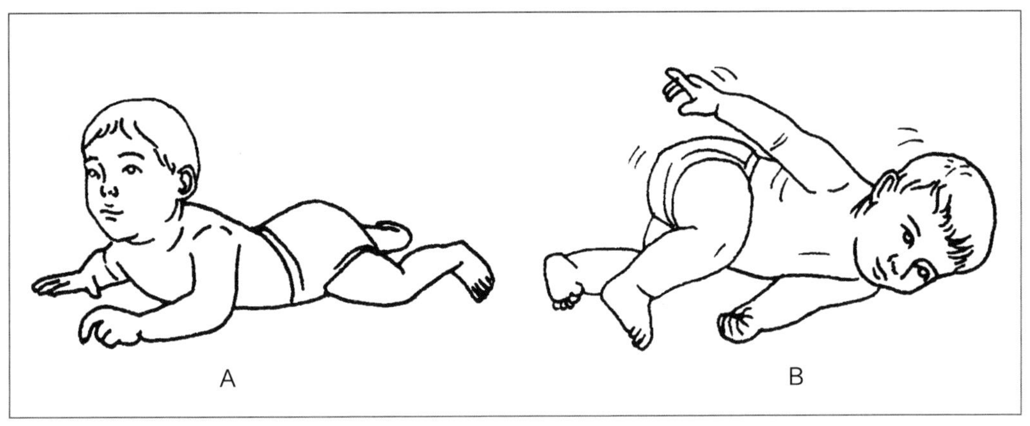

图 2–8　3 个月的时候，能抬起头和胸脯（A）；6 个月的时候，会打滚（B）

**发育里程碑**

| | 0~3 岁宝宝发育里程碑 |
|---|---|
| 12 个月 | • 能够站起来<br>• 能扶着家具走<br>• 喜欢玩捉迷藏<br>• 除了“爸爸”“妈妈”之外，还会至少 1 个词<br>• 喜欢探索物品和空间<br>• 会模仿熟悉的动作，比如用杯子或打电话 |
| 18 个月 | • 会用杯子，并且水不会洒出来<br>• 从大的屋子这边走到另一边不会摔跤或摇摇晃晃<br>• 会自己吃饭<br>• 会说 4~10 个词<br>• 会在书上指出你说的图片<br>• 会自己脱鞋子 |
| 24 个月 | • 跑步不会摔跤<br>• 大概会 50 个词汇，会用这些词说 2 个词的句子<br>• 会自己脱衣服，能指出至少一处身体部位<br>• 表现得越来越独立<br>• 喜欢和其他的小朋友玩 |
| 36 个月 | • 大多数成年人都能明白他表达的意思，大多数情况下会说 3 个词的句子<br>• 会回答故事中关于“什么”的问题，可以一起坐下来至少 5 分钟<br>• 会把球举过头顶，扔出 5 英尺（约 1.5 米）远的距离<br>• 会说出至少 1 种颜色 |

## 症状

自闭症谱系障碍（ASDs）是一种建立在生物学基础上的神经发育失衡的疾病，会影响到孩子与他人互动和交流的能力。患有自闭症谱系障碍的孩子，有社交方面的障碍。他们很难有来有往的交谈，很难进行眼神交流，缺乏面部表情，很难修正自己的行为去适应不同的社交场合。他们沉浸于重复的行为、活动或兴趣爱好。

诊断孩子患有自闭症谱系障碍是很不容易的。不像其他健康问题，血液测试、X 线检查、扫描都无法发现自闭症谱系障碍。相反地，通过抚养者描述发育情况和具有专业自闭症谱系障碍知识的护理人员仔细观察典型行为，是确诊自闭症谱系障碍的基础。有时候父母感觉不对劲，是自闭症谱系障碍诊断的开始。

自闭症的严重程度，在孩子中也有很大差别。每个病例都不一样。有些孩子症状很轻微，他们有自理能力，只是有一点点社交困难和刻板行为；另一些孩子的症状却很严重，他们有明显的障碍，并且终身都需要依靠他人满足自己的需求。

虽然专家们很确定，这是基因和环境相结合的结果，但是目前还没有人知道引起自闭症谱系障碍的确切原因。我们所知道的是，尽早诊断和治疗自闭症谱系障碍，对孩子和家庭将来境况的好坏是非常重要的。虽然大多数孩子的自闭症特征会在 3 岁时明显表现出来，但是更多孩子都是到年龄更大时才被诊断出来。

早期诊断需要父母和儿科医生的相互合作。在这种合作关系中，与儿科医生讨论你对孩子行为和发育方面的疑虑时——他玩耍、学习、说话和行为的方式，你作为父母应保持良好的心态。儿科医生会问你问题，会打探细节，甚至会用问卷调查来问一些孩子发育方面的特定问题。你能辨认出早期的自闭症特征，对孩子是否存在自闭倾向的判断是非常重要的。

**患自闭症谱系障碍的孩子，可能有以下特征**

- 不会指着一样东西，表现出对它的兴趣（例如不会指着从头顶飞过的飞机）。
- 不会注视他人指向的物体。
- 与他人互动有困难，或者根本对他人没兴趣。
- 回避眼神交流，喜欢独处。
- 很难明白别人的感受和表达出自己的感受。
- 不喜欢被抱着或拥抱，或只在他们想的时候才会拥抱。
- 别人与他们交谈，看起来毫无反应，但是对别的声音会有反应。
- 对他人很感兴趣，但不知道怎么与他人交流、玩耍和互动。
- 不断重复与他们说的词和短语，或者用任何词和短语替代正常语言。
- 很难用准确的语言或动作表达他们的需求。
- 不玩过家家游戏（比如喂娃娃吃饭）。
- 不断重复某种行为。
- 当一项常规改变时，很难适应。
- 对事物的气味、味道、外形、触感和质地有着异常反应。
- 失去了原本掌握的技能（例如不会说以前用过的词汇）。

摘 自 Learn the signs, Act early. Autism

spectrum disorders facr sheet. Centers for Disease Control and Prevention Web site. http://www.cdc.gov/ncbddd/actearly/pdf/parents_pdfs/autismfactsheet.pdf. Updated June 17, 2013. Accessed November 6,2013

## 辨认出患有自闭症谱系障碍的孩子

对父母来说，要知道自己的孩子是否患有自闭症谱系障碍，不是一件容易的事。有一些自闭症谱系障碍症状也会出现在有其他发育或行为问题的孩子身上，一小部分发育正常的孩子身上也会出现这些问题，有些孩子可能只会表现出其中的一些症状，这些都会加大自闭症谱系障碍的确诊难度。但是，我们可以举一些例子来帮助你把自闭症儿童和其他儿童区分开来。

### 12 个月的时候

- 发育正常的孩子，听到自己的名字时，会把头转过去。
- 自闭症的孩子不会把头转过去，即使重复喊他的名字几遍，但是会对其他声音做出反应。

### 18 个月的时候

- 语言能力发育迟缓的孩子，会用手指、姿势或面部表情来弥补语言的缺乏。
- 自闭症儿童很可能不会尝试对语言发育迟缓做出什么补偿措施，也不会学着电视或跟着说他刚刚听到的话。

### 24 个月的时候

- 没有自闭症的孩子会把图片拿给妈妈看，并和妈妈一起分享图片带来的乐趣。
- 有自闭症的孩子，也许会给妈妈一瓶泡泡水，让她帮着打开。他这么做的时候，并不会看妈妈，也不会和妈妈一起玩耍、分享快乐。

## 症状

所有孩子都有过腹泻或频繁拉水样便的情况。这种症状的出现，可能是因为果汁喝多了，或轻微的病毒、细菌或寄生虫感染，或食物中毒。腹泻有时也会伴随呕吐一起出现（参看第168页）。

在大多数情况下，突然暴发的严重腹泻，往往会随着基础疾病症状的消失而消失。然而，为防止脱水，父母要确保孩子喝足够多的水，并且确保孩子尽快恢复正常饮食。短期的食欲缺乏，对营养良好的孩子不会造成伤害，当孩子不舒服的症状消失时，他又可以恢复之前的饮食。如果他轻微腹泻并伴有呕吐，用电解质溶液代替正常饮食。

在托儿所里，比较容易暴发感染性腹泻，尤其在入托的孩子尚未进行如厕训练的情况下。你要教孩子每次用完便盆都要用肥皂洗手。慢性腹泻持续2周以上，应该去看看儿科医生。

## 应对腹泻

腹泻时流失的盐和水必须得到补充，防止脱水。防脱水只能使用市面上能买到的电解质溶液。不要用运动饮料或含糖量高的食物，否则会让孩子的腹泻更加严重。在孩子感觉好点时，恢复正常饮食。

如果孩子呕吐，请儿科医生开市面上能买得到的电解质溶液，来保持孩子体内正常的水和盐的水平，直到停止呕吐。频繁地给孩子喝少量溶液（每次不超过28克），大概15分钟1次，能起到很好的作用。如果孩子持续呕吐，把所有吃下去的东西都吐出来，和儿科医生谈谈。如果孩子腹泻不严重，呕吐也停止了，让他吃适量的正常饮食。一旦他感觉好点了，就没有必要限制他的饮食了。

**如果孩子腹泻有脱水的迹象，并且还有以下症状，马上给儿科医生打电话**

- 排尿频率降低或超过6小时不排尿。
- 尿液的颜色很深。
- 眼睛凹陷。
- 拒绝喝水。
- 干燥发黏的嘴唇或口腔。
- 无精打采，并且活动量减少。

**注意！**

2岁或以下的孩子腹泻，不建议使用非处方药。只有征得儿科医生的同意后，才可以使用。

| 父母的疑虑 | 可能的原因 | 应对措施 |
| --- | --- | --- |
| 孩子突发腹泻，伴随腹部绞痛、呕吐，还有点发热 | 病毒性肠胃炎、感染轮状病毒或肠道病毒 | 如果是婴儿，立刻与儿科医生谈谈。如果是大一点的孩子，跟着70页的“应对腹泻”中的步骤做。如果孩子的腹泻持续超过48小时，或呕吐持续超过12小时，打电话给儿科医生 |
| 孩子腹泻，有或没有呕吐。他的粪便中带血，发热了 | 细菌感染性腹泻（例如沙门菌或志贺菌） | 马上和儿科医生谈谈，照着防脱水指南做（参看第70页“应对腹泻”） |
| 幼儿腹泻超过2天。他每天都腹泻好几次，除此之外很健康，体重也在增加。他喝大量的果汁、甜味饮料和水 | 非特异性腹泻（常见于幼儿）、喝太多果汁 | 和儿科医生谈谈，他会帮孩子检查，以排除严重的健康问题。他或许会建议调整孩子的饮食，减少果汁或甜味饮料的摄入量 |
| 孩子在呕吐。你家里的其他人也有这种症状 | 细菌性食物中毒 | 打电话给儿科医生。治疗的方式取决于食物中毒的类型和严重程度 |
| 孩子腹泻，伴随胀气或反胃。他在上托儿所或上学 | 寄生虫感染，例如贾第鞭毛虫病（giardiasis），尤其在婴幼儿参加团体照料时 | 打电话给儿科医生，他会对孩子进行检查，根据需要进行诊断测试，并建议治疗方式 |
| 孩子在抗生素治疗期间或之后腹泻 | 药物的不良反应 | 给儿科医生打电话。如果孩子需要抗生素，医生会给你开另外一种来替代，并给你饮食上的建议 |
| 其他一切都正常的学龄孩子，在压力大的时候会出现腹泻或便秘。他反复腹痛、反胃、腹胀和排气 | 肠易激综合征 | 和儿科医生谈谈，他会对孩子进行检查，来排除任何严重健康问题。如果医生确诊是肠易激综合征，治疗会包括增加膳食纤维的摄入，或服用缓解痉挛的药物。这种疾病是比较常见的，但并不严重 |
| 孩子的粪便黏稠且气味很大。食用过某些食物后，症状会加重。他长得很慢，体重也增加得很慢 | 营养吸收障碍 | 马上和儿科医生谈谈，如果有必要的话，他会进行诊断性测试，建议治疗方法 |
| 孩子的粪便中带血。他的肚子和关节疼痛。他没有食欲，感到反胃和疲倦 | 炎症性肠道疾病，例如溃疡性结肠炎或克罗恩病 | 马上和儿科医生谈谈，有必要进行诊断性测试和恰当的治疗 |

# 33. 头晕

## 症状

当孩子说感到很晕时，他们常常指的是头晕。这种头重脚轻的感觉有时会伴随发热。另一方面，孩子眩晕时常常感觉整个房间都在转动，或身体不受控制地旋转。从某种程度上说，这对于健康孩子是正常的，尤其对青春期和青春期前的孩子来说。当他们从蹲着或坐着突然站起来的时候，他们的血液流动发生了细微变化，会让他们感到片刻的头晕。自感头晕是因为转圈圈或绕着圆圈跑造成的，也不用担心。

有些孩子在坐车的时候会感到头晕和恶心，然而孩子的头晕很少意味着眩晕。眩晕的时候会有旋转和无法辨认方向的不舒服感。

**如果孩子有以下症状，请咨询儿科医生**

- 平时很乖的孩子，突然出现了像喝醉酒一样的蹒跚步履。
- 孩子抱怨头晕并失去平衡，无法走直线。
- 孩子反复头晕、头痛。躺下的时候，症状会加重。

**注意!**

眩晕在儿童中不常出现。如果孩子出现眩晕或耳鸣，一定要带他去看儿科医生。

## 保持平衡感

我们能站立取决于神经和肌肉的精密合作，还涉及听觉、视觉和触觉。听觉让我们通过声音来定位，四肢、肌肉和感官帮助我们判断与周围环境相关的位置。这个平衡功能中的任何一部分被扰乱，都会引起我们的头晕、眩晕或恶心。

当刺激物停止时，头晕就会消失。另一方面，眩晕是耳内问题引起的一种持续的感觉。感到眩晕的人，通常也会有耳鸣。这种嘤嘤嗡嗡声的产生，与接收声音的神经受到干扰有关。

| 父母的疑虑 | 可能的原因 | 应对措施 |
| --- | --- | --- |
| 孩子不舒服，发热了，体温高于100 ℉ (37.8℃) | 疾病引起的头晕；耳朵中有液体，(中耳炎引起的) | 给孩子服用对乙酰氨基酚或布洛芬以减轻不适。如果症状变严重了，或一两天还没有消失，和儿科医生谈谈。如果孩子看起来病得很重或有气无力，他需要进行紧急评估除外疾病，例如脑膜炎 |
| 孩子有时会觉得头晕 | 由于热、饥饿、焦虑或其他压力造成的头晕 | 让孩子在一个凉爽的地方休息。给他一杯含糖饮料、一份小点心和一杯凉水。如果30分钟后，他还觉得头晕，给儿科医生打电话(参看第188页“昏迷”) |

（续表）

| 父母的疑虑 | 可能的原因 | 应对措施 |
| --- | --- | --- |
| 孩子突然之间抱怨房间在旋转。他失去了平衡，且伴有耳鸣 | 内耳炎（内耳的病毒感染） | 和儿科医生谈谈，他会给孩子检查以确诊疾病，并除外其他的健康问题。病毒感染通常不需治疗，一周内会自愈。儿科医生可能会开药来减轻孩子的症状 |
| 孩子在近期病毒感染后出现头晕，例如水痘 | 病毒感染后的小脑性共济失调（肌肉协调性降低和无力） | 和儿科医生谈谈，对疾病进行更全面的评估 |
| 孩子在坐车，乘坐电梯和船的时候，会感到头晕和恶心 | 晕动病 | 问问你的儿科医生，可以采取什么措施防止孩子的晕动病 |
| 孩子在摔跤或头部受伤后抱怨头晕 | 头部受伤 | 马上给儿科医生打电话，他可能会进行 X 线和其他测试。如果孩子失去意识或神志不清且不能判断方向，需要进行急诊评估 |
| 孩子抱怨头晕，分不清方向。他常常反复出现片刻的注意力丧失 | 失神发作（突发、短暂的意识损伤，过后记不起来，有时候会有轻微的抽搐或眼睑抖动） | 与儿科医生谈谈（参看第 134 页“惊厥”） |
| 孩子头痛，躺下来的时候症状会加重。他很难保持平衡或走直线。他感到恶心或呕吐 | 不是一般的健康问题，比如肿瘤，需要诊断和治疗 | 与儿科医生谈谈。虽然在儿童中很少见，这些问题也会出现并需要马上治疗（参看第 96 页“头痛”） |
| 幼儿坐着或站直的时候会摔跤。他伸出手去拿东西时，常常拿不到。当你让他用手去摸自己的鼻子时，他总是摸不到 | 非常罕见，共济失调（神经肌肉问题） | 和儿科医生谈谈，他会对孩子进行检查并决定他要不要去看其他专家 |

# 34. 流涎

## 症状

在口欲期(图 2-9),婴儿流口水和吐泡泡是很正常的。在婴儿 3~6 个月时尤为明显。流出的唾液增加,表明新的牙齿就要从嫩嫩的牙龈中冒出来了。然而,如果你的宝宝看起来一直在流口水或是看起来像生病了,那么他也许存在吞咽障碍,需要医学关注。

## 唾液的作用

唾液对孩子来说有几方面的好处。一旦添加固体食物,唾液可以起到软化和湿润食物的作用;可以保持口腔湿润,让他更好地吞咽;可以清除残留食物,保护牙齿。唾液中还含有唾液淀粉酶,一种能够把淀粉分解成糖类的消化酶。唾液中的抗酸剂会中合胃酸以促进消化。唾液还能够保护牙齿,防止蛀牙。

- 如果孩子有嗓子发炎或感冒症状,并伴有流口水、呼吸困难带有噪声、张开嘴大口呼吸。拨打急救电话,或把婴儿带到最近的急救中心去。这可能是会厌炎,是一种现在不多见但很严重的紧急情况。

**注意!**

如果孩子突然流口水,不能说话,呼吸困难,他可能被食物或异物卡住了。拨打急救电话,但你在等待救援时,照着与窒息相关的急救步骤去做(参看第 215~216 页)。

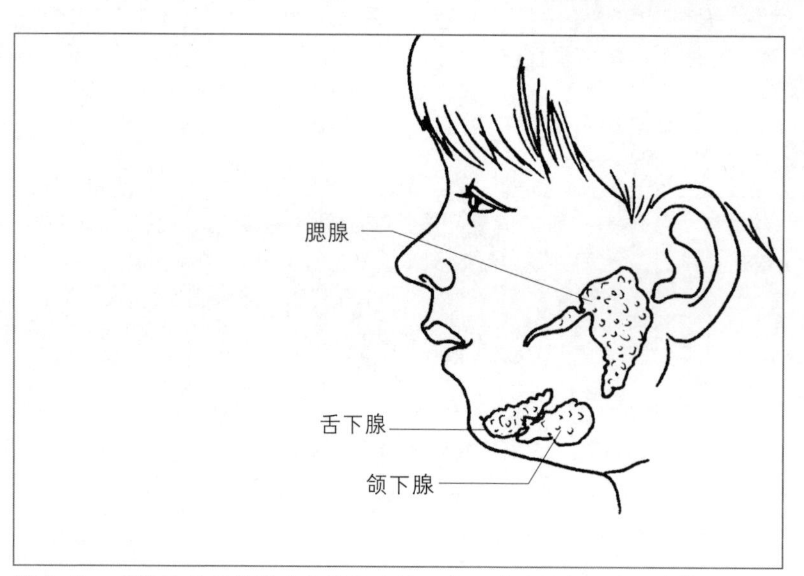


图 2-9　唾液是从唾液腺中分泌出来的。颌下腺在下颌,舌下腺位于舌下,腮腺在靠近耳朵的位置

| 父母的疑虑 | 可能的原因 | 应对措施 |
| --- | --- | --- |
| 3~6 个月大的婴儿，看起来有些烦躁，好像想咬或咀嚼硬一点的物品，包括你的手指 | 正常的流口水 | 安抚婴儿，给他安抚奶嘴，或是安抚咬胶（参看第 62 页“牙齿问题”） |
| 孩子发热温度在 101 ℉(38.3℃)及以上，头痛，咽喉发炎。他不想吃东西。吞咽的时候会痛，颈部淋巴腺体肿大 | 咽喉或口腔病毒感染、咽喉链球菌感染、扁桃体炎 | 打电话给儿科医生，他会对孩子进行检查，并建议治疗方式。如果儿科医生同意，给孩子服用对乙酰氨基酚和布洛芬来退热 |
| 孩子的口腔内起疱或溃疡，他感到很痛 | 病毒感染舌头或牙龈，例如手足口病或疱疹 | 打电话给儿科医生，他会推荐治疗方式 |
| 流口水的孩子，张大嘴巴呼吸。他的咽喉痛得厉害 | 会厌炎（阻止液体和食物进入气管的组织。会厌，发炎了。） | 马上拨打急救电话，或把孩子送到最近的急救中心。情况很严重，可能会使孩子停止呼吸。这种情况曾经是个严重的威胁，但自从孩子接种流感嗜血杆菌疫苗（Hib）后，没那么常见了 |
| 孩子的脸色泛紫，他无法说话，发出短促的噪声，想要咳嗽 | 窒息 | 情况非常紧急。让另一个人拨打急救电话，你给孩子进行海姆利希（Heimlich）急救法或胸部按压。如果孩子没有呼吸，心脏停止搏动，开始实施心脏复苏术，直到救援人员到来。关于如何处理这种情况的指导方法，根据孩子的年龄，参看第 215~216 页 |
| 孩子发生昏厥，他的手脚抽搐，不受控制 | 癫痫 | 癫痫发作时，确保孩子远离会使他们受伤的物体（参看第 222 页“惊厥”）。不要离开他，但是要尽快打电话给儿科医生，照着儿科医生的指导和建议去做 |

## 症状

中耳的发炎称为中耳炎，这是一种常见的幼儿感染。大多数幼儿，到 2 岁的时候都至少感染过一次。因为孩子尚未发育成熟的免疫系统，还无法抵抗接触到的多种细菌的感染，耳部疾病在孩子 2 岁或 2 岁以下是很常见的。幼儿细小的咽鼓管连接着中耳和咽喉，使感染物质停留或传导到中耳；受损的咽鼓管功能发生了改变，耳内压力也发生了改变。这使得液体在中耳堆积，耳鼓膨胀。幸运的是，随着孩子年龄的增长，对这种疾病的敏感性会降低，咽鼓管发育成熟后，他会摆脱这种疾病。

还没有学说话的婴幼儿得了上呼吸道感染，总是先出现中耳炎的征兆。这些征兆包括夜啼和白天烦躁不安、发热 [体温在 100.4 ℉（38℃）及以上]，以及食欲不振。患中耳炎的婴儿，在喂奶时因耳压随吮吸动作改变，会痛苦地大哭。稍大一点的孩子会抓或扯耳朵。一旦孩子会说话，他就会告诉你是不是耳朵痛。耳朵痛的症状，叫作耳痛，在大一点的孩子和青春期的儿童可能会出现短暂的听力丧失。液体从耳道流入时，中耳炎会引起耳鼓膜突然破裂。

如果你怀疑孩子耳朵受到感染，打电话给儿科医生。治疗的方式是多样的，过去开抗生素是对所有耳部发炎的一贯做法，现在不这样了。如果症状不严重，医生会采取观察的方法或用对乙酰氨基酚或布洛芬来缓解疼痛。但是，其他耳部症状，也许会需要抗生素治疗（图 2-10）。

**如果孩子除了耳朵痛之外，还有以下问题，打电话给儿科医生**

- 耳朵有分泌物。
- 耳朵周围肿。
- 头痛。
- 体温在 102.2 ℉（39℃）或以上。
- 头晕。
- 听力丧失。

**注意!**

一定不要让婴儿自己躺着喝奶。配方奶和其他液体有时候会进入耳咽管，在耳朵里创造出适合细菌繁殖和生长的理想条件。二手烟的危害，会加大孩子患以下疾病的风险：上呼吸道感染、毛细支气管炎、肺部感染、耳部感染和其他健康问题。

## 治疗耳部感染

滥用抗生素是否与细菌的抗药性提高有关，已引起儿科医生的关注。这种情况使得治疗中耳炎的方法发生了改变。美国儿科学会现在建议儿科医生，对 2 岁以上的孩子，耳朵发炎症状轻微，发病没有超过 48 小时，采用观察的方法。

然而，如果孩子的感染很严重，儿科医生就会开抗生素。只有孩子耳朵剧痛，同时发热到 102.2 ℉ (39℃ ) 及以上，并且症状持续超过 48 小时，医生才有正当的理由进行抗生素治疗。如果孩子月龄在 6~23 个月，两只耳朵都受到感染，即使温度没有超过 102.2 ℉（39℃），症状没有超过 48 小时，儿科医生也会开抗生素。另外，如果在 48~72 小时内，症状没有减轻或加重，抗生素是必要的。

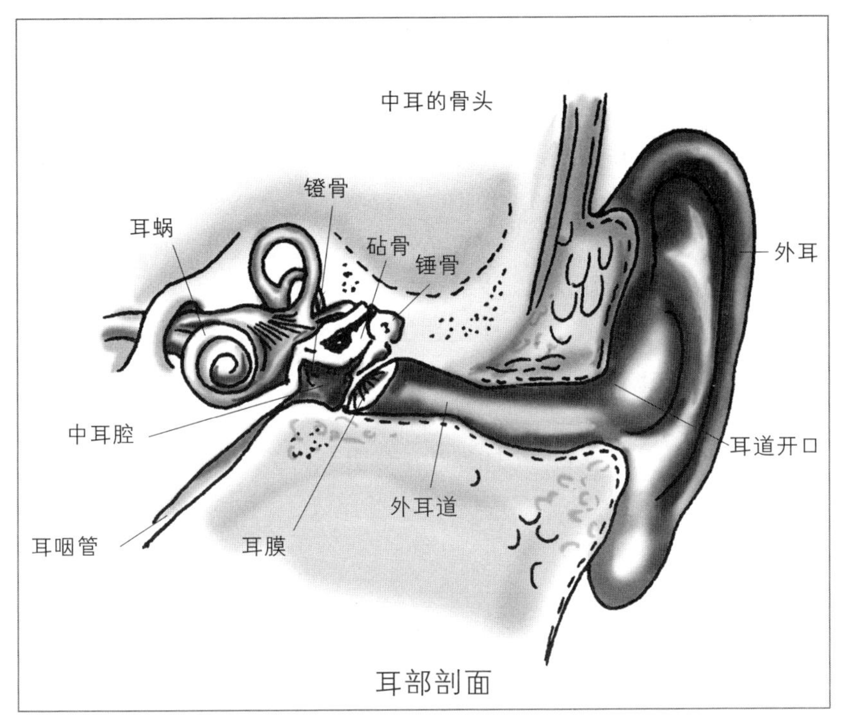


**图 2-10** 急性中耳炎的症状消失后，液体残留在耳朵里会引发其他的耳部问题，分泌性中耳炎（中耳积液）。这种液体可能会存在几个月，但是大多数情况下会自行消失。孩子听力到时候就会恢复正常。另外，游泳性耳炎，也称为外耳道炎，是不同于中耳炎的另一种疾病。游泳性耳炎是由于外耳道（连接外耳和耳膜的部分）受到感染所致

采取这些新措施是为了把抗生素留到情况更加严重、需要药性更强的药物时使用，减少任何会增强细菌抗药性的不必要治疗。如果在不必要的时候使用抗生素，就有可能产生新的耐药细菌种类。如果这样的事情发生了，抗生素就会完全失效，无法治好它们所针对的感染，对应的细菌也就有了抗药性。

减轻耳部发炎引发的疼痛还是很重要的。孩子的免疫系统在与炎症做斗争时，会一直疼痛，热敷耳朵和使用对乙酰氨基酚或布洛芬能帮助孩子减轻疼痛。

有些孩子耳部发炎一直反反复复。美国儿科学会把6个月内发生3次，或一年内发生4次的耳部感染称为复发性中耳炎。要治疗这种有丧失听力迹象的中耳炎，儿科医生也许会建议置入鼓膜管，这些小管通过手术手段置入耳鼓膜，来防止液体聚集。美国儿科学会不建议预防性使用抗生素来减少复发性中耳炎的发生，因为这种做法实际上并没有效果。幸运的是，随着孩子的成长，复发性中耳炎的发病次数会减少。

| 父母的疑虑 | 可能的原因 | 应对措施 |
| --- | --- | --- |
| 孩子感冒了，流鼻涕，咳嗽，低热或结膜炎（眼睑周围的眼膜发炎）。他看起来耳朵痛 | 中耳炎 | 打电话给儿科医生，他会给孩子做检查，做出合适的诊断。根据孩子的情况，你有可能需要等待和仔细观察并倾听，看是否有更多感染的症状。你的医生可能会建议治疗 |
| 孩子抱怨耳朵疼痛，发痒，充满异物。当拉扯他的耳垂时，症状会加重。耳朵有分泌物出现，他常常游泳或把头浸入洗澡水中 | 外耳道炎，有时叫作游泳性耳炎（耳道的感染，耳朵中连接外耳和鼓膜的通道） | 和儿科医生谈谈，他会给孩子检查，并且建议治疗方式。孩子也许需要滴耳液。问一问，你是否需要采取其他措施来防止这种情况再次发生 |
| 孩子的外耳红肿 | 虫子叮咬发炎或咬疮（一种细菌感染） | 和儿科医生确认一下。冷敷有助于减轻虫子叮咬引起的不适；如果是咬疮，有必要进行抗生素治疗 |

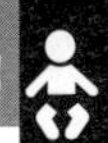

（续表）

| 父母的疑虑 | 可能的原因 | 应对措施 |
| --- | --- | --- |
| 18 个月至 4 岁的孩子，表现出或抱怨耳朵痛；他没有其他像流鼻涕或咽喉痛这样的症状；他一直在玩小小的物品或纸张；你看到有东西卡在他的耳道里 | 耳朵异物 | 不要试着取出异物，你可能会弄伤孩子的耳朵。给儿科医生打电话，他会用放大装置和特殊的灯检查孩子的耳朵。这些工具可以更加容易看到和取出耳中的异物 |
| 孩子感到有东西在耳朵里动来动去。他听得到嗡嗡声，会痛 | 耳朵里有虫子 | 大多数的虫子都会找到出来的路；如果症状依旧持续，和儿科医生谈谈，他会确认一下孩子的耳朵里是否有虫子。如果有的话，儿科医生可以把它取出来 |
| 孩子的耳朵意外受伤了。耳朵流血，有伤口或瘀青 | 耳朵受伤，带有伤口或瘀青 | 用清水轻轻地把耳朵外围清洗干净，在伤口上贴上创可贴或无菌垫。然后，打电话给儿科医生，他会对孩子进行检查。他会确认一下，耳朵内部是否受到需要治疗的伤害 |
| 孩子的耳朵突出来了。他耳朵后部柔软且疼痛 | 乳突炎（靠近耳朵的头骨发炎） | 马上给儿科医生打电话，对孩子进行检查和治疗 |

## 症状

当孩子对食物有一个健康的态度时，吃饭是对饥饿的本能反应，一日三餐是令人愉快的社交场景。早年形成的进餐形式，会影响终身的健康和习惯。

或迟或早，大多数的孩子都有一个挑食的阶段(参看第 28 页“食欲缺乏”)。在这段令人崩溃的日子里，他们几乎拒绝所有放在面前的食物，反抗一切劝说他们吃饭的言行。另一个极端是孩子对食物毫无节制。幸运的是，在大多数情况下，这些小小的就餐问题会很快消失。然而，就餐问题严重时就会影响身体健康。

如果你提供给孩子营养丰富的饭菜和零食，并让他自己决定吃多少，大多数就餐问题都能解决。

就像在生活中的其他方面那样，在吃饭这件事上，孩子也需要规则和限定。经常改变就餐时间，会让孩子担心他们将不会受到很好的照料。相反，有的父母把食物当成安抚奶嘴，用让孩子一直吃东西来安抚他们。一直吃零食不仅会影响正常的食欲控制，还会引起不必要的体重增加和不好的进食习惯。

**如果孩子有以下症状，请咨询儿科医生**

- 体重减轻或没有增加。
- 增重过多。

**注意!**

如果你的餐桌就像战场一样，或是你总担心孩子的就餐问题会影响孩子的成长，这时你应该寻求专业帮助。和儿科医生谈谈让你担忧的事，他也许会建议你去咨询儿科健康专家。

## 喂养孩子的常识

肥胖是引发慢性病的主要健康原因。在美国，肥胖迅速取代吸烟，成为最主要的能够避免的引发疾病的原因。通常，这些习惯是在童年时代就形成的。作为父母，如果按照以下指导做，就能帮助孩子确保他的习惯是正确的。

- 为孩子的不同年龄段，提供多种合适的食物。
- 给他适量的食物，如果孩子要求，再给他添加。
- 鼓励孩子细嚼慢咽。
- 定点给孩子吃零食，以免干扰到正餐。
- 不要用食物引诱或奖励孩子。
- 学会辨认，当孩子向你要食物的时候，是不是想得到你的关注。
- 在孩子看电视、听故事或专心玩耍时，不要给他吃零食或吃饭。这样会养成进食过量的习惯。
- 如果孩子某一天什么都吃，第二天什么都不吃，不要担心，食欲是会变的。更重要的是要考虑孩子连续几天的饮食情况，而不是一天或一餐的情况。
- 根据喜好来设计菜单，不要草草了事。
- 尽量一家人一起吃饭。

| 父母的疑虑 | 可能的原因 | 应对措施 |
|---|---|---|
| 6个月以下的婴儿，常常烦躁不安。他是母乳喂养的，总是长不胖，即使他吸光了你的奶 | 热量摄入不足 | 和儿科医生谈谈，他会对孩子进行检查。也许会建议改变孩子的饮食或你的喂养方式。如果你不能确定，你的奶够不够孩子喝，用吸奶器来测一下你的奶量（也可以参看第6页“婴儿的喂养问题”） |
| 婴儿几乎每次喂完之后都会吐奶。每次他把头转到另一边去，你还是坚持要喂。你给他的奶瓶里加了谷物 | 过度喂养 | 当孩子避开奶瓶，他是在告诉你已经吃饱了。婴儿根据自身的需要进食，如果强迫他们多喝一点，就会呕吐（呕吐不同于吐奶；参看第16页“吐奶”）。如果减少了母乳或奶量，还是会呕吐，和儿科医生谈谈 |
| 婴儿拒绝固体食物，即使是儿科医生说已经到了给婴儿增加热量的时候。他大概4~6个月大 | 正常的固体食物过渡期 | 要有耐心，继续母乳或奶瓶喂养。如果尝试着加辅食让你和宝宝都感到不安，应该先暂停添加辅食。当你再次尝试时，用母乳或奶和辅食交替喂你的宝宝，他就会对勺子喂食产生满足感 |
| 你1岁的孩子，把大部分的食物都留在盘子里。他喝奶喝得更少了。除此之外，他很健康，充满活力 | 随着生长速度放慢，正常的食量减少 | 给孩子更少的饭量，只在孩子要求下才给他加饭。这种饭量减少是生长发育到某一阶段的正常现象，不是喂养问题 |
| 学龄孩子还像幼儿一样挑食 | 不如人意的就餐习惯 | 给孩子设定一个有规律的（但是却不僵化的）吃饭和睡眠时间表。同时也要避免过多的零食，尤其是在饭前1~2小时。不要成为一名“快餐厨师”，要让挑食的孩子“点餐”，然后准备饭菜；孩子很快会发现，如果拒绝了新的食物还有你准备的饭菜，他吃的就都是自己喜欢的食物了 |
| 孩子总是在吃东西。他喜欢囤积食物。他总是在正餐之间吃零食。他的体重远远高于相对于他的身高和身材的合理体重 | 焦虑压力过大、暴饮暴食、控制能力差 | 与儿科医生谈谈你的疑虑。准备规律的三餐和热量平均的正常分量的零食（但不是减肥食品）。鼓励运动和其他活动，分散孩子对食物的注意力 |

## 症状

眼睛发炎是孩子常患的眼疾，包括睑腺炎和细菌性结膜炎（红眼病），还有受到异物刺激和眼部过敏。婴儿出生时，按照常规要对眼部进行处理以防止来自产道的感染。新生儿期过后的眼部感染，只要得到儿科医生的及时治疗，通常都不会太严重。

眼睛或眼睑受伤，一定要去看儿科医生。如果孩子受到潜在的严重伤害，应该直接把他带到最近的急救中心去。如果你用清水清洗无法取出孩子眼睛或眼睑里的异物，马上寻求儿科医生的帮助。更多关于眼部问题的信息，参看第 60 页“内斜和外斜视”和第 166 页“视力问题”。

**如果孩子有以下症状，请咨询儿科医生**

- 眼睛红肿，有分泌物超过 24 小时。
- 持续眼睛疼痛。
- 对光过于敏感。
- 过多眼泪。
- 频繁眨眼。
- 视力下降或变模糊。

**注意!**

有些眼部感染是有传染性的，在触摸孩子受感染的眼睛前、后都要洗手。不要直接接触孩子的眼睛和分泌物，不要让眼药水的瓶口和软膏管接触到受感染区域。如果孩子患有红眼病，咨询健康专家做诊断和治疗。抗生素对于防止传染的作用尚不明确，大多数红眼病的孩子不用抗生素，5~6 天过后症状就会好转。每次用完后都要清洗他的毛巾和澡巾。

## 烟花爆竹伤害：严重但是可以预防

烟花爆竹是引起眼部严重伤害的最普遍原因之一，但这种伤害是可以避免的。几乎 50% 的这种伤害都发生在 15 岁以下的孩子身上，他们大多数都是在美国独立日这几天或新年期间受伤的。大多数情况下，受伤的都是旁观者，包括孩子。烟花爆竹的伤害通常都是永久性的，也许会导致部分或完全失明。

烟花爆竹在美国的四个州是严禁售卖的，在其他州是管制商品。即使是在合法售卖的地方，儿科医生在治疗被烟花爆竹所伤的孩子时，也会警告消费者不要使用这些产品。只有公开表演，由专业人士操作时，孩子们才能在安全距离欣赏烟花。

| 父母的疑虑 | 可能的原因 | 应对措施 |
|---|---|---|
| 婴儿的眼睛常常是湿润的并有分泌物。也许他靠鼻子一侧的眼睑，呈凸起状 | 泪管堵塞（常见） | 儿科医生会确认一下，婴儿的眼睛有没有受到感染。泪管通常会在前几个月自行打开，但是儿科医生可能会建议你轻轻按摩这个部位或用滴眼液 |
| 孩子眨眼时，会觉得痛。他感觉眼睛里有东西 | 眼睛里有异物 | 用温水清洗孩子的眼睛，如果无效的话给儿科医生打电话 |

（续表）

| 父母的疑虑 | 可能的原因 | 应对措施 |
| --- | --- | --- |
| 孩子的眼白上有红色的条纹或出血点。除此之外，眼睛不疼也没有刺激症状 | 结膜下出血 | 这些条纹或斑点看起来很吓人，但是不严重。也许是咳嗽、打喷嚏或轻伤引起的。如果是新生儿，红色条纹也许是出生时挤压引起的。如果条纹增多或 1 周内条纹不消失，给儿科医生打电话 |
| 孩子的眼睛呈粉红色，疼痛且肿胀。他可能同时有上呼吸道感染的症状 | 结膜炎，可能是病毒感染引起的，例如普通感冒 | 与儿科医生谈谈，他会确定孩子是否需要治疗 |
| 孩子的眼睛发红、流泪、发痒。他在流鼻涕、打喷嚏。有家族过敏史 | 过敏性结膜炎（过敏引起的眼白发炎） | 给儿科医生打电话，他也许会推荐治疗方式来减轻孩子的症状，以及其他用于防止孩子与过敏物接触的方法（参看第 26 页“过敏反应”） |
| 孩子眼睛发红。眼睛有分泌物或早上起床眼睛被分泌物结痂黏住 | 细菌性结膜炎 | 儿科医生会给孩子做检查，看看是否有必要进行治疗 |
| 孩子眼睑的睫毛根上有柔软的红疙瘩。他的眼睛很湿润，眼睑水肿 | 睑腺炎 | 儿科医生会对孩子进行检查，并建议热敷眼睛 20~30 分钟，每天 3~4 次。如果睑腺炎没有消退，儿科医生可能会开抗生素 |
| 孩子的眼睑上有硬的或稍柔软的肿块 | 睑板腺囊肿（睑板腺发炎，会引起泪液膜干燥） | 试试每天给孩子热敷几次眼睑。如果肿块没有消除，和儿科医生谈谈 |
| 孩子的眼睑泛红带有鳞屑。睡醒时上下眼皮会粘在一起。他常常抱怨眼睛灼痛或像进沙子一般磨痛 | 睑缘炎（眼睑边缘的油脂腺发炎） | 每天给孩子热敷几次眼睑。你也可以试试用婴儿清洗液清洁受感染区域。如果症状不消失，给儿科医生打电话，如果这个区域受到感染，他也许会给出治疗方案 |
| 孩子的眼部受伤了，瘀青，流血或水肿 | 眼部受伤 | 给儿科医生打电话，或直接带孩子去最近的急救中心。眼部很敏感，受到任何伤害都应该去医院检查 |
| 孩子的一边眼睑水肿，发红，灼热，并且柔软。他很难睁开眼睛，并一直流眼泪。他发热了，全身都不舒服 | 眼眶周围蜂窝织炎（眼部周围的深部感染） | 马上给儿科医生打电话。如果不治疗的话，这种感染会引起严重的、长期的伤害。孩子也许需要住院进行治疗 |
| 孩子的眼睛总是对光很敏感。他关节疼痛或出疹。他的眼睛曾经受过伤 | 虹膜炎（深部炎症，不是感染） | 儿科医生会给孩子做检查，如果有必要的话，会推荐你到其他健康专家那里去 |

# 38. 恐惧

## 症状

所有的孩子都会恐惧和担忧。不同类型的恐惧标志着孩子不同的生长发育阶段，例如，5~7 个月的婴儿会因为看到陌生面孔而感到不安；有丰富想象力的学龄前儿童会表示害怕黑暗和怪兽。在普通的学龄儿童中，来自想象力的恐惧被更加真实的对日常事物的恐惧所替代。比如，孩子会害怕被暴风雨中倒下的树木压伤。大体上来说，积极的恐惧会防止孩子去冒不必要的危险，却不会妨碍他们在特定的年龄段生存、学习、玩耍，还有和他人互动的能力。如果孩子的恐惧是长期存在的、强烈的，并且使他回避合理的互动或体验，那么家长就应该引起重视。

在发生对家庭有影响的事件后，你的处理方法会让孩子的某些恐惧消失。例如离婚过后，或父母一方或某个抚养者死亡，会让孩子产生分离焦虑，让他感到压力很大。如果你自己过度担心或感到害怕会使孩子羞怯，让他很难去尝试新的事物和拓展能力。尽量让孩子养成健康的生活习惯，比如运动、户外玩耍、均衡且营养丰富的饮食、适量的睡眠。同时，让孩子与人坦诚地交流，避免恐怖或暴力的媒体镜头。

**如果孩子的恐惧有以下影响，请咨询儿科医生**

- 干扰了家庭活动。
- 阻止他交新的朋友。
- 成为他不上学的借口。
- 扰乱了正常的睡眠习惯。
- 引起了强迫行为(感觉需要一直重复地去做某件事，即使这样做没有任何好处或奖励)。

**注意!**

在大多数情况下，不必对孩子表现出的恐惧感到担心。但是如果孩子对曾经信任的人突然产生强烈的恐惧，其根源可能在于孩子的某些不良经历，比如被忽视、受到生理或心理上的虐待、目睹了重大伤害事件或家长吸毒。在这种情况下，不要总想着如何消除恐惧。找出引起孩子恐惧的经历或事物才是最重要的。

| 父母的疑虑 | 可能的原因 | 应对措施 |
|---|---|---|
| 你 5~6 个月大的婴儿没有往常那么开朗了。当他看到陌生面孔时，会感到害怕。当你离开房间时，他会哭 | 正常阶段、生人焦虑 | 到现在，孩子对你或对日常抚养者的依赖感仍很强烈。在陌生的人群或环境中要更多地抚慰他。对于陌生人的焦虑在婴儿 9 个月左右出现，大多数孩子在大概 2 岁时能克服 |
| 10~18 个月的婴儿或幼儿常常在半夜醒来 | 正常的分离焦虑，通常会出现在这个年龄段 | 静静地安抚孩子，如果有必要，给他换一下尿布。把他放在床上，陪着他，直到他平静下来。通常，孩子感到安心就会平静下来。夜间醒来会持续几周或几个月 |
| 孩子很害怕并且回避陌生人和不熟悉的环境 | 害羞 | 要体验新事物前，先和他一起谈论这些东西让他有思想准备，但是不要过多谈论以免让他更加紧张。让孩子慢慢花时间来适应新的环境。问问他有什么感受，并考虑针对新环境，和他进行角色扮演游戏 |

(续表)

| 父母的疑虑 | 可能的原因 | 应对措施 |
|---|---|---|
| 幼儿或学龄前儿童对日常事物，比如打雷或噪声很大的电器，感到恐惧 | 正常恐惧 | 恐惧会随着时间消失。花时间让幼儿看看发出噪声的电器是如何运转的。在暴风雨时，抱着他，平静地和他说话，让他看到你并不害怕。让孩子说说他的感觉，有利于他在你的帮助下学会让自己平静下来 |
| 学龄前的孩子拒绝进入浴缸或坐在马桶上 | 对事物大小和力量的感觉还在发展中 | 孩子害怕被冲到下水道里去，他也许会喜欢淋浴或用海绵擦洗。让他使用儿童坐便椅或便盆，直到他更加自信。花时间向他解释浴缸或抽水马桶是怎么运作的，怎样才能不那么害怕 |
| 幼儿尖叫，即使他认出了熟悉的保姆。当你离开家的时候，他抽泣，试图把你拉回来 | 分离焦虑、寻求关注 | 不要延长你和孩子告别的时间。事先告知保姆，当你不在家时，如何能让孩子平静下来。让保姆把孩子的注意力集中在游戏或图书上。和孩子保证你很快就会回来，并且迅速离开。如果孩子一直持续这种行为，他也许需要到儿科医生那里进行评估 |
| 孩子一直拖延不肯去睡觉，或在睡觉的时间乱发脾气 | 怕黑、分离焦虑、疲倦、过度刺激 | 每天都按一定的睡前程序做，避免家中环境嘈杂和过度刺激，开小夜灯让他适应，试试早点儿睡觉。如果孩子一直有这些行为，和儿科医生谈谈 |
| 学龄前孩子在睡着大概1小时后，开始尖叫。他对外界没有反应，即使眼睛是睁开的 | 夜惊（也可以参看，第134页“惊厥”） | 轻声安抚孩子，但是尽量不要期待孩子的回应，因为他不是清醒着的。夜惊会持续半小时或以上。但最终，孩子会平静下来继续睡觉。早晨，他记不起夜里发生的事情 |
| 学龄前的孩子，半夜醒来，害怕且哭泣 | 做噩梦 | 学龄前的孩子可能区分不了梦境和现实，告诉孩子梦境不是真实的。陪着他，直到他平静下来。让他说说自己做的梦和为什么会感到可怕 |
| 孩子拒绝去学校。他抱怨一些严重但模糊的症状（例如，头痛、恶心、头晕）来避免去上学 | 学校恐惧症、分离焦虑、冷暴力或校园欺凌、学习障碍，或其他学校因素 | 和儿科医生谈谈，他会找找是否是生理原因或学习障碍引起的。评估过后，如果排除了生理因素，儿科医生会建议进行心理咨询。和孩子的老师交流，找出原因。坚持让孩子去上学，但要找到针对具体问题的解决方法。同时，对孩子的努力做出积极的回应和支持。对他的期望，在家里和在学校里，要保持一致。在这个过程中，要取得学校工作人员的支持 |
| 孩子在目睹暴力事件后，感到害怕和恐惧 | 创伤后应激障碍 | 和儿科医生谈谈，他会对孩子进行评估，也许会建议进行心理咨询（也可以参看第180页“焦虑”） |

## 症状

身体温度上升导致发热，这是身体对外界侵害的自然抵抗，比如炎症。在少数情况下，发热是身体存在内部威胁的一个信号，例如自身免疫障碍。正常的体温，不是一个数字而是一个范围：97~100.3 ℉（36~37.9 ℃）。根据一天所处的时间段、年龄、健康状况和体育活动，孩子的体温也会有所不同。轻微的疾病可能会让体温升高，但是儿科医生不会把它当作发热，除非温度升到 100.4 ℉（38℃）或以上。

大多数由疾病引起的发热是没有危险的。但是对于 3 个月以下或身体有疾病（比如，镰状细胞贫血或免疫抑制）的孩子，发热要及时治疗。对于大多数孩子，发热本身是没有危险的。在一些 6 岁以下的儿童中，发热会引起惊厥，这虽然让父母感到很可怕，但却不会引起太严重的问题；然而，在孩子发生第一次高热惊厥后，儿科医生一定会对孩子进行检查，确保惊厥不是更严重疾病引起的。如果孩子在 24 小时内发生了两次高热惊厥；或是惊厥过后的几小时仍无法恢复正常，那么应该对他进行医学评估。通常，孩子 6 岁以后，就不会再发生高热惊厥了。

用对乙酰氨基酚或布洛芬给孩子降温，会让他感到舒服些，帮助他好好休息，防止脱水。但这些药物不会改变疾病的进程。

### 如果孩子有以下症状，请给儿科医生打电话

- 月龄在 3 个月或以下（参看第 8 页）。
- 不论多大的孩子，看起来病怏怏的或非常疲倦，或头痛得厉害。
- 即使体温降下去了，看起来还是一副病态。
- 精神错乱或出现幻觉。
- 拒绝饮水。
- 有潜在的疾病或治疗方式影响到了免疫系统。
- 在过去的 8 周中，和家人去过国外旅行。

**注意！**

如果给孩子使用的其他退热药中也含有对乙酰氨基酚，会引起对乙酰氨基酚的过量使用。没有儿科医生的许可，不可以给 3 个月以下的婴儿使用对乙酰氨基酚或其他药物。除非得到儿科医生的许可，否则不要给孩子使用阿司匹林退热。使用阿司匹林与加大 Reye 综合征风险相关。Reye 综合征是一种少见但很严重的疾病，会影响大脑和肝脏，引起病毒性感染。

## 发热：是一种症状，不是一种疾病

当孩子发热时，许多父母都会感到很紧张。实际上，发热是一种症状，不是一种疾病。我们身体的温度是由大脑中的下丘脑控制的，它平衡着整个神经系统中的冷热受体传递来的信号。影响体温的因素有感染、药物、受伤、炎症、自身免疫、腺体疾病和肿瘤，运动和长时间处于高温下，也会使体温升高。大体上说，如果孩子低热一两天，是没有必要治疗的。如果孩子精神很好，喝水、睡觉方面也没问题，可以不用服用退热药。但是你要密切观察，并且做好给儿科医生打电话的准备，以防出现新的症状。当孩子的体温高于 101 ℉（38.3℃）超过 48 小时，请给儿科医生打电话。许多医生认为，发热实际上能够通过激发免疫系统帮助缩短感染的进程，因此找出发热的原因比退热本身更为重要。

| 父母的疑虑 | 可能的原因 | 应对措施 |
| --- | --- | --- |
| 孩子感冒，有流鼻涕、呼吸困难、喉咙痛、肌肉疼痛等症状 | 普通感冒、流行性感冒、其他呼吸系统感染 | 给儿科医生打电话，他会对孩子进行检查，会给你建议，如何让孩子感觉舒服些 |
| 孩子长疹子、喉咙痛或腺体肿大 | 其他感染性疾病，例如脓毒性咽喉炎、咽喉炎、单核细胞增多症或手足口病 | 儿科医生会对疾病进行诊断并推荐治疗方式 |
| 孩子耳朵痛，并且有分泌物 | 耳部感染 | 打电话给儿科医生。耳部感染也许需要治疗（参看第 76 页） |
| 孩子小便时会疼痛或有灼烧感，他肚子痛 | 尿路感染 | 儿科医生会给孩子做检查，有必要的话，会开抗生素治疗 |
| 孩子还有恶心、呕吐的症状，并伴随腹泻和抽筋 | 传染性肠胃炎（胃部或消化道的病毒或细菌性感染） | 几小时内只给孩子喝水不要给他食物。如果 12 小时内症状没有好转，打电话给儿科医生 |
| 孩子发热超过 5 天 | 需要诊断和治疗的健康问题 | 打电话给儿科医生，安排体检 |
| 孩子易怒，没精打采，并且发热。他胃痛、淋巴结肿大、出疹子。他的嘴唇和舌头充血。他还有结膜炎、手脚水肿 | 川崎病，这种疾病会引发发热和血管炎症 | 打电话给儿科医生。这是一种罕见的疾病，病因尚不明确。但是儿科医生会对孩子进行治疗，以防止引起任何并发症 |
| 孩子还有疲倦和关节疼痛这样的非特异性症状，他出疹子了 | 莱姆病或其他自身免疫疾病 | 儿科医生会对孩子进行检查，或许会预约血液测试。有必要也许会用抗生素治疗 |
| 婴儿持续高热 3~5 天，甚至更久。他的躯体上长了粉红色点状疹子。当孩子体温恢复正常后，才长的疹子 | 幼儿急疹（一种传染性的病毒感染） | 打电话给儿科医生，他会建议控制体温的方法。如果孩子的情况没有改善，或持续高热超过 3 天或 4 天，你需要再和儿科医生谈谈。不要让孩子接触别的孩子 |

## 症状

骨折是指骨头的正常结构发生了断裂（图 2-11），它是 12 岁以下的孩子常遇到的伤害。如果骨头在好几处发生断裂或戳破了皮肤（开放性骨折），这是非常严重的。然而，儿童发生骨折时，情形通常不会这么严重，往往是骨头出现轻微裂痕或是边缘发生变形。相比成年人，儿童骨折引发的问题更少一些，因为他们的骨头柔韧性更好，可以更好地缓解冲击。他们的骨头也比成年人愈合得更快。

儿童柔韧的骨头，通常会发生青枝骨折或隆起骨折。青枝骨折是指骨头像嫩枝那样曲折，并就一侧折断。隆起骨折，是指骨头的一侧隆起但骨头之间并没有分离。

儿童也容易发生骨骺生长板骨折。这种骨折容易损伤骨头末端的骨骺生长板，造成骨骼生长不当或停止生长。因此，根据年龄和骨折的严重程度，孩子至少在骨折后 1 年的时间里要有规律地进行复诊，尤其是这种骨骺生长板骨折。

大多数孩童时期的骨折仅需要保持骨头长时间的静置，以便它长回原位。石膏模或玻璃纤维模是常见的治疗手段，通常很少用到手术修复。骨折的部位会形成一个小小的骨结（骨痂），这是骨头愈合过程中的正常现象，有时你能摸到它。这不需要治疗，它会慢慢变小并最终消失。

**如果你发现了以下任何症状，咨询儿科医生或给孩子治疗骨折的骨科医生打电话**

- 受伤的肢体红肿，发炎。
- 体温超过 100.4 ℉（38℃）。
- 如果脚趾（腿上打了石膏）或手指（手臂上打了石膏）发青、发白或麻木、肿大。
- 受伤的肢体越来越痛，或对镇痛药的需求越来越大。
- 受伤肢体上的手指或脚趾无法动弹。
- 石膏破裂或松弛，或石膏变得潮湿。

**注意！**

当孩子腿部或其他部位发生骨折时，不要移动他。打 120 或当地的急救电话。等候的时候尽量让孩子舒服些。

## 预防儿童骨折

父母遵循这些简单、安全的方法，能降低儿童骨折的概率。

- 不要让孩子一个人待在更衣台或婴儿床上。
- 开车时，让孩子坐在后座的安全座椅上。
- 在所有的安全带都系牢后再开车。
- 确保孩子在运动时，穿戴好符合标准的防护服具（比如，护腕、头盔、护膝、护嘴）。
- 没有戴安全帽，不要让孩子滑轮滑、骑自行车、玩滚轴溜冰或滑滑板。此外，蹦床、沙滩车、除草机、摩托车也有安全隐患。

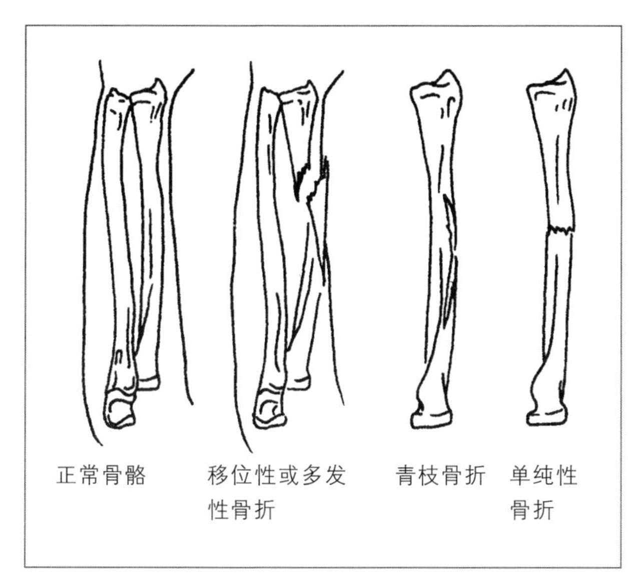


图 2-11 骨折的类型。移位性骨折或多发性骨折，是指骨骼断裂的一端发生了移位。断裂的骨头可能会刺透软组织或皮肤。发生青枝骨折时，只在骨骼的一侧发生断裂。在单纯性骨折中，骨骼断裂，但是断裂的部分不会发生位移

| 父母的疑虑 | 可能的原因 | 应对措施 |
|---|---|---|
| 孩子的头部或脸部遭受严重撞击。鼻子肿大、变形，一触摸就疼痛 | 脸部或鼻子骨折 | 冷敷鼻子或鼻子周围以减轻疼痛和消肿。咨询儿科医生获取进一步的治疗指导 |
| 在摔倒或其他事故后，孩子呼吸困难、胸部疼痛 | 肋骨骨折 | 拨打急救电话，或带孩子去最近的急救中心 |
| 初学走路的孩子走路一瘸一拐或拒绝下地。他正在保护他受伤的那只脚 | 骨折或扭伤 | 马上去儿科医生那里检查。必要的话，要进行 X 线照射或治疗 |
| 活跃的青少年走路一瘸一拐。小腿按压会疼痛，但并没有瘀青 | 胫骨疼痛、应激损伤、股骨头骺滑脱(股骨前端移位) | 咨询儿科医生，儿科医生会对孩子进行检查并给出合适的治疗方案。建议好好休息 |
| 身上骨骼肿大或疼痛，包括手指、脚趾受伤后 | 骨折 | 咨询儿科医生，他会对孩子进行检查，如果医生建议的话，预约 X 线检查和其他治疗 |
| 孩子的头部受伤了。鼻子或耳朵流血或流出透明液体 | 头骨骨折 | 马上拨打急救电话，或把孩子带到最近的急救中心 |

# 41. 胀气

## 症状

胀气是一种常见的肠道问题，但是却很少意味着有严重症状。急切要喝奶的小婴儿，常常会把吞咽下去的空气聚集在肠道里，进而引起胀气（处理方法参看图2-12）。儿科医生认为，胀气引起的不适是加重肠绞痛的一个因素（参看第2页）。

食物消化的正常过程中会生成一定量的气体。然而，因为食物中含有过量的某种不溶性纤维会在肠道内发酵，不论是成年人还是儿童，都会产生过量的气体。许多婴幼儿在哭泣或因为鼻塞而用嘴呼吸时，也会吞下空气。大一点的孩子会在吃东西或嚼口香糖时，吞下空气。碳酸饮料也是胀气的一个因素。一些4岁以上儿童的胀气是因为随着时间流逝，他们逐渐地失去了消化牛奶中糖分（乳糖）的能力。

**如果孩子肠胃胀气并且有以下症状，请打电话给儿科医生**

- 严重腹痛。
- 恶心、呕吐。持续12小时或更长时间。
- 持续腹泻超过3天。
- 粪便黏稠且气味很重。

**注意!**

不要用非处方药来治疗孩子胀气。如果胀气的问题很严重，令你担忧，咨询儿科医生的建议。

方法一：竖着抱婴儿，让他的头靠在你肩膀上。扶着他的头和背部，轻柔地拍他的背

方法二：用一只手扶着婴儿，让他坐在你的大腿上。用另一只手，拍他的背部

方法三：让婴儿脸朝下，俯卧在你的大腿上。抬高一侧膝盖，让婴儿的头部略高于胸部。轻轻地抚摸他的背部

**图 2–12** 给婴儿拍嗝。正确的拍嗝姿势会让婴儿感到舒服。不论他喜欢什么姿势，用毛巾或尿布保护好你的衣服，以防他吐奶。此外，如果婴儿感到不安，不要打断他喝奶；相反，你可以利用婴儿用奶瓶喝奶的自然停顿，或母乳喂养时换另外一侧乳房的间歇，给他拍嗝

| 父母的疑虑 | 可能的原因 | 应对措施 |
|---|---|---|
| 新生儿或小婴儿肠绞痛哭泣时排出许多气体。他会在急于要喝奶时，吞下气体 | 喂奶时的吞气症 | 增加每次喂奶后拍嗝的次数(图2-12)。为婴儿选择适合的、流速慢的奶嘴 |
| 学龄前或更大的儿童，胀气并经常感冒、打喷嚏、鼻塞 | 用嘴呼吸时吞下了空气 | 和儿科医生谈谈，他会给孩子做检查，如果有必要的话，会建议治疗 |
| 学龄儿童长期胀气伴随反复的腹泻、腹胀和身体不适 | 乳糖或其他营养物质不耐受、腹腔疾病(麸质过敏)、其他类型吸收障碍、食物过敏(少见)、肠易激综合征 | 和儿科医生谈谈，他也许会建议每天记录饮食日记(参看第26页"过敏反应")来跟踪孩子每天的饮食和症状。儿科医生或许还会建议用排除饮食法来找出问题食物。如果孩子认为是某种食物引起的不适，把这种食物从他的饮食中去除一两周时间后再食用，看看症状是否会再次出现 |
| 孩子突然之间发生腹胀、抽筋，以及带有过多气体的腹泻 | 感染性腹泻；寄生虫感染，比如贾第鞭毛虫病 | 和儿科医生谈谈，他会给孩子做检查并推荐治疗方式，取决于引起腹泻的原因(参看第5页) |
| 孩子服用抗生素或其他药物以后胀气，胃里不舒服 | 药物的不良反应 | 给儿科医生打电话，他也许会用另一种药物替换或建议使不良反应减至最小的方式，例如随餐服药 |
| 孩子常常大声地打嗝或排气 | 富含膳食纤维的饮食；碳酸饮料；寻求关注的行为；通常，孩子每日摄入纤维的克数与他的年龄加上5相当(例如，对于一个8岁的孩子，每日摄入膳食纤维的量为8+5=13克) | 减少麸皮和其他不溶性膳食纤维，增加水果和蔬菜中的可溶性纤维。去除碳酸饮料。鼓励适量运动，尤其是饭后。如果排气是孩子寻求关注的方式，让他知道，他的行为是不能被接受的(但要注意，你的反对不要刺激到他) |

## 症状

基因、营养、运动和整体健康，决定了一个孩子能长多高。大多数孩子不高也不矮，不存在身高问题，他们生长的方式是记录在基因里的（家族遗传）。父母常常会惊奇地发现婴儿出生时的身高并不能完全预测他成年后的高度，然而，孩子成年时的身高与他 3 岁时（生长情况最好）的身高有着密切的联系。

每次体检时，从新生儿随访开始，儿科医生就会测量婴儿的长度（身高）和体重，直到孩子 3 岁。儿科医生还会测量他的头围，来确认他是否在适度生长。所有身长（身高）、体重和头围的测量数据都要标记在生长曲线上，儿科医生会把这些信息与你共享。孩子是高是矮还是平均身高，都没有孩子的生长率重要。如果孩子生长是沿着某条曲线进行的，他的生长情况很有可能就是正常的。

在生命中的前 3 年，婴幼儿的生长常常从一条曲线变化到另一条曲线，直到固定在基因曲线上，这种现象就是儿科医生所说的“婴儿变化的生长曲线”。因为有些婴儿出生时身长很长，却有“矮个子”的基因，或有的婴儿出生时身长很短，却有“高个子”的基因，所以生长曲线的变化可能是很正常的。大多数孩子会在两三岁的时候，找到自己的基因曲线。

营养对于生长来说是很重要的，如果一个孩子摄入的热量太少，生长就会变慢。然而，挑食的孩子却常常有正常的生长速率，因为他在选择有限的食物中，获取了足够的热量。体重增加过多的孩子，将来会有肥胖的风险；长期来说，过度喂养不会促进孩子的生长和健康。

**如果孩子有以下症状，请咨询儿科医生**

- 变瘦了或无法增加体重。
- 好像体重增加过多了。

**注意!**

进行规律运动的孩子，生长情况最好；和儿科医生讨论一些方法来增加孩子的体育活动。

## 解决生长问题

一些身材矮小的孩子往往体内生长激素的水平不足。如果确诊了缺乏生长激素，在孩子成长的几年中，激素治疗能帮助他达到正常成年人的身高。这种方法是专门为证实是腺体（激素）问题的孩子使用的。儿科医生不建议只为了长高，就对一个健康的矮个子孩子使用生长激素。

其他引起身材矮小的原因包括母亲吸毒、酗酒使胎儿受到感染，染色体疾病，严重的早熟等。这些问题一般在婴儿出生前或刚出生时就能被发现，然后就可以开始适当治疗了。

有时，从海外收养的婴儿会因为营养不良，生长速度变慢，发育迟缓。他们需要特殊的帮助和比正常情况更多的热量，让他们赶上合乎年龄的生长水平。儿科医生也会提供建议和推荐好的方法给你。

| 父母的疑虑 | 可能的原因 | 应对措施 |
| --- | --- | --- |
| 婴儿不是体重减轻就是没有增加。他的生长速率很慢 | 发育停滞 | 和儿科医生谈谈，他会对孩子进行测量和检查，会查看孩子的饮食、药物史，还有其他会影响孩子长高、增重的因素。儿科医生会建议合适的治疗计划 |
| 孩子很健康，但是却比大多数同龄人矮一些。他的生长速率正常 | 正常的矮个子 | 和儿科医生谈谈 |
| 青春期前的孩子，并没有像他的同伴们那样迎来青春期生长发育 | 青春期体格生长延迟 | 和儿科医生讨论一下孩子的成长发育表。通常，你家会有家族性的青春期生长发育延迟(也叫“晚熟”)，并且孩子最终会达到可能的成年人高度 |
| 孩子对于他的年龄来说，异常的矮。他长得很慢，他的体重过重 | 生长激素不足、甲状腺功能减退 | 和儿科医生谈谈，他会给孩子做检查，也许会推荐给内分泌学家进行进一步的检查 |
| 孩子对于他的年龄来说，异常的高。他比例正常，健康，他一直在生长 | 高个子 | 确保孩子的饮食营养，按时做运动。有任何疑虑，和儿科医生谈谈 |
| 孩子与同龄伙伴相比，似乎提前开始了青春期生长发育 | 性早熟 | 与儿科医生讨论一下，并咨询一下孩子的成长发育表 |
| 孩子在生病的1个月里，体重增长暂时变慢 | 短期疾病引起的生长变缓 | 确保孩子有健康的饮食和按时运动。如果疾病痊愈或开始治疗过后几周，孩子的食欲和生长速率没有改善，和儿科医生谈谈 |
| 孩子长得很慢，并且有抽筋、恶心和腹泻 | 炎症性肠病，例如克罗恩病或溃疡性结肠炎；腹腔疾病 | 和儿科医生讨论并评估一下，可能需要推荐给胃肠专家。儿科医生也会做测试来排除引起身材矮小的任何不常见原因，比如肾脏疾病和电解质紊乱 |

# 43. 掉发

## 症状

几乎所有的新生儿都会出现掉发的情况，这是很正常的现象。在婴儿成熟的头发长出来之前，胎发会脱落。婴儿 6 个月之前的脱发是不用担心的。

头皮在床垫上摩擦或喜欢摇头的习惯也会造成婴儿掉发。当摩擦或摇头的行为结束后，这种情形的掉发就会停止。

在 4 个月左右，许多婴儿的头后部的头发会脱落。因为头发生长的时间和速度是不一样的，在极少数情况下，也许婴儿一出生就会脱发。通常，婴儿头发脱落是正常现象，但是如果同时出现牙齿、指甲状况异常，要警惕头发脱落是不是因为其他的身体原因引起的。孩子大点之后，掉发可能与药物、头皮感染或营养问题有关。

大一些的孩子，因为扎头发扎得太紧或梳头时拉扯得太重，也会掉发。电烫梳也会引起头发脱落。有些孩子（3 岁以下）喜欢捻弄头发，以此作为安抚自己的习惯，因此无意中会把头发弄断或扯下来。这种行为通常在孩子 4 岁时会停止。另外一些孩子（更大些的）会故意把头发扯下来，却否认这么做过。这些孩子仅仅是没意识到他们在这样做，这是精神压力的一个信号，父母应该和儿科医生谈谈。

有些孩子掉发是因为一种自身免疫疾病，叫作“斑秃”。患这种疾病的孩子，掉发的区域呈圆形，形成了一块秃斑。通常，如果秃斑的范围不再扩大，痊愈的可能性就很大。但是症状一直存在或加重，可能需要对头发脱落的区域使用类固醇药膏，甚至类固醇注射或其他疗法。不幸的是，如果掉发的范围扩大，头发也许就很难再重新长出来了。

**如果孩子有不明原因的掉发，而且有以下症状，请咨询儿科医生**

- 疲惫。
- 鼻梁上起红疹。
- 有发热或其他疾病症状。
- 眉毛、睫毛脱落。

**注意!**

使用软的天然材质梳子或尼龙梳子给孩子梳头，硬的梳子会弄破、刺激孩子的头皮。

## 应对掉发

一个在其他方面都很健康的孩子开始一块一块地掉发，这也许是由一种自身免疫疾病（斑秃）造成的。虽然原因不明，但常有家族遗传性。目前还没有找到可预见的、安全有效的疗法，但是大多数情况下，头发会在 6~12 个月长出来。儿科医生也许会推荐你到儿科皮肤病专家那里，用局部皮质类固醇或其他药物进行治疗。

| 父母的疑虑 | 可能的原因 | 应对措施 |
| --- | --- | --- |
| 出生几周或几个月的婴儿掉发 | 休止期脱发（正常的婴儿脱发） | 婴儿的胎发会逐渐被成熟的头发替代，每天用柔软的梳子给孩子梳头 |
| 孩子头后部的头发秃了 | 因为摩擦或固定的躺姿造成的脱发 | 随着婴儿变得更灵活，头发会再长出来的。经常改变婴儿的姿势也能起到作用。如果出现好几处秃斑或头皮受到刺激，和儿科医生谈谈 |

（续表）

| 父母的疑虑 | 可能的原因 | 应对措施 |
| --- | --- | --- |
| 婴儿的头皮上有油腻、碎片样的硬皮 | 脂溢性皮炎（婴儿乳痂） | 经常用温和的洗发水清洗婴儿头皮，并用柔软的毛巾轻轻擦干。在清洗之前，涂抹婴儿油或凡士林来软化硬痂。如果头皮硬痂范围扩大，儿科医生也许会开药膏 |
| 幼儿或学龄儿童，掉发区域形成带鳞状的圆形。他的头皮发痒 | 头癣 | 打电话给儿科医生，他会给孩子做检查，如果合适的话，他会开口服的抗真菌药 |
| 孩子掉发，在发际线周围尤为明显。她扎着辫子或马尾。她用卷发或直发棒，或烫了卷发 | 过度造型或化学物质造成的 | 每天给孩子换不同的发型，来避免扎得太紧造成的损害。避免使用化学方法做造型，比如染发、直发或烫发。用温和的洗发水，不要用电吹风 |
| 带有发热症状的疾病过后，孩子大量掉发 | 休止期脱发 | 头发通常会在6个月后长出来，但是要让儿科医生注意到孩子在脱发 |
| 学龄前或学龄儿童，头上有头皮屑。家里有人患银屑病或脂溢性皮炎 | 银屑病（发红、发炎、鳞状）、脂溢性皮炎（皮肤上油腻的皮屑） | 和儿科医生谈谈，他会给孩子进行检查。如必要的话，会把孩子推荐给儿科皮肤病专家 |
| 孩子拉扯或用手指卷捻头发。他卷头发的时候，把拇指放在口中吮吸 | 拔毛癖，有时候与压力或情绪问题有关 | 问问儿科医生，如何处理这种情况。试着找出和消除压力根源 |
| 孩子有自身免疫系统疾病，比如红斑狼疮 | 由慢性病引起的掉发 | 与儿科医生谈谈，确保孩子的疾病能够得到妥善治疗。和孩子一起想想防止掉发的办法 |
| 发育成熟的青少年，开始掉发。父母双方的家人都有秃顶的情况 | 男性或女性的遗传性掉发 | 没有办法阻止这种掉发；药物只能起到部分作用。帮助孩子接受掉发这件事。和儿科医生讨论一下美化的方法 |
| 年龄较大的孩子或青少年，一簇簇地掉发 | 斑秃（一种自身免疫疾病） | 和儿科医生谈谈。在大多数情况下，头发最终会长出来。没有疗效良好的统一疗法，虽然有时候会用到类固醇药物治疗 |
| 孩子因为严重疾病而接受化疗或放射治疗 | 治疗的不良反应引起的毒性脱发、生长期脱发 | 治疗停止后两三个月，头发会再长出来。同时给孩子带上棒球帽或头巾。特别敏感的孩子可能会喜欢假发 |

## 症状

头痛、胃痛和耳朵痛是三种常见的儿童多发性疼痛。头痛分为原发性头痛和继发性头痛，原发性头痛不是由潜在疾病引起的（例如，紧张性头痛或偏头痛）；而继发性头痛却存在潜在的触发原因（例如，病毒性疾病和咖啡因脱瘾这些良性原因，或脑瘤这种恶性原因）。超过 90% 的情况，医生通过简单体检、查阅儿童的病例就能判断出头痛的类型，基本不需要做大范围的身体检查。只有在极少数情况下，头痛才是严重疾病的信号。让孩子休息一下，给他适量的水和食物，随着病毒性疾病的痊愈，头痛症状就会消失。通常情况下，使用对乙酰氨基酚和布洛芬这类非处方药能够缓解头痛。

**如果孩子头痛伴随着以下任何症状，给儿科医生打电话**

- 总是昏昏欲睡或意识不清。
- 脖子前倾困难。
- 睡醒时总是头痛，但是没有其他疾病症状。
- 易怒。
- 拒绝饮水。
- 体温高于 102 ℉（39℃）。
- 呕吐，但没有腹泻。
- 肌无力或身体协调性差。

**注意!**

如果孩子常常头痛、睡醒时头痛、头部突发剧痛，或伴有呕吐，请告诉儿科医生。所有的多发性头痛都是良性的；然而，儿科医生会排除其他可能的潜在疾病。

## 儿童偏头痛

如果儿童偏头痛反复发作，头痛发作的间隙没有任何不适，而且他偏头痛的同时还伴随以下一些或全部症状，如搏动性头痛（常常发生在头部一侧）、恶心或呕吐、腹痛、视觉或意识问题（例如，视物模糊或看到一闪而过的光线、手脚麻木），以及睡了一觉之后，头痛会得到缓解或有偏头痛家族病史。那么偏头痛可能会影响到孩子的身体健康。

儿童偏头痛往往不是严重的疾病，在家里就能处理。和儿科医生谈谈如何能更好地避免激发偏头痛和治疗偏头痛。体内的激素改变、某些食物、压力还有其他因素都可能会引发偏头痛，如果某些症状说明孩子可能患有偏头痛，儿科医生会推荐治疗方案。记录偏头痛日记，可以帮助找出和避免诱因。典型的偏头痛日记包含记录的日期、时间、过程、地点、头痛的严重程度，还包含环境因素，例如头痛前吃的食物和让孩子感到有压力的情境，或其他的可能诱因。一出现偏头痛的征兆，就应该把孩子带到安静、昏暗的房间里休息。非处方药物对乙酰氨基酚和布洛芬对轻微偏头痛常常能起到很好的效果。通常，孩子一经医生检查并得到医生的保证，说他没有严重的疾病，偏头痛的频率和严重性就会降低。

| 父母的疑虑 | 可能的原因 | 应对措施 |
| --- | --- | --- |
| 孩子摔跤或受到撞击，但是并没有失去意识 | 轻度外伤(通常，幼儿碰撞或摔跤很少造成严重伤害) | 安抚孩子，让他去睡一会儿；试试一定剂量的对乙酰氨基酚或布洛芬。如果睡眠没有缓解疼痛和不安，头痛持续了几小时并且症状加重，打电话给儿科医生 |
| 孩子不舒服，发热、喉咙痛、流鼻涕，还伴有其他症状 | 普通感冒、链球菌性喉炎，其他呼吸道感染 | 头痛总是伴随感染性疾病一起出现。与儿科医生谈谈，他会给孩子做诊断性测试，给出治疗方案 |
| 孩子流鼻涕、疲惫、易怒，他的面部和下巴也会疼痛 | 鼻窦炎(鼻窦、面部骨骼的间隙有炎症) | 如果疼痛是由于牙齿引起的，或许要带孩子去看牙医。带孩子去看儿科医生，他也许会给出鼻窦炎的治疗方法 |
| 孩子抱怨头部隐隐作痛，感觉像头上紧紧地绑了一条带子 | 紧张性头痛，可能和情绪、压力有关 | 如果是偶尔头痛，给他服用对乙酰氨基酚和布洛芬；如果经常发生，试着找出和消除产生情绪及压力的根源 |
| 当孩子吃冰淇淋、冷饮或其他冷冻食品时，会头痛 | 冰淇淋头痛，由敏感的神经引起的；牙齿敏感 | 当软腭接触到低温食物时，有些人会头痛，这是神经敏感引起，是无害的，并且会自行消失。如果这影响到孩子，帮他避免冷冻食物 |
| 当孩子阅读或做事，需要大量用眼时，会头痛。他常常眨眼或眯眼睛。当他写作业和阅读时，脖子和肩膀会痛 | 用眼过度，视力下降，可能需要戴眼镜；需要调整家具高度；调整电脑摆放的位置 | 和儿科医生谈谈，他会给孩子检查视力，如果有必要，会建议孩子找眼科医生咨询。也许还会要求你调节孩子平时用的书桌的高度 |
| 孩子感到十分疲倦且易怒，他的脖子僵硬、疼痛，体温高于102 ℉ (39 ℃)。亮光会刺痛他的眼睛 | 脑膜炎，或其他需要紧急治疗的炎症 | 马上给儿科医生打电话，他会对孩子进行检查。自从有了Hib、脑膜炎球菌疫苗和肺炎球菌疫苗，细菌性脑膜炎比以前少见得多了。但是病毒、罕见的细菌和其他病原体也会引起脑膜炎 |
| 孩子头痛严重，且频率越来越高伴有呕吐症状；当他躺下或睡醒时尤为严重。他身体协调性不好且步态奇怪。头痛会中断他的睡眠 | 肿瘤 | 马上给儿科医生打电话，不要迟疑！做测试，可能需要转诊神经学家或神经外科医生，以便找出头痛的原因 |
| 孩子感到无精打采、疲乏、劳累。他一到周末就开始头痛 | 咖啡因脱瘾 | 青少年突然停止摄入咖啡因，也许会引起头痛。这种症状在停止摄入咖啡因一两天后会出现。如果总在周末的时候停止咖啡因摄入，有些青少年会在周末头痛。一旦改变喝咖啡的习惯，咖啡因脱瘾引起的头痛会在一两周消失 |

## 症状

把新生儿从医院带回家之前，他需要进行听力筛查。虽然大多数婴儿听力正常，但每1000名婴儿中仍有1~3名婴儿存在某些程度的听力损失。如果没有进行新生儿听力筛查，就很难在出生前几个月或一年内发现婴儿有听力问题。50%的孩子的听力问题并不是由危险因素造成的。

新生儿听力筛查，能发现出生几天的婴儿可能存在听力损失。发现婴儿的听力问题后，还要做进一步的测试来确认结果。确诊之后，要尽快开始治疗和早期干预。早期干预是指给婴儿和家人提供方案和服务，是改善婴儿听力和学习的重要沟通技巧。

记住，新生儿听力筛查，只是一种测试，即使是筛查通过的婴儿，也不能保证他的听力是正常的。不论处于哪个年龄段的孩子，如果你怀疑他有听力问题，一定要告知儿科医生，并且考虑找听力专家正式测试一下。

听力严重丧失或耳聋，会增加交流难度，会影响孩子各方面的发展。听力丧失有两个主要的类型。第一类，传导性听力损失——外耳或中耳的结构问题，阻止了声音的传播。引起传导性听力损失的原因通常包括炎症、受伤和耳屎堆积，许多患有这种类型听力损失的孩子，能通过治疗炎症、手术和其他方式移除阻碍物来治疗。第二类，神经性听力损失——也许是天生的，也许是疾病引起的。虽然家族性听力损失往往要到晚年才出现，但是仍有2/3的童年神经性听力损失病例是由遗传基因造成的。还有一些孩子天生失聪是因为他们的母亲在怀孕期间感染了病毒（比如风疹病毒）或服用了某种药物（比如抗生素链霉素）。大多数神经性耳聋患者，都或多或少受益于助听器。

助听器不会让严重神经性听力损失的儿童完全恢复听力，但是如果只是中度或轻度的听力障碍，它可以帮助儿童提高口语表达能力。如果孩子双耳都有严重的听力缺陷，助听器无法发挥作用，可以申请人工耳蜗置入。从1990年开始，美国政府就批准允许为1岁以上的儿童置入人工耳蜗。足够多的病例表明，人工耳蜗的置入，对大多数大脑功能正常的孩子，能起到很好的效果。

**如果孩子有以下症状，请咨询儿科医生**

- 只有看着你的脸，才对你说的话有反应。
- 说话和发音方式与年龄层次不符。
- 好像听不到某些声音。
- 听不懂电视机或收音机里的声音，除非音量非常大。

**注意！**

如果孩子抱怨耳朵痛，一定要打电话给儿科医生。如果不治疗，耳朵的炎症会引起永久性听力损失。

## 避免耳机影响听力

如果孩子使用MP3、iPod或其他移动播放设备，控制好音量是非常重要的。播放器的音量如果和平时说话的声音差不多大，耳机就不会对耳朵造成伤害。但是如果孩子把音量调高来阻挡外界噪声，可能会让耳朵受到巨大刺激，造成永久性听力损失。如果孩子戴耳机时，房间里的其他人也能听见播放的声音，说明音量太

大了，处于不安全的水平，必须调小。有些专家认为，不论音量多大，使用耳机都是不安全的，他们主张，为了保护听力，最好不要使用耳机。不论是用数字调节系统还是用音量轮调节，不要让孩子把音量调至 60% 以上。这种方法既实用，又可以保证音量在安全范围内。

孩子在走路、溜冰或骑自行车时，千万不要戴着便携式耳机。这非常危险，因为孩子会把注意力集中在音乐上，对交通和其他潜在危险失去警惕，也听不见警告的声音。

| 父母的疑虑 | 可能的原因 | 应对措施 |
| --- | --- | --- |
| 当你叫他时，婴儿不会回过头来。你对他拍手，他没有反应，甚至根本就不看你 | 听力缺陷 | 马上给儿科医生打电话！婴儿做完听力测试后，如果有必要儿科医生会建议咨询其他专家 |
| 6~7 个月的婴儿，不会咿咿呀呀地叫或模仿你说话。他对周围的声音没有反应 | 部分或完全听力损伤 | 马上给儿科医生打电话。他会给婴儿测听力，如果有必要的话，会转诊另外的专家 |
| 自从耳朵发炎之后，孩子对声音的反应变少了 | 中耳炎引起的液体堆积 | 和儿科医生谈谈，他会给孩子做检查并提供合适的治疗方案。如果问题持续存在，儿科医生会推荐孩子到耳鼻咽喉科医生那儿去 |
| 孩子听力逐渐变差 | 外耳道被异物或耳屎阻挡 | 与儿科医生谈谈，他会用耳镜检查孩子的耳朵，把阻挡物取出来。不要自己试着去取这些东西。你会让异物更深入到耳朵里，使耳朵受伤 |
| 孩子的耳朵受伤了 | 创伤、耳膜穿孔 | 给儿科医生打电话，他会对孩子进行检查，并进行适当的治疗 |
| 自从最近坐了飞机或摩天轮之后，孩子听力变差了 | 耳朵气压性损伤 | 因为气压变化引起的听力损伤会自愈。如果 2~3 天还没有改善，打电话给儿科医生 |
| 孩子感到非常头晕，失去平衡。他恶心、呕吐，抱怨耳鸣 | 神经系统疾病 | 与儿科医生谈谈，他会给孩子做检查，来决定是否要进行治疗 |

## 症状

人类的心脏分为 4 个腔：左、右心房和左、右心室。同侧的心房和心室间由瓣膜分开，使血液按固有的方向流经心脏。心脏壁的肌肉有节律地收缩，保持心脏高效输送血液。在右心房上有一群特殊的细胞，它们构成窦房结。窦房结可以自动地、有节律地产生电流，电流按传导组织的顺序传送到心脏的各个部位，从而引起心肌细胞的收缩和舒张。

刚出生的婴儿，心率可高达每分钟 120~140 次，哭的时候会上升到每分钟 170 次，睡觉的时候会降低到每分钟 70~90 次。随着时间的推移，新生儿的快速心率会慢慢减缓。但是孩子的正常心搏速率范围很大，每分钟的次数在 70~100 次。运动的时候心率会变快，学习的时候会变慢；青少年在体育训练之前，心率只有每分钟 40~50 次；发热也会引起心率变快。

孩子心率及心律的细微差异，叫作心律失常或节律障碍，引发的原因有很多种。孩子偶发心悸（感到强烈的心搏）或心搏加快是正常的，而且通常是无害的。在大多数情况下，窦性节律稍稍不齐，不会引起什么不良后果；然而，某些异常心率或节律却有可能意味着心脏问题，需要治疗。只有当心律发生明显变化或延长，并影响心脏高效泵血时，才会有危险，但这种情况极少见，要到医院治疗。服用药物或使用电子起搏器可以调节心律。如果孩子的心律发生严重变化，也许可以从大静脉插入特殊导管进行治疗，少数情况下需要通过手术治疗。

**如果孩子心律发生变化，并伴有下列症状，马上给儿科医生打电话**

- 呼吸困难。
- 胸口痛。
- 眩晕、头昏或脸色苍白。
- 神志不清。
- 失去意识。

**注意！**

如果孩子的心搏异常缓慢或长时间过快，是很严重的问题。需要去看医生。

## Q-T 间期延长综合征

Q-T 间期延长综合征是一种罕见的遗传性疾病，会导致儿童或青少年昏厥，也会让他们在体育运动时、情绪压力下出现严重的心律失调。它是由异常的 Q-T 间期延长引起的，通过严密的心电图监测能够发现这种异常。有时候，这种症状不是先天的，而是后来随着其他心脏疾病出现的。遗传性 Q-T 间期延长综合征还有可能伴随耳聋一起出现。如果有家庭成员被诊断出患有 Q-T 间期延长综合征，告知儿科医生，并且家里的其他人也要进行测试。这种心脏疾病能用药物控制，在极少数情况下，需要置入除颤器。参与力量性活动，比如在无人监护的状态下游泳或爬树，会增加孩子心脏病发作的风险，需要额外注意。

| 父母的疑虑 | 可能的原因 | 应对措施 |
| --- | --- | --- |
| 孩子的心搏似乎不规律。吸气时会加快，呼气时会变慢。其他方面是健康的 | 窦性心律失常（心律的正常变化） | 如果这种现象让你担忧，告知儿科医生。做一个简单的检查，如心电图，就能知道是否需要进一步治疗 |
| 新生儿的心搏好像很慢（低于每分钟70次） | 节律障碍、心动过缓（心搏异常慢） | 与儿科医生谈谈，他会检查孩子的心脏，看是否需要进一步治疗 |
| 自从孩子发热后，心律失常 | 心律失常（发热痊愈后的常见现象） | 大多数情况下，随着孩子的成长，这种症状会自愈，不需要治疗。如果症状一直持续或加重，和儿科医生谈谈 |
| 孩子说他感觉到休息过后，心搏速度加快了。他喝了带咖啡因的苏打水或功能性饮料 | 过量摄入咖啡因或功能性饮料会导致心搏加快或心律不齐；节律障碍 | 咖啡因会使心搏加快或漏搏。帮助孩子戒除巧克力，用果汁、牛奶或水代替可乐和其他含有咖啡因的饮料。如果一两天后没有改善，和儿科医生谈谈 |
| 孩子在服用抗组胺药这类抗过敏或感冒药物时，感到心搏加快 | 药物的不良反应 | 打电话给儿科医生，他会停止用药或用另一种药物替代 |
| 孩子已经被诊断出心脏问题并进行过治疗 | 先天性或后天性心脏病 | 先天性心脏病常常会出现心律失常的症状。如果心律不齐变得越来越严重，告知儿科医生 |
| 孩子晚上做噩梦。他非常疲惫，一直在打瞌睡，爱发脾气，有时候会昏厥。孩子的母亲患有像红斑狼疮这样的自身免疫疾病 | 房室传导阻滞（心电系统异常） | 和儿科医生谈谈，他会给孩子做检查，如果必要，会把孩子推荐给儿科心脏病专家进行评估。使用药物或心脏起搏器后，症状通常都能被很好地控制 |
| 孩子感觉心脏搏动过快或过慢，他的咽喉最近受到链球菌感染 | 异位搏动（与多种疾病有关，比如风湿热、相关的链球菌性咽喉炎） | 和儿科医生谈谈，他会给孩子做检查，决定是否要做进一步测试和治疗 |
| 孩子突然之间脸色苍白，疲惫不堪。即使他在休息时，仍然满身大汗。他有过几次昏厥的经历。家里的其他孩子也常常昏厥或患有心脏病 | 心律失常造成的心脏泵血不足；Q-T间期延长综合征 | 与儿科医生谈谈，他会对孩子进行检查，如果有必要，会预约测试，而且有可能把孩子推荐给其他专家 |

## 症状

消化不良会引起孩子很多不适的症状，如胀气、反酸、胃灼热等。胃灼热是因为胃酸反流并刺激食管黏膜引起的一种火烧火燎的感觉，给孩子吃得过饱或吃了太多油腻的食物都有可能引起胃灼热。有人认为，消化不良是由于孩子分泌的胃酸过多引起的，实际上家长给孩子吃得太多、太油腻才是引起孩子消化不良的重要原因之一。食管末端的括约肌在进食时会松弛，然后关闭，把食物留在胃里。吃得过饱、食物过于油腻、肥胖和刚吃完饭就躺下，这些情况都会迫使括约肌不合时宜地开放。会让括约肌松弛的食物，包括番茄制品、巧克力、咖啡因和薄荷。曾经用来治哮喘的药物，也会让括约肌松弛。

只要孩子的生长率正常，就不太可能有严重的胃肠道疾病。

**如果孩子有下列症状，和儿科医生谈谈**

- 持续呕吐。
- 体重增长缓慢。

**注意！**

不要使用非处方抗酸药或用苏打自制的饮料，来治疗孩子消化不良。常常服用抗酸药和某些镇痛药会损伤孩子胃黏膜。使用任何药物之前，都要先征询儿科医生的建议。

## 应对胃食管反流

早点吃晚餐，让孩子有一两个小时餐后放松时间，睡觉之前不要再吃任何东西。晚餐过后，他应该读书、写作业或做其他静态活动，给消化系统充裕的时间消化食物。不要一吃完饭就躺下，这样会让胃里的食物反流到食管。孩子睡觉时，用东西把床头垫高，抬高身体的上半部分，依靠重力的作用来阻止胃里的东西反流，这样会让孩子感到更舒服。

如果孩子消化不良或患有其他与胃食管反流相关的疾病，儿科医生也许会开处方药来减少胃酸或抑制胃酸反流。

| 父母的疑虑 | 可能的原因 | 应对措施 |
| --- | --- | --- |
| 2~6个月大的婴儿，每次喂奶都会呕吐。呕吐有力且呈喷射状。他体重没有增加或增加的速度变慢了 | 幽门狭窄（参看第6页“婴儿的喂养问题”） | 马上给儿科医生打电话 |
| 6周以上的婴儿，每次喂奶都会呕吐（并非是有力的、喷射性的呕吐） | 胃食管反流疾病（吐奶是由食管和胃之间的括约肌松弛引起的） | 和儿科医生谈谈。有些呕吐或吐奶是正常的；这种症状通常在婴儿1岁的时候会消失（参看第6页“婴儿的喂养问题”） |
| 孩子每餐饭后都会呕吐，严重发育迟缓 | 因为发育问题引起的胃食管反流疾病 | 和儿科医生谈谈；孩子也许需要做进一步的评估或通过药物、手术治疗 |
| 孩子一直抱怨说胃痛或喉咙有酸味和灼烧的感觉 | 胃炎、消化性溃疡（很有可能与幽门螺杆菌感染有关） | 和儿科医生谈谈。他也许会把孩子推荐给儿科胃肠专家 |
| 孩子胸口灼烧、声音沙哑、慢性咳嗽或哮鸣。他得了肺炎，他的体重增长很慢 | 胃食管反流对呼吸系统造成的影响 | 儿科医生会对孩子进行检查，并且和你一起查看孩子的饮食。减少油腻食物、番茄制品和可乐的摄入，同时进行治疗对孩子有好处 |
| 孩子的胸口灼痛，胃胀。吃东西或吃太多的时候会感到恶心 | 吞气症、饮食过量、食管炎、吃得太快 | 放缓就餐节奏能让家里餐桌的氛围更加轻松。儿科医生会对孩子进行检查，来决定孩子的问题是否需要治疗 |
| 学龄儿童或青少年饭后常常胀气、腹部绞痛和腹泻。他的身体长得很慢 | 吸收不良，例如乳糖不耐受、腹腔疾病（小肠对麸质过敏）；肠易激综合征；慢性肠道炎症（例如克罗恩病或溃疡性结肠炎） | 和儿科医生谈谈，他会对孩子做检查，如果有必要的话，可能会把孩子推荐给儿科肠胃病专家。儿科医生也许会建议调整孩子的饮食 |

## 症状

每个孩子都有自己与生俱来、与众不同的气质——性格和性情。父母们常常会惊喜地发现，他们刚出生的小宝宝已经能够表现出热衷探索或是安静稳重，性情急躁或善于包容，活泼外向或害羞内敛。有些孩子的负面情绪倾向很明显，表现为适应性弱、敏感、反应过激，这些特点导致他们更容易发脾气。虽然孩子基本的天性是天生的，但是他的气质和人生观却受到生活经验、与父母之间的互动及自我价值观的影响。

就像成年人一样，有时候孩子也会生气、焦虑、暴躁。如果他说不出原因，很有可能是他自己也不知道原因或无法表达出来。大体上说，对生理和心理影响严重的突发事件，会使孩子情绪失控、行为异常。如果一个孩子常常发脾气，他或许有潜在的健康问题，或有来自家庭或学校环境的压力。大人要区分开孩子只是单纯地在发脾气，还是存在其他问题。孩子哭泣也许是因为他想得到大人的关注，可能是因为发热、疼痛、冷、热、饥饿或其他生理原因令他不安。如果孩子只是偶尔情绪失控，也许不是什么大问题。但是如果经常发生这样的情况，孩子也许不仅需要治疗，还要密切关注他的生长发育和心理问题。许多2周至6个月的婴儿白天会一阵阵烦躁地哭泣并伴随肠绞痛，这虽然让父母感到很不安，但这并不意味着宝宝生病了，这种情况在婴儿6个月以内就会消失。18个月至3岁的孩子，在他们学着如何更好地与四周的一切互动时，会感到沮丧，也会引起情绪失控。等到孩子更加独立时，就不会有这样的问题了。青少年因为青春期、激素变化、学业压力和其他不良因素引起的情绪变化，让他们烦躁不安，也是常见的。

**如果孩子异常焦躁并且有以下症状，打电话给儿科医生**

- 体温高于100.4 ℉（38℃）。
- 疼痛，包括喉咙痛、脖子僵硬或头痛。
- 非常困倦。
- 呕吐，但不腹泻。
- 情绪严重失控，无法令他平静下来。
- 学业下降。
- 变得更有攻击性。
- 狂躁症。

**注意!**

不要忽略情绪失控，认为它会自行消失。如果是生理原因造成的，一定要想办法解决掉它。如果是压力过大造成的，要找出让孩子感到压力的原因并尽可能消除它。

## 应对情绪失控

虽然每个孩子的气质各不相同，但是他们都会模仿他人的行为。如果总是用粗躁、不耐烦的态度对待孩子，他迟早也会用这种方式去对待周围的人。身体健康的孩子如果总是发脾气、烦躁不安，找一找周围是不是有什么潜在的诱因，伙伴关系的改变、社会心理的变化和压力源，还有其他因素都可能会引起情绪变化。不要让孩子置身于他无法处理的复杂情境里，要让他表达自己的想法；当你已经表明想让他做一件事时，不要再问他是否愿意。

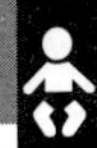

| 父母的疑虑 | 可能的原因 | 应对措施 |
| --- | --- | --- |
| 3 岁以上的孩子，体温高于 100.4 ℉（38℃）。他烦躁不安 | 细菌或病毒感染 | 给儿科医生打电话，他会给孩子做检查，制订必要的治疗计划 |
| 婴幼儿流鼻涕、打喷嚏、咳嗽 | 普通感冒、其他上呼吸道感染 | 给儿科医生打电话寻求帮助（参看第 58 页“咳嗽”；第 50 页“呼吸困难”；第 132 页“流鼻涕、鼻塞”） |
| 幼儿的肢体柔软、无力、红肿或发热 | 骨折、感染、腿部或臀部受伤 | 打电话给儿科医生进行检查，如果有必要，进行 X 线检查 |
| 孩子每天早上醒过来都很烦躁。因为鼻子被塞住了，他常常用嘴呼吸。他总是感到疲惫 | 过敏；扁桃体或腺样体肥大、上呼吸道阻塞使睡眠受到影响；睡眠呼吸暂停障碍 | 和儿科医生谈谈，他会检查孩子是否有慢性过敏症状（参看第 26 页“过敏反应”）、扁桃体或腺样体肥大或上呼吸道阻碍（参看第 50 页“呼吸困难”），给出必要的治疗方案 |
| 孩子的粪便呈坚硬的颗粒状。他已经好几天没排便了。他抱怨说胃痛 | 便秘 | 确保家里一日三餐有充足的新鲜水果、蔬菜和其他膳食纤维来源。鼓励孩子每天喝几杯水或果汁（参看第 54 页“便秘”） |
| 学龄儿童一直烦躁不安、疲惫。他很晚才睡。他参加了许多课外活动 | 睡眠不足、需要治疗的健康问题 | 孩子的日程表安排得太满，令他应接不暇。保证孩子的运动量，同时尽可能让他多休息。如果这些方法都无效，或孩子还有别的症状，打电话给儿科医生，安排评估 |
| 学龄儿童暴躁、焦虑、注意力容易分散 | 在学校里，因为情绪或社交问题带来的情绪压力；家庭带来的压力 | 如果来自家庭的压力很大，跟孩子解释一下家里面临的状况，但要避免增加孩子的负担；尽量使压力减到最小。通过询问可以发现孩子在学校里遇到的麻烦；和老师谈一谈也是个好办法 |
| 孩子的脾气暴躁，看不出有什么疾病或症状 | 感到沮丧的一种表现 | 和儿科医生商量一下应对措施。当存在一定的让步空间时，让孩子自己做决定，家长可以做出合理的妥协 |

## 症状

孩子接触到某些物质或受到病毒感染，甚至使用某种药物，都可能会刺激皮肤，引起皮肤过敏。这时，孩子的皮肤会长出令他感到剧烈瘙痒的皮疹。

皮肤瘙痒还有可能是由许多其他原因造成的，比如皮肤干燥或长湿疹；暖气或冬天的空气使皮肤水分流失。除了奶癣和尿布疹之外，真菌或酵母菌感染引起的皮肤瘙痒，很少出现在青春期前的孩子身上。

有些孩子习惯性抓挠皮肤，会让皮肤受到刺激，促使孩子进一步抓挠，形成恶性循环。长湿疹的孩子，他们的皮肤在这样的循环中尤为脆弱。有些孩子的皮肤会因此开裂、受伤或发炎。

某些全身性疾病会引发皮肤瘙痒，这在儿童中很少见。阴道炎引发的瘙痒让女孩感到难堪。而青春期的男孩则会因为真菌感染引发股癣和香港脚，对于这两种症状，儿科医生建议使用非处方药治疗。孩子洗完澡后，要让他把全身彻底擦干。

**如果孩子有以下症状，请打电话给儿科医生**

- 发痒，伴随嘴唇和脸部水肿。
- 服用新的药物后，皮肤瘙痒、长皮疹。
- 长湿疹的地方发炎、水肿、发热、流脓水。
- 感到紧张时会习惯性挠皮肤，这样会引起皮肤问题和社交困难。

**注意!**

如果孩子的皮肤瘙痒，要用温和的肥皂洗衣服；避免使用含有染色剂和香精的洗涤剂。彻底漂洗衣物，必要的话用清水再洗一遍，清除肥皂残余。

## 应对湿疹

湿疹，也叫特应性皮炎，是一种常见的皮肤疾病。患儿的皮肤发红、发痒，有时看起来像皮肤上覆盖了一层凹凸不平的湿润硬壳。慢性湿疹可能会持续长达几个月或几年，患处皮肤增厚、表面粗糙、有裂纹和色素沉着。

虽然大多数孩子长湿疹不是由过敏引起的，但是在有湿疹和过敏史的家庭里，孩子们常常会出现这种皮肤问题。任何年龄段的人，都可能会长湿疹，但是大多数患者是 5 岁以下的孩子。在 2~6 个月的婴儿身上，湿疹表现为发痒、发红，疹子多发于面部、头皮，也许会扩散到手、足。通常有 50% 的孩子会在两三岁时停止长湿疹。许多孩子到 6 岁，还有一部分孩子要到青春期湿疹才会消失。其余的孩子即使是过了青春期，长大成人还会不断地受到湿疹的困扰。

如果你觉得长湿疹是因为吃了某些食物，那就避免食用这些食物。当你感到孩子的皮肤很潮湿时，可以给他涂抹些润肤露，使用中性无香的沐浴露给孩子洗澡。如果只是快速冲凉，每天都可以用温水给孩子洗一洗，洗完澡后马上给孩子涂上润肤露，保持皮肤滋润。如果孩子睡前瘙痒难耐，儿科医生也许会建议使用有镇静作用的抗组胺药来帮助孩子入睡。长湿疹且同时对环境过敏的孩子，口服无镇静作用的抗组胺药也许也能起到一定作用。如果孩子的症状非常严重，可以短期使用外用皮质激素，但是千万不能长期使用这种药物。外用钙调磷酸酶抑制药是一种较新的非皮质激素药物，或许可以给 2 岁以上的孩子用在脸部或生殖器这些敏感部位。

| 父母的疑虑 | 可能的原因 | 应对措施 |
| --- | --- | --- |
| 婴儿身上的皮肤，有粗糙的红块。家里有其他家庭成员患有湿疹或过敏 | 特应性皮炎（湿疹；参看第204页“皮肤问题”） | 这是一种常见疾病，儿科医生会对孩子进行检查并且推荐治疗方式。不要给婴儿穿对皮肤有刺激性的衣服 |
| 孩子身上长有一片片红色的鳞状物或湿润的疹子。患处接触过染料或首饰上的镍这类过敏原。你最近更换了洗衣皂或洗衣液 | 变应性接触性皮炎（参看第204页“皮肤问题”） | 用冷敷来减轻刺激感，尽量找出和避免刺激皮肤的根源。如果皮疹很严重，和儿科医生谈谈，他会给孩子做检查并建议治疗方式 |
| 孩子在咳嗽、发热或患了上呼吸道疾病后，突然大面积长疹子 | 疹子是由病毒引起的 | 给儿科医生打电话，他会给孩子做检查，并对孩子进行任何必要的治疗 |
| 孩子外出回来后，身上长了疱疹，看起来像一条条线 | 毒藤、毒橡树、漆树，还有荨麻或其他有刺的植物 | 用肥皂水清洗患处，并冲洗10分钟，冷敷患处。清洗孩子的衣物。如果情况很严重，给儿科医生打电话 |
| 孩子裸露的皮肤上长了瘙痒的皮疹。这些疹子的中心有一个小红点 | 遭到沙虱、蚊子或跳蚤这类虫子叮咬 | 冷敷被叮咬的部位（也可参看第40页“蚊虫和动物叮咬”）。如果疹子一直没有退下去或被叮咬的部位有发炎的迹象，和儿科医生谈谈 |
| 孩子服用某种新药物，1周内身上长了大面积的疱疹，又红又痒 | 药物过敏 | 马上停止用药，尽快和儿科医生谈谈 |
| 孩子不停地挠痒。你看到他头上有虫卵或皮肤上有红色的痕迹 | 头虱（头皮上）或疥虫（身上）这类的皮肤寄生虫 | 打电话给儿科医生，他会建议治疗方式和消灭家中寄生虫的方法。告知孩子的学校或托儿所 |
| 孩子身上发痒，长有圆环形状斑疹，或头皮上有秃斑 | 癣菌 | 打电话给儿科医生，他会给出治疗方案和防止感染范围扩大的建议 |
| 孩子在服用药物（如抗生素）时长疹子 | 药物的不良反应 | 打电话给儿科医生，他会对孩子进行检查，并给孩子换一种抗生素。如果有必要，他会对皮肤问题进行治疗 |
| 孩子肛门四周发痒，晚上症状加重 | 蛲虫（参看第128页“直肠疼痛、瘙痒”） | 儿科医生会对孩子检查和治疗。询问儿科医生，如何能阻止感染的范围扩大 |
| 青春期男孩抱怨生殖区域发痒 | 股癣（真菌感染）、间擦疹（皮肤褶皱处的皮炎） | 儿科医生会建议治疗方式。让孩子洗澡的时候用肥皂彻底清洗全身，穿衣服之前把身上擦干 |
| 青春期女孩被阴道瘙痒困扰。除此之外，她身上还有难闻的异味 | 阴道炎（参看第164页） | 与儿科医生谈谈，他会给出合理的治疗方案 |

## 症状

轻微受伤引起的手足疼痛很快就会消失，关节炎却会令孩子的关节长期疼痛。如果孩子关节疼痛持续超过1~2天，并且受影响的肢体活动困难，打电话给儿科医生，或约儿科医生见个面（参看第88页“骨折”）。

**如果孩子关节疼痛时伴有以下症状，请打电话给儿科医生**

- 发热。
- 长疹子。
- 关节发热、肿胀或压痛。
- 手或脚移动困难。

**注意！**

儿童关节疼痛是异常的状况，需要进行医学评估。如果孩子抱怨关节疼痛，千万不要掉以轻心。

## 预防莱姆病

莱姆病（Lyme Disease）是一种以蜱虫为媒介的感染性疾病。蜱虫只有罂粟种子那么大，多见于草地、丛林和沼泽区域，一年四季都可以看到它们的身影，在春、夏、秋三季最常见。莱姆病最明显的症状是被蜱虫叮咬后的3~10天，身上长出慢慢变大的圆形皮疹，有时候呈牛眼状（参看第40页“蚊虫和动物叮咬”）。然而，不是每次被蜱虫叮咬后都会长疹子，在某些人身上，莱姆病的症状和得了流感类似，如头痛、发热、疲惫、肌肉和关节酸痛。在被蜱虫叮咬后的1个月内，使用抗生素治疗常常会有很好的效果。如果不治疗，莱姆病会引起严重的后果，例如，视觉障碍、面瘫、关节疼痛和关节炎。到了晚期，这种疾病会更难治疗。

当孩子去丛林探险时，要做好防护措施，给他穿上长袖的衣服，把裤腿塞进袜子里。戴帽子可以预防蜱虫钻入头发和耳朵，它们最喜欢这两个地方。探险时，让孩子沿着道路行走；在他裸露的皮肤上喷涂避蚊胺含量在30%以下的防虫剂。切记，过后要用肥皂和清水洗去防虫剂残余。

孩子进行户外活动时，每天晚上都要确认一下，身上是否有蜱虫。除掉孩子身上的蜱虫，会降低孩子得莱姆病的概率，因为蜱虫要附着在皮肤上48小时左右，才能传播感染病毒。

| 父母的疑虑 | 可能的原因 | 应对措施 |
| --- | --- | --- |
| 孩子受伤后关节疼痛，但是四肢能活动 | 瘀青、肌肉或韧带拉伤 | 用冰块敷孩子受伤的关节，如果是2岁以下的孩子就用凉水敷。如果24小时内症状没有改善，咨询儿科医生 |
| 2~10岁的孩子，一侧臀部疼痛，走路突然变得一瘸一拐。他最近得了轻微的呼吸道疾病 | 一过性滑膜炎，可能是由病毒感染引起的 | 打电话给儿科医生。如果他怀疑孩子得了病毒性滑膜炎，会提议让孩子好好休息；服用对乙酰氨基酚或布洛芬。臀部的剧痛消退后，通常不会留后遗症。这种疾病也有可能是因为早期细菌感染引起的，所以孩子如果运动时感到疼痛或发热，需要联系儿科医生 |

（续表）

| 父母的疑虑 | 可能的原因 | 应对措施 |
|---|---|---|
| 幼儿或学龄前儿童把手紧紧贴在身体两侧，手肘一碰就痛。如果你试着轻轻地将他的双手摆直，他会反抗。他的手肘最近遭受过过度的牵拉摇晃 | 牵拉肘，引发的原因是柔软的组织陷入关节里 | 马上给儿科医生打电话要求做个检查。用围巾或软毛巾制作一个简单绷带戴在孩子的手肘上，此外，千万不要自己处理伤处。医生会用推拿手法把陷入关节的组织释放出来。他还会和你讨论一下如何避免孩子再次受到这样的伤害 |
| 孩子手指的末节关节剧痛、水肿。他很喜欢球类运动 | 槌状指，也叫棒球指 | 受伤的原因是球类的冲击力令末指节无法伸直。这只是轻伤，可以用冰块冷敷伤处。几天后，如果情况没有改善，打电话给儿科医生 |
| 孩子的双手、手腕、膝盖和脚踝疼痛、麻木。他最近受到病毒感染 | 病毒感染过后的关节疼痛 | 由病毒感染引起的关节疼痛常常会在一两周消失。如果孩子发热伴随关节红肿，或 1 周后没有好转，打电话给儿科医生 |
| 孩子身上有一处或几处关节疼痛、发红、发热。他的体温超过 100.4 ℉（38 ℃）；四肢活动困难；最近受到感染或被蜱虫咬过 | 化脓性关节炎、青少年特发性关节炎、莱姆病、风湿热、狼疮 | 与儿科医生联系，他会给孩子做检查并预约血液测试来做诊断。也许孩子需要长期治疗。儿科医生也许会推荐孩子到治疗关节疾病的专家那里去 |
| 4~9 岁的孩子，臀部、大腿、膝盖疼痛，令他走路一瘸一拐。除此之外，没有别的症状 | 儿童股骨头缺血性坏死（由大腿骨上部血液输送受阻引起的髋关节疾病，多出现在男孩身上）或其他需要诊断和治疗的疾病 | 和儿科医生谈谈，他会给孩子做检查，并决定孩子是否需要进一步测试和治疗 |
| 孩子腿、脚和臀部长了紫色皮疹。同时，他还肚子痛 | 过敏性紫癜、紫癜（一种自身免疫疾病） | 给儿科医生打电话，他会对孩子进行检查并预约合适的诊断性测试，并给出必要的治疗方案 |
| 10~13 岁的孩子，髋关节和膝盖疼痛。他行动困难，超重 | 股骨头骺滑脱症（大腿骨上端错位） | 与儿科医生谈谈，他会给孩子做检查并决定是否需要治疗 |

## 症状

在学校里，孩子常常遇到学习方面的困难，这往往不是智力因素引起的，而是因为学习对他来说有些困难，学业上的失败会让孩子与家庭产生挫败和沮丧的情绪。有时某些明显的行为问题（参看第30页，“注意缺陷多动障碍”；第38页“行为问题”；第156页“发脾气”）是学习障碍的根源。找出孩子在学习上存在的问题并解决它，孩子的行为也会相应地逐步改善。学习障碍往往具有家族遗传的特征，引起孩子学习障碍的原因各不相同，但在许多病例中我们找不到明确的原因。在极少数情况下，孩子头部受伤或脑部感染也会引起学习障碍。

有些孩子在阅读、写作、单词拼写和算术这些基础技能方面存在问题；有些孩子很难掌握听、理解、记忆和组织语言这些语言技能；还有一些孩子在保持平衡、身体协调性和书写这些方面存在困难。这些问题的根源在于这些技能都需要身体的肌肉和感官系统共同参与信息处理来完成。有学习障碍的孩子，往往社交能力也不足，他们常常误解或无法恰当地回应朋友、老师和父母。学习问题就像社交和情感问题一样，应该得到及时处理。有些孩子的问题在学龄前就暴露出来了，而另一些孩子却要到上学后，学业水平落后于同班同学时家长才会发现他的问题所在。

孩子的老师会向你推荐当地社区的可用资源，他们不仅会给孩子提供课堂学习策略，还会给你帮助建议，供你在家里施行，或许还会建议让孩子进行心理咨询。如果孩子被诊断出严重的注意力问题，为了提高孩子的注意力，儿科医生也许会采用行为疗法和药物治疗。

**如果孩子有以下症状，与儿科医生和孩子的老师谈谈**

- 在读单词和数字方面有困难。
- 没有达到年级平均水平。
- 常常情绪失控或有行为问题。
- 看起来很沮丧。
- 不想去上学。

**注意!**

不论商家在广告中如何宣传，实际上复合维生素、眼部保健和无添加食物对改善学习障碍没有什么效果。进行任何治疗之前，都应该先咨询儿科医生。

## 帮助天才儿童

在阅读、语言、数学推理、科技、表演、美术或体育等方面能力突出的孩子，常常被认为是天才儿童。这些孩子兴趣广泛，阅读量和阅读难度都超过同龄人。他们小小年纪就可以独立完成某件事，出众的能力为他们自我实现和服务社会提供了巨大可能。

正如有学习障碍的儿童需要帮助一样，也需要为天才儿童制订特殊的培养计划，让他们充分发挥自己的天赋。因为其中有一些孩子的潜力，无法在教室里发挥出来。如果无法在学校获得成就感，他们就会对自己逐渐失去信心，感到自己越来越失败，觉得自己在同龄人中越来越孤立，感到自己格格不入，甚至会产生破坏性。

有时我们很难为天才儿童提供特殊的培养计划。如果没有经过专业的培训，

老师会觉得天才儿童的思维太过敏捷，难以招架。而学校的财政往往无法负担为天才儿童聘请受训教师的财务支出。因此，大多数天才儿童受益于独立钻研、学习高级特殊课程，还有运用外部资源。在音乐和表演艺术等方面具有特殊才能的学生，也许可以考虑去专业学校深造。

| 父母的疑虑 | 可能的原因 | 应对措施 |
| --- | --- | --- |
| 孩子说的话很难理解。他无法用合适的词汇和语句表达自己的想法。他常常误解你说的话，记忆力方面也存在问题 | 发育迟缓、语言障碍、注意或记忆障碍 | 和儿科医生谈谈，他会评估一下孩子，看看孩子是否需要治疗 |
| 学龄儿童语言能力不错，但是在书写方面存在问题，他总是不能按时完成或完成不了书面作业。他让别人帮他写作业 | 书写障碍、精细动作障碍 | 让孩子的老师帮忙找一个教育心理专家对孩子进行评估。和老师会个面，谈一谈孩子身上的具体问题和解决方法。学校的学习中心也许会在书写技巧方面帮助孩子，或者孩子需要进行课外辅导 |
| 孩子很难理解阅读的内容，但是他可以听懂别人读的东西。他很难记住印刷在纸上的信息 | 学习障碍、阅读障碍、词汇量不足、概念混淆、注意障碍 | 向老师和学校的心理医生寻求帮助，让他们对孩子进行评估。看看学校的学习中心能否提供帮助，还是需要自己找家庭教师辅导 |
| 孩子的记忆力很差，他很难正确有序地复述一个故事。他学不好数学 | 记忆或思维障碍、注意障碍、缺乏记忆策略 | 如果这些问题影响到孩子在学校的表现，对孩子进行评估，并把结果反馈给学校的学习中心。听从建议并采取措施，在提高记忆力、改进语言组织技巧和集中注意力方面训练孩子 |
| 孩子的行为令人担忧。他对老师和同学具有攻击性，也常常在家里挑衅。他的学习跟不上同班同学 | 学习障碍、行为不当（参看第38页）、多动症、抑郁症（参看第182页） | 让老师帮忙找出孩子的问题所在，向老师征询建议来解决问题。和儿科医生谈谈，他会给出是否要进行心理咨询的建议 |

# 52. 四肢疼痛

## 症状

孩子摔跤、撞击或肌肉拉伤引起的四肢疼痛是暂时性的，不用去看医生，仅仅只要冷敷痛处和使用镇痛药（例如，对乙酰氨基酚和布洛芬）即可。但是，如果孩子的伤势比较严重，如骨折，就要马上进行治疗。如果孩子四肢疼痛超过 1~2 天或症状加重，即使没有受伤的迹象，也要带他去看儿科医生。

**如果孩子四肢剧烈疼痛或伴有以下症状，和儿科医生谈谈**

- 走路一瘸一拐。
- 瘀青的肌肉上有无法消除的肿块。
- 疼痛的肢体活动困难。
- 受伤 24 小时后，肿胀和疼痛仍在加剧。

**注意！**

不要忽视四肢和肌肉疼痛。儿科医生会找出孩子疼痛的生理原因并进行治疗。压力过大也会引起像疼痛这样的非特异性症状。

## 防止过劳性损伤

相对于孩子所处的生长发育阶段或身体状况来说，运动过量会引起扭伤、拉伤、胫骨疼痛和肌腱炎。四肢疼痛常常是由骨骼、软组织和儿童身上特有的生长软骨受伤引起的。由于儿童的骨骼和肌肉生长速度不同，骨骼生长得更快，这种差异使肌肉骨骼系统受力不均，因此儿童尤其容易过劳性损伤。

如果没有得到妥善护理，过劳性损伤会有长期的负面作用。为了帮助孩子避免这种伤害，让他遵循以下建议：

- 运动之前一定要做热身运动，如走路、慢跑和骑车之前要做一些轻柔的伸展运动。
- 逐步增加运动的频率、时间和运动量。
- 不要训练过度。
- 要在教练的指导下学习新的项目。
- 每三个月确认一下鞋子是否太小。在销售人员经过培训，能为孩子选择合适的运动鞋的商店里买鞋。

| 父母的疑虑 | 可能的原因 | 应对措施 |
|---|---|---|
| 孩子运动时，突发疼痛，受伤的部位肿胀、变硬 | 肌肉拉伤或扭伤 | 用冷敷来减轻疼痛和肿胀，让孩子抬高受伤的肢体休息。如果疼痛一直不消除，打电话给儿科医生，他也许会对孩子进行检查 |
| 孩子抱怨大腿肌肉、小腿肚或足弓抽筋疼痛。这种疼痛通常发生在半夜，白天孩子的运动量很大 | 运动过量引起的痉挛 | 温柔而有力地按摩孩子的抽筋部位，会让他觉得舒服些 |

（续表）

| 父母的疑虑 | 可能的原因 | 应对措施 |
| --- | --- | --- |
| 平时爱运动的少年，走路的时候一瘸一拐。他的小腿没有瘀青但是按压会痛 | 胫骨疼痛、应激损伤、股骨头骨骺滑脱（股骨前端错位） | 给儿科医生打电话，他会给孩子做检查，并开出合适的治疗方案。医生或许会建议孩子多休息 |
| 5~10岁的学龄儿童，几乎每天晚上都会腿痛，此外，他很健康，没有其他的疾病 | 生长痛（不明原因引起的非特异性疼痛） | 如果孩子对此感到很担忧，和儿科医生谈谈。儿科医生会给孩子做检查来排除严重的诱因，还会告诉孩子如何缓解在学校和家里的压力 |
| 孩子的体温高于101 ℉（38.3℃）、流鼻涕、喉咙发炎、流眼泪 | 病毒感染 | 给孩子安排一个舒适的环境；给他冷饮和鸡汤来缓解喉咙痛；给他服用对乙酰氨基酚或布洛芬退热和减轻不适。如果症状一直持续；或在48小时内没有好转；或体温上升到101 ℉（38.3℃）以上，给儿科医生打电话 |
| 自从孩子参与了大运动量的体育活动后，他的小腿开始疼痛，感觉有点轻微水肿 | 胫骨疼痛 | 用冷敷来减轻疼痛或水肿；在痊愈之前不要再去运动了。之后应该逐步增大运动量，密切观察他，以防出现更多问题。运动前后要进行热身和拉伸。可以服用对乙酰氨基酚和布洛芬镇痛 |
| 孩子的膝盖疼痛、肿胀，伴有发热或出疹 | 感染，需要诊断和治疗；幼年特发性关节炎；幼年型多发性关节炎；风湿热；莱姆病 | 打电话给儿科医生，他会通过体检和化验来诊断和治疗（参看第108页“关节疼痛、肿大”） |
| 孩子身上的某个部位剧痛，周边的皮肤水肿、发热、压痛 | 骨骼、皮肤或关节发炎 | 打电话给儿科医生，他会给孩子做检查和进行诊断性测试。如果是骨骼发炎，儿科医生会建议去咨询其他健康专家 |
| 孩子常常感到腿部剧痛。他总是脸色苍白，看起来很疲惫。他的腺体肿大，身上有大量瘀青 | 在极少数情况下是肿瘤、血液疾病或其他需要诊断和治疗的疾病 | 打电话给儿科医生，他会给孩子做检查，并进行诊断性测试，会建议进行任何必要的治疗 |

# 53. 手淫

## 症状

当宝宝发现自己身上有各个不同的部位时，触摸生殖器会让他感到非常快乐。这和性没有关系，他只是感到很愉悦。父母既不要阻止也不要过于关注，因为这是婴儿正常的好奇心驱使的。等孩子大一些再找机会教他保护好隐私，做一个行为得体的文明人。

不论是男孩还是女孩，6 岁之前，手淫——刺激生殖器，是正常现象。从那以后一直到青春期，随着孩子社会意识和文明意识的增强，家长对孩子的这种行为要持反对的态度；尽管如此，手淫的存在仍是正常的，孩子常常会隐秘地进行。青春期的孩子，由于体内激素的增加会产生性兴奋，健康的青少年会用自慰的方式来释放性欲。

有些父母觉得很难接受这个概念，很有可能是因为手淫意味着承认孩子也有性需求。在父母的心中孩子是纯洁的，当这个形象被打破，他们会感到尴尬，甚至愤怒。知道孩子有手淫行为的父母，要接受它，把它当作正常生长发育的一部分，甚至可以借机对孩子进行性教育，告诉他什么是隐私行为，什么是公开行为。

## 如果你的孩子有以下症状，和儿科医生谈谈

- 不分场合，沉溺于强迫性手淫。
- 坚持要在公共场合手淫，即使你告诉他这是隐私行为。
- 手淫并出现情绪紊乱，如大小便失禁、攻击性、破坏性行为或不合群。
- 公开展示性活动或谈论与年龄不相符的话题。

**注意!**

有时候孩子手淫或在公共场合手淫也许表明孩子情绪紧张、对性过于沉迷或情感需求没有得到满足。或许还意味着孩子也许受到性侵犯。如果你感到担忧，和儿科医生谈谈。

## 不当手淫的背后

常常被卷入性活动的孩子会对“性”感到非常沉迷。这种异常行为说明孩子遇到了麻烦，需要帮助。最糟糕的情况是，孩子遭到性侵，性施暴者让他发誓保守秘密。电视和网络上也存在大量赤裸裸的色情资源，虽然孩子在家里不会接触这些，可是他却可能在朋友、同学家里接触到。

如果你怀疑孩子遭到性侵，或怀疑某些人对孩子不怀好意，和儿科医生谈谈。他会对孩子进行检查，确认孩子的情况。对于孩子不愿提及的某些“亲近”的人，医生也能通过引导让孩子说出事情的真相。如果真的有人对孩子施暴，儿科医生有义务将这种情况通报相关机构。

| 父母的疑虑 | 可能的原因 | 应对措施 |
| --- | --- | --- |
| 男婴换尿布或睡觉时，阴茎常常会勃起 | 感到愉快的正常反应、膀胱充盈 | 对于健康的小男孩来说，是很正常的 |
| 换尿布的时候，婴幼儿会用手触摸生殖器 | 探索和熟悉自己的身体，是正常现象 | 婴幼儿觉得，触摸自己的身体很舒服。随着孩子的成长，他们变得更加独立，可以去探索身体以外的世界，发生这种行为的频率会降低 |
| 幼儿要解小便的时候用手覆盖、摩擦裆部或把生殖器露出来 | 对身体的反应很疑惑 | 有些孩子会对大小便的感觉感到疑惑。教会孩子在有便意的时候告知大人，以便及时带他去便盆或洗手间 |
| 学龄前或学龄儿童经常公开触摸生殖器 | 情绪紧张 | 安抚孩子并尽量消除引起孩子紧张的根本原因。让儿科医生给孩子做个检查，以排除引起这个问题的生理原因。如果孩子在公共场合自慰，建议他独处一段时间，觉得自己准备好了再回来 |

## 症状

在不久之前，媒体是指电视、电影、报纸、期刊和图书。现在，媒体的概念还包含任何形式的社交和电脑、平板电脑、手机、DVD，还有一切网络资源，如网页、社交媒体、博客。毫无疑问，媒体极大促进了信息和思想的交流。然而，如果沉迷于媒体，会影响孩子的身体健康，妨害他的生理、学业和社会追求。

媒介过度应用会影响孩子的身体健康。使用媒体时基本不涉及运动，是一种静止性活动。在这上面花太多时间的孩子更加容易长胖，更容易受到广告宣传的影响而食用垃圾食品。另一方面，媒体上充斥着大量儿童不宜的图片和视频，过度使用媒体会对孩子的思想和情感造成负面影响。再者，由于很多孩子使用社交媒体，如果孩子在社交网站上遭受网络暴力，还会影响孩子的自尊心和自信心。使用媒体还会影响孩子的正常睡眠。

儿童的媒体安全已经成为大众关心的话题。因为媒体会影响孩子的思想、情感和行为，美国儿科学会鼓励家长们帮助孩子尽早形成良好的媒体使用习惯。以下是来自美国儿科学会的建议。

- 制订一个家庭计划，合理安排媒体的使用。限制电子屏幕的使用——每天发短信、玩游戏、看电影和使用手机的时间不超过2小时。孩子做作业的时候不要开电视。睡觉时关闭所有电子媒体，孩子的房间不要放电视机，不要有网络覆盖。仔细地为孩子挑选电影和电视节目。2岁以下的孩子，最好不要看电视。研究显示，过早让孩子看电视会影响他的生长发育，引起语言发育迟缓和注意力方面的问题。
- 孩子使用媒体时，陪着他一起度过一段美妙的亲子时光，也可以寻找合适的契机对孩子进行教育。帮助孩子识别哪些是电视节目，哪些是广告。记住，有些纪录片、新闻节目和电影不适合孩子观看，家长可以通过影视分级指南来挑选适合孩子的节目。
- 鼓励孩子参与其他活动。培养孩子在音乐、美术和想象力游戏方面的兴趣爱好。带他到户外去活动。和他一起阅读，让他爱上阅读和学习。
- 家长们应该注意自己使用媒体的习惯。父母是孩子的榜样，在孩子面前使用媒体的时候，尤其要谨慎。父母自身既要控制使用媒体的时间，又要积极参与到其他活动中去。

## 合理使用媒体的方法

让孩子做到合理、明智、有节制地使用媒体，关键在于使用方法是否妥当、让人受益。全家人一起观看电影和电视节目是共度家庭时光的好方法。许多其他形式的媒体对于在忙碌的生活中保持联系也是很有益的。举个例子，孩子长大之后，高科技媒体可以帮助他确认一天的安排，同时也是快速简短交流的好办法(例如你能在5点接我吗?)。孩子总是爱问许多值得探讨和深思的问题，对于孩子感兴趣的话题，可以利用网络资源和孩子共同学习。

不要在社交媒体上同孩子争吵或责备孩子。有什么问题，应该私底下面对面地解决。

| 父母的疑虑 | 可能的原因 | 应对措施 |
|---|---|---|
| 孩子越来越不安、孤僻。他用大量的时间发手机短信。也许他会告诉你，他在某个社交媒体网站上，被同学们嘲笑 | 网络暴力或色情短信 | 要求查看孩子的手机、社交媒体和电子邮件。与其他父母谈谈孩子的问题。联系学校，以获得指导。如果孩子的人身安全受到威胁，马上报警。如果孩子开始出现失眠（参看第142页）、没有食欲（参看第28页）或抑郁症状（参看第182页），和儿科医生谈谈 |
| 孩子表现出许多暴力行为，比平时更具有攻击性。他的睡眠有问题，常常做噩梦 | 过多地接触暴力媒体 | 限制孩子使用媒体。不要把电视机、电脑和游戏设备放在他房间里。告诉孩子你对暴力电影和游戏的担忧。用频道锁码功能来屏蔽那些你觉得不适合孩子观看的节目 |
| 孩子的体重不断增加。运动时很容易受伤 | 在媒体上花了太多时间 | 限制孩子使用电子屏幕的时间。鼓励他进行体育活动 |

# 55. 口腔疼痛

## 症状

引起口腔疼痛最常见的原因有感染、过敏、口腔溃疡或受伤。孩子们常常分不清喉咙痛和口腔疼痛。

**如果孩子有以下症状，打电话给儿科医生**

- 因为口腔疼痛，拒绝喝水。
- 口腔疼痛伴随嘴唇水肿或呼吸困难。
- 口腔溃疡持续 1 周以上。
- 牙龈、上腭或嘴唇水肿。

**注意！**

如果孩子口腔疼痛，他也许会不爱喝水。要让孩子多喝水以保持口腔组织的正常湿润度。

## 地图舌

正常的舌头是粉红色的，上表面布满了乳状突起——像毛发一般细小的突起组织——四周分布着味蕾。有时候家长会发现，孩子的舌头上覆盖着带有白色边界的鲜红色斑块，形成地图一样的图案。这些斑块不会疼痛，常常消失后又在舌头的另一个地方冒出来。这种疾病叫作地图舌或游走性舌炎。它不是严重的疾病，不需要治疗。这种疾病往往是家族性的，但是诱发的确切原因还未知。

| 父母的疑虑 | 可能的原因 | 应对措施 |
| --- | --- | --- |
| 母乳喂养的婴儿上腭有小块溃疡 | 吮吸引起的口腔溃疡 | 这些长在口腔上皮表面的小溃疡不会疼痛；是给孩子喂母乳时的乳头压力造成的，断奶后就会消失。如果看起来好像发炎了，或婴儿拒绝哺乳，和儿科医生谈谈 |
| 4~8 个月大的婴儿流大量口水，一直把拳头塞在嘴里 | 婴儿长牙时的正常反应 | 给孩子安抚奶嘴或咬胶（参看第 62 页“牙齿问题”），能让他感到舒服 |
| 婴儿肚子很饿，但不愿意吃东西。他的舌头和颊内侧有白色斑点，他最近在服用抗生素 | 口腔念珠菌病（真菌感染） | 打电话给儿科看医生，他会给婴儿做检查确定引起不适的原因并开合适的治疗处方。婴儿普遍容易受到真菌感染。对于大一些的孩子，服用抗生素引起口腔菌群失调，也会使口腔受到真菌感染 |
| 学龄儿童抱怨吞咽时，感到咽喉痛 | 病毒或链球菌性咽喉炎 | 和儿科医生谈谈，他会对孩子进行检查，并给出合适的治疗方案 |
| 孩子的下嘴唇、颊内侧和舌头上长了溃疡，他感到疼痛 | 鹅口疮 | 如果这些溃疡在 1 周内没有消退或复发，和儿科医生谈谈。引发这种疾病的确切原因还未知 |

（续表）

| 父母的疑虑 | 可能的原因 | 应对措施 |
| --- | --- | --- |
| 孩子的口腔里长了黄色斑点，疼痛；他脖子上的腺体肿大；发热；牙龈疼痛、红肿；舌头上长有疱疹；嘴唇上有水疱结痂或疱疹 | 由疱疹或柯萨奇病毒引起的口腔感染 | 和儿科医生谈谈，他会评估孩子的健康状况并采取措施来减轻孩子的不适，如使用舒缓的漱口水或在疼痛的区域使用镇痛药。冷饮也会让孩子感到舒服 |
| 孩子的嘴唇发红、干燥，嘴角开裂 | 唇炎，很有可能是由食物过敏引起的，嘴唇忽干忽湿会让症状恶化 | 在唇上涂抹温和的护唇膏或凡士林，尤其在寒冷天气时。含有绵羊油成分的护唇膏会导致过敏，会引起更大的问题，不要使用 |
| 孩子的舌尖、舌侧或颊内侧溃疡 | 损坏的牙齿引起的溃疡、自己咬伤自己（神经紧张习惯） | 如果溃疡是因为牙齿上粗糙的表面或补牙造成的，和孩子的牙医谈谈。他会检查孩子的牙齿，把尖锐的地方锉平。问问孩子，他是不是一直在咬颊内侧，鼓励孩子停止这种习惯 |
| 孩子的舌头和口腔有溃疡。他正在服用抗惊厥药或抗生素这类处方药 | 药物的不良反应 | 打电话给儿科医生，他会给孩子进行检查并对药物做出必要调整 |

## 症状

儿童肌肉疼痛通常是在玩耍和进行体育活动时受伤引起的。增加运动量、开始新的体育活动或挑战高水平的运动项目，常常会引起儿童的暂时性肌肉疼痛。在正常生长发育过程中，他们还会经历成长痛。

有些病毒性疾病，尤其是流感，会让患儿肌肉酸痛且多伴有发热、疲惫和浑身不舒服的症状。情绪紧张和焦虑可能会引起脖子和肩膀的肌肉疼痛，尤其对于青春期女孩来说。如果儿童因为压力过大，令肌肉紧张、疼痛，要引导他学会放松自己。运动就是最好的放松方式，因为运动时，身体会释放内啡肽，这是一种天然的镇痛物质并可以起到提升情绪的作用。活泼好动的孩子与内向安静的孩子相比，更容易受伤，但却不太会因为压力问题引起肌肉疼痛。

即使是患有慢性病的孩子他也能通过运动保持身心健康。有身体障碍的儿童，在确保安全的情况下，应该尽量鼓励他多运动。儿科医生会给孩子推荐一些合适的体育项目。

在极少数情况下，肌肉疼痛是肌肉、骨骼和关节发炎最早期的信号，对应的炎症分别是肌炎、骨髓炎和化脓性关节炎。如果孩子的症状一直持续并加重，尽快去看医生。

**如果孩子肌肉疼痛伴有以下症状，和儿科医生谈谈**

- 疼痛部位无法活动。
- 持续水肿或有肿块。

**注意!**

肌肉刚刚受伤时，要用冰块冷敷，千万不能热敷！高温会让血液集中在受伤部位，增加出血量使情况恶化。

## RICE 疗法

如果孩子肌肉拉伤或四肢受伤，可以采用以下 RICE 疗法来最大限度地减轻肿胀（图 2-13，图 2-14）。在接受医生检查和诊断之前，不要对孩子采用其他任何治疗方法，包括使用镇痛药。如果孩子是在体育活动中受伤的，帮他离开运动场时，要防止受伤的肢体用力。

1. R——休息（rest）：停止运动不要活动受伤部位。
2. I——冰敷（ice）：用毛巾包着冰袋（可以用冷冻室里的袋装冷冻蔬菜）敷在受伤部位。对于 2 岁以下的孩子，可以改用凉水浸湿的布块。过度寒冷会损害儿童柔嫩的组织，不要让皮肤直接接触冰块，每次冰敷不能超过 20 分钟，间隔时间应该在 2 小时以上。过度冰敷会损伤组织。
3. C——加压包扎（compression）：移除受伤部位的衣物。使用弹性绷带有助于防止水肿、促进伤处痊愈。然而，一定要注意，绷带不要打得过紧，否则会阻断受伤部位的血液循环。
4. E——提高伤肢（elevation）：把受伤的手或脚抬高到孩子心脏以上的位置，保持这个姿势，直到疼痛和肿胀开始消除。

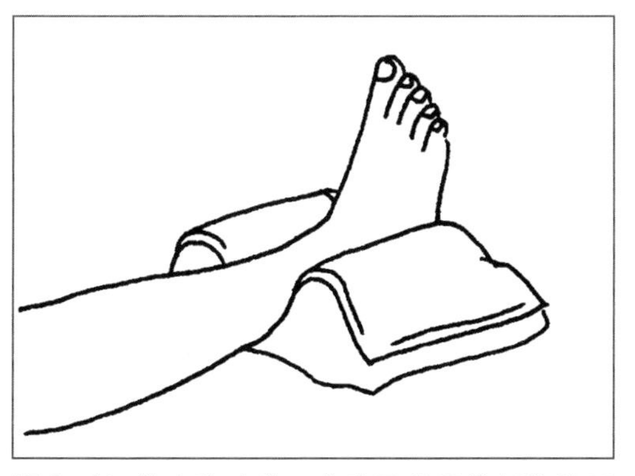

**图 2-13** 休息和冰敷。在孩子的受伤部位放置冰袋，用毛巾保护孩子的皮肤，避免冻伤

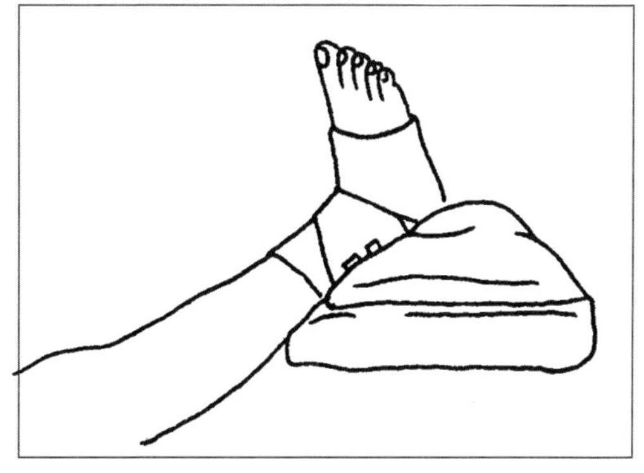

**图 2-14** 加压包扎和抬高伤肢。抬高受伤的部位，直到水肿和疼痛开始减轻

| 父母的疑虑 | 可能的原因 | 应对措施 |
| --- | --- | --- |
| 孩子抱怨大腿或小腿剧烈绞痛，肌肉坚硬紧张。他的运动量特别大，或长时间待在一个狭小的空间(比如汽车)里 | 因为疲惫或血液循环不顺畅引起的肌肉痉挛 | 按摩这个区域促进血液循环，如果1小时后还没有缓解，或孩子常常出现这种情况，和儿科医生谈谈 |
| 运动时突发疼痛，痛处有点肿 | 肌肉拉伤 | 使用RICE疗法(参看第120页)，如果疼痛和肿胀变严重，打电话给儿科医生。鼓励孩子在运动前后进行热身运动和拉伸以防止肌肉拉伤 |
| 孩子受伤后，如脚踝扭伤或跌伤手腕，感到剧痛，受伤部位迅速水肿 | 拉伤(韧带撕裂)、骨折 | 打电话给儿科医生 |
| 除了肌肉疼痛之外，孩子还有发热、流鼻涕、喉咙痛或咳嗽的症状 | 流感或其他病毒性疾病 | 如果孩子的体温在101℉(38.3℃)或以上，给儿科医生打电话；或者让孩子多休息，给他服用对乙酰氨基酚或布洛芬来缓解肌肉疼痛和退热。确保身边有可以用于补充体液流失的饮料 |
| 孩子抱怨肩膀、上臂和脖子疼痛、麻木。孩子其他方面都很健康。他也许因为家里或学校的事件，承受着异常大的压力 | 情绪紧张、功能性疼痛 | 尽量找出压力的来源并消除它。鼓励孩子有规律地运动。如果肌肉疼痛和紧张持续存在，和儿科医生讨论一下 |
| 孩子肌肉中的肿块一直没有消除 | 肿瘤(罕见) | 和儿科医生谈谈，他会给孩子做检查，并进行诊断性测试 |

# 57. 鼻出血

## 症状

鼻黏膜很脆弱，即使是小小的破损也会使毛细血管破裂，引起流血。鼻出血在婴儿中很少见，但却常常出现在幼儿或学龄儿童中，通常不是什么严重的疾病。到十几岁时，大多数孩子就不再有鼻出血了。鼻出血常常具有家族性。许多孩子鼻出血并没有什么明显的原因。

鼻出血时，血液从一侧鼻孔中涌出来，总是发生得很突然。在夜间流鼻血的孩子，可能会在睡梦中把鼻血吸咽下去，然后随着呕吐物吐出来或排便时排出体外。大多数情况下，鼻出血会在几分钟后自行停止。如果血流不止，参看“处理鼻出血”。

通常情况下，鼻出血并不意味着身体患有严重疾病。鼻出血更多是因为受伤引起的，比如一些孩子有抠鼻孔的不良习惯；幼儿常常会把异物塞进鼻孔里，让鼻腔受伤。在寒冷的冬季，鼻黏膜变得干燥、脆弱，某些慢性疾病，如过敏性鼻炎会使鼻黏膜受损、结痂。在上述情况下，儿童更容易鼻出血。

像囊性纤维化这种会引发剧烈咳嗽的慢性疾病，也有可能会让鼻腔频繁出血。对于患有凝血障碍，如血友病或血管性血友病的孩子，家长要警惕孩子挖鼻孔的危险行为。如果每次鼻出血都要持续8~10分钟，请带孩子到儿科医生那里去验血，看看孩子是否有凝血障碍。

**如果有以下症状，给儿科医生打电话**

- 孩子脸色苍白，浑身是汗，对你的呼唤没有反应。
- 你觉得孩子失血过多。
- 有血从孩子的口腔里流出来，或呕吐物中带血或有棕色的像咖啡一样的东西。
- 因为头部受伤或受到撞击流鼻血。

**注意!**

如果孩子患有鼻腔和呼吸道疾病，在使用药用滴鼻剂或鼻腔喷雾之前，要咨询儿科医生。虽然一些非处方药可以缓解鼻腔充血，实际上，使用某些药物几天后，症状会加重。这种情况叫作“反弹效应”，会令病情变得更加棘手，也会令孩子感到更加不舒服。可以试一试生理盐水喷鼻剂，这是一种天然的鼻腔喷雾。

## 处理鼻出血

- 保持镇静；大多数情况下，鼻出血不是严重的疾病。大人的情绪会影响孩子，尽量不要让孩子感到不安。
- 让孩子坐着或站着，身体稍微向前倾。不要让他躺着或向后仰，这会让血液流向咽喉，引起呕吐。
- 不要往鼻子里塞纸巾或其他东西止血。
- 用手有力地捏住孩子双侧鼻翼（最好是同时可以冷敷），持续10分钟，进行压迫止血。在这期间，不要松手查看孩子是否还在出血，这样会让止住的血再流出来。
- 如果10分钟后还在流血，再试一次压迫止血。如果第二次还没有效果，电话给儿科医生或把孩子带到最近的急诊中心去。
- 虽然大多数鼻出血是自发的而且也会自行停止，但经常性鼻出血或双侧鼻孔鼻同时出血的孩子，应当接受儿科医生的评估。如果有必要，孩子会被推荐到耳鼻咽喉科专家那里去。

| 父母的疑虑 | 可能的原因 | 应对措施 |
| --- | --- | --- |
| 孩子因为感冒或过敏性鼻炎流鼻涕(干草热)。他有过敏反应 | 鼻腔组织充血或发炎 | 捏住孩子的双侧鼻翼来止血。在孩子的房间里使用凉水喷雾加湿器能够帮助减轻孩子的鼻塞症状，湿润鼻黏膜。不要往加湿器里加药或者芳香剂。如果孩子还没做过过敏评估，和儿科医生谈谈 |
| 你所居住的地方气候干燥。你家里非常热。冬天的空气非常干燥 | 鼻黏膜干燥 | 夜间，在孩子的房间里使用凉水喷雾加湿器。生理盐水滴鼻剂也能帮助保持鼻黏膜湿润。如果鼻出血的情况很严重或反复发作，和儿科医生谈谈 |
| 孩子的鼻子受伤了。孩子挖鼻孔。孩子非常用力地擤鼻涕 | 鼻子受伤 | 照着上页“处理鼻出血”的步骤做。如果过了2个10分钟，情况没有好转，或孩子的头部受到严重的撞击，马上给儿科医生打电话 |
| 孩子有不明原因的经常性的严重鼻出血 | 鼻腔内血管异常、鼻腔里长了息肉或其他东西、出血问题(参看第42页“出血和瘀斑”) | 和儿科医生谈谈，他会给孩子做检查，如果有必要，会把孩子推荐给耳鼻咽喉科专家 |
| 孩子在使用处方药或非处方药，如药用滴鼻剂或鼻腔喷雾 | 药物的不良反应 | 停止使用任何非处方药。打电话给儿科医生，如果有必要，他会开替代药物 |
| 孩子曾被诊断过出血障碍 | 出血障碍；自己把鼻子弄伤，引起鼻出血。如挖鼻子 | 跟孩子解释为什么弄伤鼻子会引起鼻出血。和儿科医生讨论一下防止孩子受伤的各种方法 |
| 孩子患有慢性疾病，会引起剧烈咳嗽。孩子需要服用药物和吸氧 | 剧烈咳嗽引起的压迫性损伤；药物对鼻腔黏膜的不良反应 | 和儿科医生谈谈，他会提供一些方法让鼻腔黏膜保持湿润，防止鼻出血 |

## 症状

在冬季，肤色正常的孩子，因为很少有机会到户外去活动，皮肤会显得更白。过敏也会让孩子脸色苍白，出现黑眼圈——过敏性眼晕。

如果孩子的脸色异常苍白，医生会检查他的甲床、嘴唇、掌纹，还有下眼睑内侧。只要这些部位是粉红的，孩子没有感到虚弱和异常疲惫，孩子很有可能是健康的。

**如果孩子的皮肤异常苍白，并且有以下症状，请咨询儿科医生**

- 在不容易受伤的部位出现瘀青。
- 脖子或腹部有肿块。
- 一直都是非常虚弱、极其疲惫的样子。
- 伤口很难止血，鼻出血的时间持续 10 分钟以上或月经期超过 7 天。

**注意！**

轻度贫血的孩子，肤色通常接近正常肤色，而且几乎不会表现出什么症状。如果贫血的程度加重，孩子就会表现出皮肤苍白、疲乏无力和烦躁不安、爱哭闹。贫血的症状是随时间逐步加重的，所以父母有时难以察觉。

## 应对贫血

血液中含有多种细胞。其中数量最多的是红细胞，红细胞中的血红蛋白能在肺部与氧气结合，因此红细胞可以将氧气运送到各个身体组织。同时，血红蛋白也能吸收组织的代谢废物——二氧化碳，将二氧化碳排出体外。如果体内生产红细胞的速度过慢，随着身体代谢，身体流失的大量红细胞得不到补充，同时，血红蛋白的数量也会减少。这是身体贫血的一种表现。贫血患者，无法把足够的氧气运送到细胞中去。

食物中含铁量不足，是引起孩子贫血的最重要原因。铁元素对血红蛋白的形成起着重要作用。因为牛奶中铁含量很低，婴儿对铁的吸收也很差，如果过早开始喝牛奶，并且没有额外补充铁元素，小婴儿会患上营养性缺铁性贫血。12 个月以下的婴儿，用牛奶喂养不仅会刺激肠道，而且会造成体内红细胞数量减少。

失血过多也会造成孩子贫血。在极少数情况下，失血过多是由凝血问题引起的，这种问题常常发生在体内缺乏维生素 K 的小婴儿身上。还有一些疾病会使体内的红细胞很容易遭到破坏，例如溶血性贫血。患有溶血性贫血的孩子，红细胞表面存在缺陷或其他异常，使红细胞寿命缩短。有些贫血症是遗传性疾病，如镰状细胞性贫血、地中海贫血。

因为贫血的类型有很多，尽早确定孩子贫血的类型是很重要的。如果是缺铁引起的，儿科医生会给孩子开含铁的药物。不要用牛奶送服药物，牛奶会阻碍铁的吸收。吃完药后，可以喝一杯含有丰富维生素 C 的橙汁，促进铁吸收。每次喝完液体补铁剂后都要给孩子刷牙，因为铁元素会把他的牙齿染成灰黑色，服用补铁剂后孩子的粪便发黑是正常现象。为防止铁元素缺乏，要给母乳喂养的婴儿补充铁剂。添加辅食后，要给他准备含铁量丰富的食物。对于奶粉喂养或混合喂养的婴儿，从出生起至 12 个月，要选用加铁奶粉（含铁量为每升 4~12 毫克）。对于更

大一些的孩子，可以选择含铁量丰富的食物，如强化铁元素的谷物或麦片、蛋黄、黄色或绿色蔬菜、黄色水果、红肉、土豆、番茄和葡萄干。

| 父母的疑虑 | 可能的原因 | 应对措施 |
| --- | --- | --- |
| 孩子肤色很白但充满活力且身体健康，吃饭和睡觉都没问题 | 正常的肤色白 | 如果孩子的肤色很白，户外活动时要注意防晒 |
| 8个月至2岁的婴幼儿，脸色苍白、烦躁不安、无精打采 | 婴幼儿贫血、营养性缺铁性贫血 | 儿科医生会给孩子做检查、验血。如果孩子被诊断为贫血，有必要的话，儿科医生会查看一下孩子的饮食，开补铁剂 |
| 孩子下眼睑有黑眼圈，他连续几天晚上熬夜或参加了特别的活动。孩子其他方面都很健康 | 疲倦、过敏 | 如果孩子过于疲倦，让他充分休息。如果他同时还有鼻塞或其他过敏症状（参看第26页“过敏反应”），请咨询儿科医生 |
| 孩子最近受到病毒感染，他在服用抗生素这类处方药 | 急性疾病过后，红细胞暂时性减少，正常现象 | 儿科医生会给孩子做检查，进行血液测试。一旦确诊，儿科医生会提供治疗方案 |
| 孩子被诊断出患有自身免疫疾病或其他慢性疾病，他有消化问题 | 自身免疫溶血性贫血、慢性疾病造成的贫血 | 与儿科医生谈谈，或许他会进行血液测试，如果有必要，会给出治疗方案，补铁剂 |
| 孩子身上有不明原因的瘀青，有时候会发热 | 白血病（血癌）、肿瘤 | 儿科医生会给孩子做检查，并进行必要的诊断性测试 |
| 6个月左右的婴儿，手和腹部水肿，疼痛且烦躁不安。他带有非洲血统 | 镰状细胞性贫血 | 给儿科医生打电话，他会对孩子进行检查和血液测试；如果有必要的话，会给出治疗方案 |
| 6～12个月的婴儿，烦躁不安，体重减轻或无法增加，婴儿身上有亚洲、非洲、中东、希腊或意大利血统 | 珠蛋白生成障碍性贫血（一种遗传性血液疾病，主要出现在地中海区域的人群中） | 打电话给儿科医生，他会给婴儿做检查，并给出任何必要的治疗方案 |
| 小儿常常吃像漆皮这种不能吃的东西。他看起来没有同龄孩子发育得好，常常胃痛、呕吐 | 铅中毒 | 马上与儿科医生讨论一下治疗方案和除铅的方法 |

## 症状

随着生长发育，婴儿原本向两端弯曲，呈C形的脊柱开始变直。这种变化为生命前期的儿童体态和运动方面的巨大发展做好了准备。新生儿的颈部稍向前弯，为支撑头部做好准备。同时，他的胸椎曲线向后弯曲，脊柱下端相应向前弯曲。这些弯曲能保护脊柱免遭过大的压力。体态的改变使身体的自然弯曲发生变化，使脊柱承受压力。

学走路的时候，为了保持身体平衡，幼儿会出现前突的腰椎，与此同时，他的腹部和臀部也会外凸。"大肚腩"是2岁幼儿的典型体态。随着身体逐渐成熟，儿童的身体会变得越来越直。到了青春期后期，脊柱的弯曲适度，青少年的体态变得挺拔。在例行体检时，为了保证孩子身体的对称性和平衡性，儿科医生会检查孩子的脊柱、双肩、髋关节，还有步态和站姿；记录异常的身体弯曲。如果发现任何异常，他会找出原因，并进行必要的治疗。

**如果孩子体态发生变化，并伴随以下症状，请咨询儿科医生**

- 持续或加重的背痛。
- 发热、体重减轻、浑身不舒服。
- 腿部无力或跛行。
- 持续呕吐。
- 脊柱侧弯很明显，例如一侧肩膀或髋关节高于另一侧。
- 婴儿头部、颈部倾斜。

**注意!**

如果孩子身上存在会影响体态良好发育的问题，一定要带他去看儿科医生。虽然人体能够自行纠正某些问题，但是还有一些问题是需要治疗的。如果医生认为不需要治疗，仔细观察，不要干预。家长和儿童最需要的就是耐心。

## 良好体态可以预防背部疾病

如果儿童时期没有养成良好的习惯，到青少年时期体态问题就会影响孩子的自信心，如青少年看起来无精打采、低头扣胸、含胸驼背。男孩因为不想在人群中过于突出而表现得懒散、没精神；女孩驼背是因为不想显得比同伴高，尤其是男性同伴。胸部发育的时候，许多女孩的体态会变差，有些女孩是对发育的胸部感到尴尬，有些则相反。

鼓励孩子保持良好的体态，不论坐、立还是运动，都应保持身体挺拔放松，挺胸、抬头、收腹、提臀。

| 父母的疑虑 | 可能的原因 | 应对措施 |
| --- | --- | --- |
| 孩子常常驼背、扣肩、含胸。他在其他方面都很健康 | 不良体态引起的姿势性驼背（圆背） | 鼓励孩子纠正体态来避免将来会出现的问题。如果孩子依然驼背，和儿科医生谈谈，他会给孩子做检查来排除严重的问题 |
| 孩子一直耸肩。他的背部感到疼痛，无法伸直 | 先天性驼背、雪曼氏（Scheuermann）驼背症 | 与儿科医生谈谈，他会给孩子做检查，并把孩子推荐给别的专家。治疗的时候孩子需要戴支架并进行训练。这是一种常见疾病，通常不需要手术治疗 |
| 幼儿走路走得很慢，他的腿部无力，常常显得笨拙。他的腹部突出，脊柱向后弯曲 | 神经肌肉性疾病；代谢障碍；骨骼疾病，需要观察和治疗 | 和儿科医生谈谈，他会给孩子进行评估，并制订合适的治疗方案和措施 |
| 婴儿仰起的头总是朝向身体一侧。俯卧睡觉的时候，他总是用一边脸贴着床垫。他的头部活动受到限制，最近得了上呼吸道感染 | 斜颈；在大一点的孩子身上，可能与病毒感染如上呼吸道感染和喉咙痛有关 | 和儿科医生谈谈，他会对孩子进行检查，并进行X线照射。儿科医生会要求孩子进行特殊训练、改变姿态，在极少数情况下才需要手术治疗 |
| 双肩高低不一，臀部两侧高低不一，弯腰时脊柱呈侧弯状 | 脊柱侧弯、身体不对称、双腿一长一短 | 与儿科医生谈谈，他或许会把孩子推荐给儿童骨科专家（参看第34页“背痛”） |
| 儿童行走困难。他的下背部和臀部疼痛、麻木。他的关节疼痛 | 感染性疾病、幼年原发性关节炎或其他需要诊断和治疗的疾病 | 给儿科医生打电话，他会对孩子进行检查，并决定孩子是否需转诊别的专家 |

## 症状

便秘、个人卫生问题和蛲虫常常会引起直肠不适。排便疼痛会引起便秘和肛裂。因为感到疼痛，有些孩子会忍着不排便，这会加剧便秘。对大多数孩子来说，直肠瘙痒是由蛲虫引起的，在夜晚尤为严重。这种瘙痒与由便秘和肛裂引起的疼痛一样，让人无法忍受。抓挠发痒的部位会进一步刺激皮肤，加重皮肤受感染的风险。链球菌感染也会造成肛周强烈不适。

痔疮对孩子的危害比较大，但是孩子直肠疼痛，往往不是痔疮引起的。而对于成年人来说，痔疮是一种常见病，会引起不适但危害更小。

如果孩子肛门周围有瘀青，一定要警惕，孩子有可能遭受了性侵，尤其当孩子无法给出合适理由时。

**如果孩子有以下症状，请咨询儿科医生**

- 直肠疼痛、流血。
- 严重便秘和直肠不适。
- 长痔疮。
- 夜晚瘙痒加重。
- 肛门周围长有红色、疼痛的疹子。
- 肛门周围有瘀青。

**注意!**

除非想办法软化大便，否则，肛裂不会自行愈合。大便软化后，可能需要几周的时间，伤口才会愈合。需要儿科医生对孩子进行指导，让他停止抑制排便，学着对便意做出反应。

## 应对蛲虫

不论年龄，不论经济状况，蛲虫处处存在。在学校或托儿所里，蛲虫很容易在孩子之间相互传染。蛲虫感染不算严重危害但是却令人头痛，它会把粪便中的细菌带到女性的阴道里，引起阴道炎（参看第 164 页）。

蛲虫卵主要存在于指甲、衣物、床品或尘埃中。虫卵被孩子吞下后，在胃部孵化。孵化出的幼虫会进入小肠，在那里发育成熟。蛲虫成虫是白色的，有 1 厘米长。夜晚，雌性蛲虫在孩子肛门周围产卵，令孩子感到瘙痒。如果孩子抓挠，会有更多蛲虫卵进入他的指甲，接着孩子再次吞下它们或传染给别人。

如果瘙痒令孩子异常烦躁或难以入睡，早晨可以在孩子肛门四周贴上胶带，然后撕下来，带给儿科医生，以便让医生能从胶带上的虫子或虫卵找出发痒的原因。

短期用药就能根除蛲虫。但是因为处处存在蛲虫，孩子很容易再次被感染，所以每间隔一段时间就要再次用药。用热水清洗衣服和床品能消灭虫卵，防止蛲虫传播。

| 父母的疑虑 | 可能的原因 | 应对措施 |
| --- | --- | --- |
| 孩子排便时或排便几分钟后感到疼痛。卫生纸上、大便或便盆里有鲜红的血渍 | 肛裂 | 和儿科医生谈谈，他会检查孩子的肛门来确定肛裂的情况。大多数肛裂是因为孩子粪便过硬引起的（参看第 54 页“便秘”）。治疗时可能会用到粪便软化剂或局部涂抹膏药来保护肛周皮肤 |
| 婴幼儿肛门周围长有红色、疼痛的疹子 | 肛周皮炎、链球菌引起的感染 | 打电话给儿科医生，他会给孩子进行检查，如果必要，会开抗生素。大便后用清水清洗孩子的肛门，并涂上凡士林、氧化锌药膏之类的药膏来保护皮肤 |
| 孩子上完洗手间后，用湿巾擦拭肛门。孩子肛门四周的皮肤发炎 | 湿巾使用过度 | 即使包装上标识着“适合敏感肌肤”，湿巾也会引起皮肤发炎。尽量减少使用湿巾，按时用清水给孩子洗澡，使皮肤保持干净健康 |
| 孩子抓挠肛门四周。瘙痒在晚上尤其严重。粪便中有白色，像线头一样，短于 1 英寸（2.54 厘米）的虫子在蠕动 | 蛲虫（参看上页“应对蛲虫”） | 和儿科医生谈谈，他会给孩子做检查，并制订合适的治疗方案。询问医生，是否家里的其他人也要接受治疗，以免感染扩散 |
| 肛门有血，但不感到疼痛。孩子在其他方面看起来很健康 | 炎性息肉、梅克尔憩室（回肠里的囊状袋） | 和儿科医生谈谈，他会给孩子做检查看看流血是否是息肉引起的，孩子也许需要转诊到其他专家那里 |
| 排便后，孩子的直肠露出肛门，留在体外。上厕所的时候，他用力过度。他曾经被确诊过像囊性纤维化这样的慢性疾病 | 直肠脱垂 | 如果孩子不觉得痛，用卫生纸包裹在手上把直肠塞回合适的位置（粘在上面的碎纸会随排便排出来）。如果孩子觉得排便时很用力，建议他坐马桶时，把脚放在矮凳子上。粪便软化剂也许能起到一定的作用。如果这种情况常常发生，或者疼痛或出血，请咨询儿科医生 |
| 幼儿走路的姿势很奇怪，看起来好像直肠疼痛一样。他拒绝使用便盆或洗手间，你看到他的直肠里有东西 | 直肠异物（孩子天生充满好奇心） | 打电话给儿科医生，他会对孩子做检查，看看直肠里到底是什么。如果是小物体，不用理会，让它随大便排出来；如果是大的、尖锐的或危险物体，儿科医生会马上建议孩子到其他专家那里去治疗 |
| 孩子感到疼痛，肛门周围红肿，长了疙瘩 | 肛周脓肿或肛瘘、克罗恩病 | 和儿科医生谈谈，他会对孩子进行检查并决定是否需要进行治疗 |

# 61. 摇晃和撞击头部

## 症状

不论是否存在发育问题，儿童摇晃和撞击头部都是常见现象。一般来说，孩子不断晃动或撞击头部，是不会受伤的。在家长的劝告下，孩子的这种行为几个月后会逐渐消失。如果这种行为一直持续，则要对孩子进行医学评估。孩子情绪失控时，也会撞击自己的头部(参看第 156 页)。

有些专家认为，从理论上讲，这是一种正常行为，是婴儿在逐步控制自己身体时，通过不懈努力掌握的一项运动技能。婴儿从 4~5 个月开始晃动头部，随着掌握的技能越来越多，到他 6~10 个月时，就能晃动全身。

没有人知道，婴儿为什么要摇晃和撞击头部。有趣的是，这些有节奏感的动作——摇晃身体、撞击头部、晃动头部——都能刺激内耳中控制身体平衡的前庭系统。虽然带有某些缺陷，如自闭症或其他神经系统过于敏感的儿童，喜欢重复性动作，但这些行为不是总和发育迟缓有关。

通常情况下 18 个月至 2 岁的孩子，会停止摇晃身体、头部和撞击头部。但是在儿童和青少年中有时还会出现这种重复性动作。

**如果你的孩子常常点头或摇头，而且有以下症状，和儿科医生谈谈**

- 不和你交流。
- 有发育迟缓的现象。

**注意!**

这些行为极少对孩子造成伤害，如果你担心孩子受伤，或者这种行为持续好几个月还不消失，和儿科医生谈谈。

## 应对撞击头部

睡觉前做有节奏的重复性动作，是婴幼儿的正常行为。虽然很难理解，为什么前后摇摆、把头撞在婴儿床的栏杆上或床垫上，会让宝宝感到很舒服，但这确实能够让他平静下来。实际上，有一小部分婴幼儿，在临睡前要持续做这些动作 15 分钟或以上，来放松自己。到 18 个月至 3 岁时，他们会逐渐停止摇摆、晃动和撞击头部。这些行为虽然会令父母感到很担心，但是常常是无害的，即使有时宝宝会撞出个小包、瘀青或擦破皮肤也不用太过在意。如果这种行为一直存在，并且越来越激烈，或者发生在白天，让儿科医生给宝宝做一个评估。

把婴儿床搬离墙壁，放置在厚地毯上。用橡皮或塑料护布包好床脚，来减少噪声和增加婴儿床的重量，以防宝宝摇晃时移动它。有些儿科医生建议用节拍器或节奏感强的音乐来矫正撞击头部的行为。

在婴儿床上挂床铃，用不同的形状和鲜艳的颜色吸引宝宝的注意力。用带有音乐的床铃，播放重复的曲调，能够安抚想睡觉的小宝宝。观察孩子对床铃的反应；因为有些宝宝觉得床铃很可怕，会一直哭闹，直到你把它取下来。如果宝宝强烈地想坐起来、手脚并用地爬起来或站起来，一定要把床铃拿掉。在卧室里播放舒缓的音乐，能让宝宝产生睡意。

| 父母的疑虑 | 可能的原因 | 应对措施 |
| --- | --- | --- |
| 6个月左右的婴儿大力地摇晃婴儿床，每次要持续15分钟或以上。这种行为常常发生在他独自入睡或听音乐时。婴儿感到疲惫时，就会摇晃 | 摇晃是婴儿正常生长发育中的一部分 | 摇晃似乎无害，而且能够安抚婴儿。到两三岁时，随着儿童身体变得更灵活，这种行为通常会消失。尽管有些身体上的运动会持续到青春期 |
| 婴儿常常在坚硬的物体如婴儿床的栏杆上大力撞击自己的头部——多达每分钟60～80次。撞击完头部后，他会开始摇晃头部和身体。撞击头部的时候，他还会吮吸拇指或抚摸小毯子 | 撞击头部 | 这种令人费解的行为似乎能够安抚婴儿。虽然让你很烦恼，但他能从这种行为中得到安慰。实际上，这种行为并不会让婴儿(通常是男孩)难受，相反，他常常感到开心、放松。这种行为常常从婴儿6个月时开始，到2岁时停止 |
| 婴儿由于不断摇晃头部，头上秃了一块。除此之外，他活泼又快乐。他的眼球活动也正常 | 摇晃头部 | 这种无害的习惯也会出现在能够坐起来的婴儿身上。最早在婴儿6个月时出现，直到他2岁时停止 |
| 有发育障碍的孩子，撞击头部或做其他节奏性动作。你担心他会伤到自己 | 发育问题或自闭症谱系障碍的典型行为 | 和儿科医生谈谈，他会给儿童开短期服用的药物以使他平静下来。给儿童戴上头盔，保护他的头部 |

# 62. 流鼻涕、鼻塞

## 症状

流鼻涕或鼻塞的症状通常会在几天内消失，不需要治疗。引起流鼻涕或鼻塞最常见的原因是上呼吸道病毒感染，比如普通感冒（鼻病毒）或冬季多发的流行性感冒（流感病毒）。如果流鼻涕同时或过后出现其他症状，有可能是严重的问题引起的，这时应该和儿科医生谈谈。

## 治疗鼻窦炎

鼻窦是位于鼻腔周围骨骼里的气腔（图 2-15）。8 个鼻窦都通过黏膜与鼻腔相连。

急性鼻窦炎常常是由感冒、流行性感冒或花粉热引起的。如果鼻窦黏膜发炎、红肿，受到感染，孩子可能会出现头痛、鼻塞的症状，或许他眼部四周或脸上的其他部位还会感到压痛。他的体温可能会升高，鼻腔中有异常黏稠的黄绿色分泌物。相比普通感冒，很可能也会表现得像得了严重的疾病。

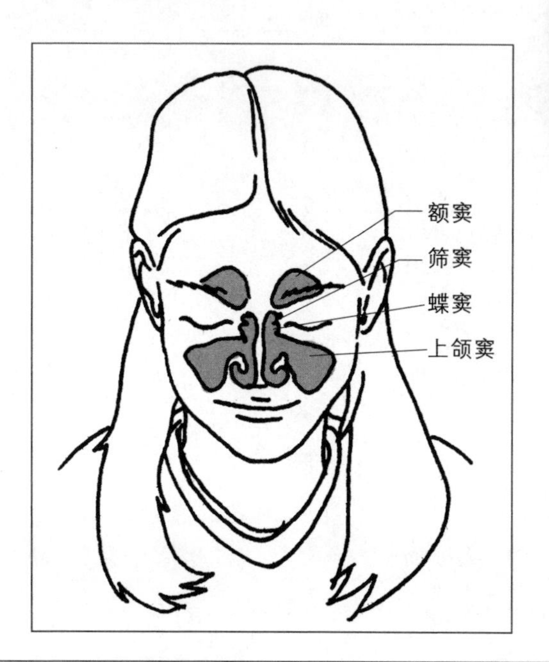


图 2-15　鼻窦在每个人身上的大小和形状都不相同。图片上展示的是鼻窦的典型构造。额窦，大概在儿童 8 岁时形成，位于额头，常常会引起窦性头痛；上颌窦，位于鼻腔两旁，是最大的鼻窦；蝶窦比较靠近头部中心；筛窦在于鼻腔上部的两侧，由许多小气腔组成

要根据引起鼻窦炎的原因进行治疗。治疗病毒性鼻窦炎也许会用到抗生素。此外，洗蒸汽浴，在儿童的房间里放置加湿器，使用生理盐水滴鼻剂或许有助于疏通被堵塞的鼻窦。向儿科医生咨询最好的治疗方法。

**如果孩子流鼻涕和鼻塞的同时还伴有以下症状，给儿科医生打电话**

- 异常困倦或嗜睡。
- 呼吸困难。
- 3 个月以下的婴儿体温高于 100.4℉（38℃）或 3 个月以上的婴儿体温高于 101℉（38.3℃）。
- 脖子疼痛或僵硬。
- 耳朵或喉咙疼痛。
- 腺体肿大。
- 眼睛红肿。
- 出疹。

**注意!**

不要给鼻塞的孩子使用任何非处方类滴鼻剂，除非征得儿科医生的同意。这些药物或许会让症状暂时好转，但是常常会发生“反弹效应”，使问题变得更加严重。最好是使用非处方的生理盐水滴鼻剂或鼻腔喷雾。

| 父母的疑虑 | 可能的原因 | 应对措施 |
|---|---|---|
| 孩子的主要症状是鼻腔有清澈的水样分泌物。孩子和平时一样活跃，没有或稍微有点发热 | 普通感冒 | 也许要让孩子在家里待 1 ~ 2 天，但不需要采取特别的措施，也不用吃药。感冒通常会在 1 周内痊愈 |
| 孩子的耳朵也会痛，他烦躁、易怒 | 耳部感染 | 让儿科医生给孩子做个检查来确诊。如果疼痛持续存在，也许需要服用抗生素（参看第 76 页“耳朵痛，耳部感染”） |
| 孩子喉咙痛或喉咙痛得非常严重 | 通常情况下是感冒，但是要排除其他感染，比如链球菌性咽喉炎 | 带孩子去看儿科医生，他会对孩子进行检查，并做咽喉细菌培养。如果确诊了链球菌性咽炎，医生会开抗生素（参看第 144 页“咽痛”） |
| 孩子发热，并异常困倦或嗜睡 | 上呼吸道感染综合征 | 和儿科医生谈谈，他会对孩子进行检查并给出治疗方案 |
| 孩子的脖子和腺体肿大，按压疼痛 | 细菌或病毒感染 | 带孩子去看儿科医生，他会给孩子做检查，也许会推荐治疗方案 |
| 孩子流鼻涕超过 1 周或周期性地复发。他的鼻子发痒，眼睛发红、发痒或流泪 | 花粉热（过敏性鼻炎）或其他过敏反应 | 与儿科医生谈谈，他或许会通过测试得出特异性过敏原（参看第 26 页“过敏反应”） |
| 孩子鼻子有分泌物超过 10 天，分泌物变得黏稠且颜色改变。他感到头痛 | 鼻窦炎 | 带孩子去看儿科医生来诊断病情。儿科医生会开出合适的治疗方案（参看上页“治疗鼻窦炎”） |
| 孩子的一个鼻腔中散发出难闻的气味 | 鼻腔异物 | 和儿科医生谈谈，他会对孩子进行检查，有必要的话，会取出异物 |
| 孩子呼吸困难。他睡觉时打呼噜并容易醒来 | 扁桃体或腺样体肿大 | 让儿科医生给孩子做个检查，如果有必要的话，进行诊断性测试 |
| 孩子最近摔过跤或脸部受过伤 | 鼻子受伤（如鼻中隔偏曲）或其他结构性问题 | 打电话给儿科医生，如果有必要的话，进行 X 线检查和测试 |

## 症状

痉挛或抽搐是由大脑异常放电引起的。当体温急剧升高时，一些孩子会发生高热惊厥。这是一种良性抽搐，随着年龄的增长，大多数孩子会自愈，不会留下后遗症。实际上，得过一次良性抽搐的孩子，可能不会再得第二次。然而，因为某些严重的疾病也会引起惊厥，所以如果发热的孩子出现抽搐的情况，要打电话给儿科医生。

如果抽搐反复出现，叫作癫痫。由于常常无法找出引发原因，孩子必须接受医学评估。通常情况下，抽搐能通过药物控制，而且有些癫痫的症状（如孩子失神性癫痫、癫痫小发作），会随着孩子的成长逐步缓解。

**如果抽搐的孩子有以下症状，打电话给儿科医生**

- 失去意识长达 2 分钟或以上。
- 呼吸困难。

**注意！**

如果儿童患有癫痫，教会老师和照顾者急救的第一步办法。询问儿科医生要注意哪些有潜在危险的活动。不论年龄大小，患有癫痫的儿童不应该被独自留在浴室或泳池里。

## 容易与惊厥混淆的疾病

有几种疾病发病时可能会和惊厥混淆，这些疾病也涉及身体急剧抽动和意识的改变，包括夜惊（参看第 84 页“恐惧”）和屏气发作（参看第 44 页“皮肤蓝紫”）。患有哮喘的孩子，有时会阵发性剧烈咳嗽，引起昏厥，这与惊厥的症状很像。儿科医生会把这些症状和惊厥区分开。

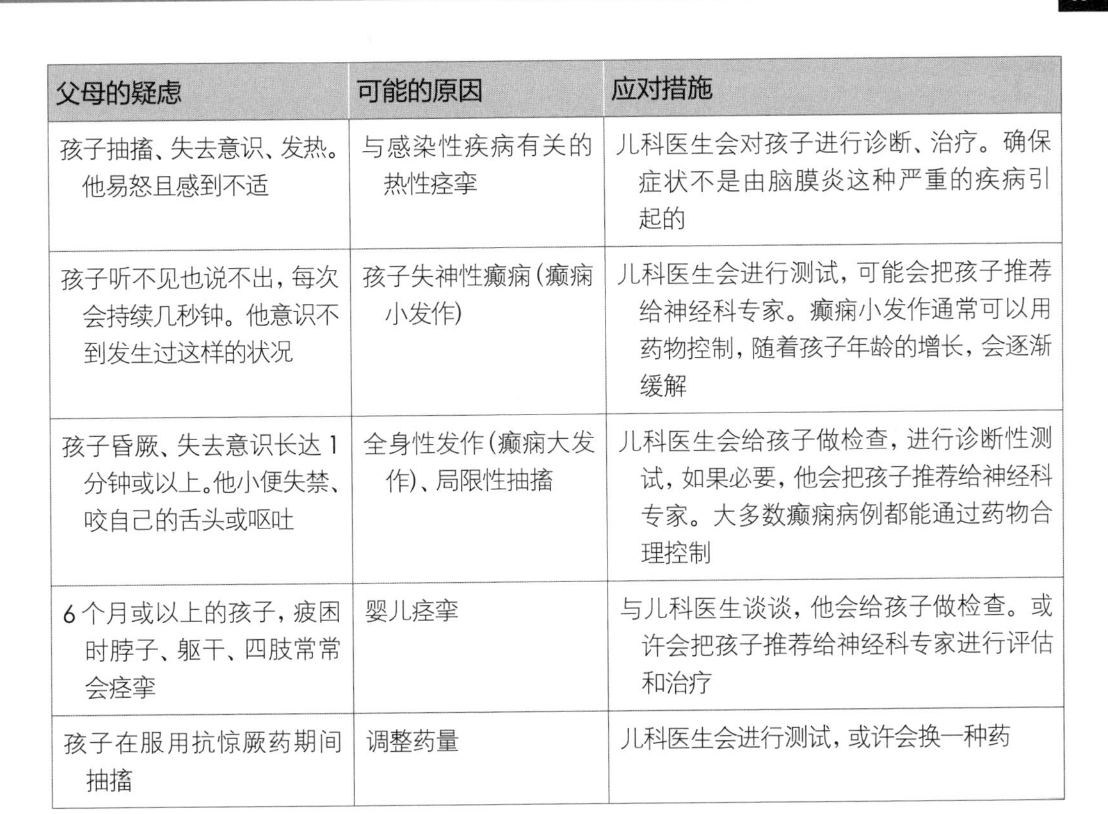

| 父母的疑虑 | 可能的原因 | 应对措施 |
| --- | --- | --- |
| 孩子抽搐、失去意识、发热。他易怒且感到不适 | 与感染性疾病有关的热性痉挛 | 儿科医生会对孩子进行诊断、治疗。确保症状不是由脑膜炎这种严重的疾病引起的 |
| 孩子听不见也说不出，每次会持续几秒钟。他意识不到发生过这样的状况 | 孩子失神性癫痫（癫痫小发作） | 儿科医生会进行测试，可能会把孩子推荐给神经科专家。癫痫小发作通常可以用药物控制，随着孩子年龄的增长，会逐渐缓解 |
| 孩子昏厥、失去意识长达1分钟或以上。他小便失禁、咬自己的舌头或呕吐 | 全身性发作（癫痫大发作）、局限性抽搐 | 儿科医生会给孩子做检查，进行诊断性测试，如果必要，他会把孩子推荐给神经科专家。大多数癫痫病例都能通过药物合理控制 |
| 6个月或以上的孩子，疲困时脖子、躯干、四肢常常会痉挛 | 婴儿痉挛 | 与儿科医生谈谈，他会给孩子做检查。或许会把孩子推荐给神经科专家进行评估和治疗 |
| 孩子在服用抗惊厥药期间抽搐 | 调整药量 | 儿科医生会进行测试，或许会换一种药 |

## 症状

虽然骨骼看起来很坚硬，但是由于营养供给和所承受的重量发生变化，它终身都在不断变化、更新和重塑。

从出生到 4 岁，儿童的骨骼从平均长度 20 英寸（50.8 厘米）增加到 40 英寸（101.6 厘米），增长了 2 倍。一直到青春期之前，孩子的骨骼都在以稳定而缓慢的速度增长。到了青春期，孩子的骨骼又开始快速增长，甚至 1 年长高 4 英寸（10.16 厘米）也很常见。骨骼增长的速度受到生长激素和性激素的影响。营养不良、缺乏维生素 D 和慢性疾病都会让骨骼生长的速度变慢并影响骨骼的正常构造。长期使用某种药物（如泼尼松或其他类固醇药物）也会妨害骨骼的发育。

腺体疾病，如甲状腺疾病，有时也会干扰骨骼发育，造成身材矮小或四肢短小与身高不成比例，在某些极端的病例中，表现出的症状甚至和侏儒症类似。脑垂体疾病和其他一些疾病会让儿童身高异常高，同时手足不成比例地增宽、增大，还会造成骨骼畸形和发育问题。

**如果出现以下症状，请咨询儿科医生**

- 孩子走路的时候跛脚。
- 孩子的脊柱似乎是弯曲的，或四肢不对称。
- 孩子看起来生长缓慢，他的头部异常大，手臂和腿看上去是弯曲的。
- 孩子生长的速度非常快，他的手、脚掌很大，不成比例。

**注意！**

许多新生儿的腿或脚畸形是因为胎儿在子宫中受到限制造成的。大多数情况下，婴儿 1 岁以内，这些部位的骨骼就会恢复正常，不需要治疗。

## 胸廓畸形

漏斗胸是最常见的胸廓畸形。漏斗胸表现为胸骨塌陷，胸腔容积也相应变小。这通常是一种单纯的先天性畸形，可能具有家族性，有时可能表明孩子患有结缔组织疾病，如马方综合征（参看第 92 页“生长问题”）、存在营养问题或患有佝偻病。呼吸道慢性阻塞性疾病也会引起儿童胸骨塌陷，但这不容易察觉并且当疾病痊愈后症状就会消失。胸骨塌陷不是什么大问题，通常不需要进行手术治疗。

胸骨突出，叫作鸡胸。如果孩子的其他方面都很健康，不会造成什么影响。

| 父母的疑虑 | 可能的原因 | 应对措施 |
|---|---|---|
| 新生儿头部畸形。出生1周后孩子一侧头部扁平 | 头骨正常变形 | 出生的时候，婴儿的头部遭到挤压，这是无害的，头部形状会逐渐恢复正常。如果从出生时起，婴儿的头部就是扁平的，这是产道的压力造成的，只要调整宝宝的姿势，就能恢复正常 |
| 幼儿最近开始独立行走。他会跛脚 | 髋关节功能障碍如进行性髋关节发育不良或其他需要治疗的疾病 | 和儿科医生谈谈。虽然这种疾病在出生时就能诊断出来，但是症状要到孩子会走路时才表现出来。儿科医生会把孩子推荐给小儿骨科专家 |
| 孩子一边肩膀高于另一边。他的臀部也不对称。他的脊柱是弯曲的 | 脊柱侧弯或脊椎弯曲 | 和儿科医生谈谈，他会给孩子做检查，看看他是否要去看小儿骨科专家。也许需要治疗(参看第34页“背痛”) |
| 趴着睡的时候，婴儿总是用同一侧脸贴着床垫。他头部活动受到限制。他最近得了上呼吸道感染 | 斜颈；年龄大一些的孩子可能是受到病毒感染，如上呼吸道感染和咽喉炎 | 和儿科医生谈谈，他会对孩子进行检查并进行X线照射。儿科医生也许会建议孩子做一些特殊的训练、改变睡眠姿势。极少需要进行手术治疗(参看第126页“姿势异常”) |
| 青春期前的孩子，一侧胸腔比另一侧小，这令他很担忧 | 胸腔不对称 | 这是常见的正常现象。通常在出生时就存在了，直到孩子9~13岁时或青春期身体快速成长时，才会被发现。这没有医学意义，没有治疗的必要 |

## 症状

儿童的皮肤问题常常是过敏（参看第26页）或感染引起的。许多困扰成年人的皮肤问题也会出现在儿童身上。通常，通过问诊和体检，就能够确定皮肤问题的类型。然而，在某些情况下做诊断性测试也是必要的，尤其当这些问题与受伤和感染难以区分，或试验性治疗时。

在治疗之前，要先诊断出皮肤的问题。大体上说，当皮肤发炎或有液体渗出时，需要使皮肤保持干燥；如果是慢性皮肤疾病，或皮肤干燥，则需要保持皮肤湿润。如果是过敏反应，除非儿童不再接触致敏物，否则会再次复发。如果儿童吃了某些食物会出皮疹，这些食物就不应该再出现在儿童的饮食中。

含有香精和除臭剂的肥皂对于肌肤敏感的儿童来说，刺激性太大。许多儿科医生推荐新生儿和婴儿使用无香型肥皂，给幼儿或更大些的儿童使用全脂型肥皂。残留在衣物或床品上的洗涤剂，也会刺激到敏感的肌肤。要使用不含染色剂和香料的洗衣产品，并且反复漂洗衣物来消除具有刺激性的化学物质。含有绵羊油的肥皂或润肤露，会刺激患有特应性皮炎的肌肤。如果孩子无法忍受贴身穿羊毛制品，那么他很可能对绵羊油制品敏感。如果你怀疑孩子的肌肤受到任何物品的刺激，用温水给他洗澡。如果需要涂润肤露，应该在洗完澡后马上就涂在湿润的皮肤上。

某些合成纤维织物、染色剂和其他在生产衣物过程中会用到的化学物质，可能会刺激儿童敏感的肌肤。新衣服先洗一洗再穿，或许能起作用。如果无效，贴身穿未经染色的棉布衣服。

**如果孩子有以下症状，请咨询儿科医生**

- 身上或头皮上长了粗糙的红色圆形斑块。
- 水疱播散结痂，结成硬壳。
- 应用处方药期间出现皮疹。
- 有许多细小、发痒、红色的、表面粗糙的皮疹，皮肤上有痕迹。

**注意！**

儿科医生反对使用非处方的全能皮肤药物，这些药物中可能含某些会让儿童的皮肤变得敏感的物质，使皮肤受到更多刺激。在儿童的脸上涂抹含氟类固醇药膏之前，先征询儿科医生的建议。儿童的皮肤对药膏的吸收速度，差异非常大。

## 色素性疾病

常见的色素性胎记、雀斑、痣是因为色素过多引起的，而色素性疾病却常常是因为色素缺乏引起的。白化病是一种先天性皮肤、眼睛和毛发黑色素缺乏症。刚出生时，就能在患儿身上发现某些部位的肤色特别白（有时候白色区域会略带深色）。白化病患者皮肤异常可能是局部性的，也有可能是全身性的。全身性白化病患儿，对阳光的照射高度敏感；如果没有用衣物、太阳镜和防晒霜做好保护措施，不应该让他到户外去。

白癜风，是一种出生后出现的黑色素缺失症，疾病的进展速度可能会很快。患者皮肤上有呈对称性出现的白斑。白斑常常出现在嘴周、眼周和骨骼突起处。虽然还不知道引发白癜风的确切原因，但是它或许和自身免疫疾病有关（如糖尿病、甲状腺疾病）。某些情况下，黑色素会逐步恢复。这些白斑很容易被晒伤，要用高防晒倍数的防晒霜保护好皮肤。

皮肤受到感染后，很容易色素沉淀，如儿童期的湿疹和接触性皮炎就容易引起色素沉淀。这不需要治疗，沉淀的色素会随时间逐渐消退。

| 父母的疑虑 | 可能的原因 | 应对措施 |
|---|---|---|
| 婴儿退热后 1~2 天，身上长了凸起的点状皮疹。婴儿发热时，无其他明显不适 | 幼儿急疹(玫瑰疹)，一种常常由 6 型人疱疹病毒引起的感染 | 打电话给儿科医生；如果医生诊断出幼儿急疹，或许会建议给婴儿服用对乙酰氨基酚或布洛芬退热。要让婴儿远离别的孩子 |
| 孩子的脸颊上突然长出鲜红、发热、凸起的皮疹。并且他还有点发热，疹子有扩散的趋势 | 第五病(传染性红斑)，一种病毒感染 | 打电话给儿科医生，他会对孩子进行检查以确定皮疹是由传染性红斑引起的。这种轻微的病毒感染通常会持续 10 天，但可能会复发 |
| 孩子身上长有又小又红、表面粗糙的皮疹，摸起来发烫，疼痛，还会流脓 | 蜂窝织炎，由甲氧西林耐药金黄色葡萄球菌(MRSA)或其他细菌引起 | 可以用温毛巾给孩子热敷。如果他看起来很虚弱、发热、症状没有改善或症状加剧，和儿科医生谈谈，可能会需要口服抗生素来治疗 |
| 孩子身上长有红色斑块，瘙痒带有小水疱，表面粗糙、结痂。孩子的皮肤可能接触到致敏物，如肥皂、首饰或新衣服 | 接触性皮炎 | 不要再让孩子接触会引起皮疹的物质，观察症状是否有改善(参看第 26 页“过敏反应”)。如果找不到致敏物，或皮疹没有消退，打电话给儿科医生，他或许会给出治疗方案 |
| 孩子嘴周长了感冒疮或热疮 | 疱疹病毒感染(参看第 118 页“口腔疼痛”) | 和儿科医生谈谈，想办法让孩子感到舒服些，直到症状痊愈 |
| 孩子身上发痒或长湿疹的部位长出会变硬的红色斑块 | 丘疹性湿疹、慢性湿疹或接触性皮炎 | 皮肤变粗糙是因为孩子不断抓挠长湿疹或接触性皮炎的部位。如果不接触致敏物或湿疹痊愈，这种症状就会逐渐消失 |
| 孩子暴露在阳光下的皮肤长了棕色的斑点 | 雀斑 | 雀斑是很常见的，具有家族性。夏季，雀斑的颜色会加深，冬季会变淡。雀斑没有危险性，但是表明皮肤被太阳灼伤了。给孩子涂抹防晒霜、穿 T 恤、戴帽子防晒 |
| 孩子身上或脸上，局部长有小棕点 | 痣 | 大多数人在童年和青少年时期会长痣。不用去理会。除非痣的形状不规则或可能会发炎(比如长在青春期男孩脸上要刮胡子的区域)。如果你看到痣的大小、颜色或形状发生变化，和儿科医生谈谈，他或许会把你推荐给皮肤科医生 |

（续表）

| 父母的疑虑 | 可能的原因 | 应对措施 |
| --- | --- | --- |
| 孩子身上有6个或以上明显的类似奶咖色的斑点 | 需要诊断和治疗的疾病(如神经纤维瘤) | 和儿科医生谈谈，他会给孩子做检查，如果有必要，会把孩子推荐给其他专家 |
| 孩子身上有播散的红色水疱，干燥后结黄色脓痂 | 脓疱病 | 打电话给儿科医生，如果孩子得的是脓疱病，要使用抗生素治疗 |
| 孩子皮下出现一处或几处红色、发热、疼痛的肿块。可以看到肿块顶部的浅色区域 | 疖子（毛囊感染） | 用热敷来缓解肿痛。不要去挤压疖子。给破裂的疖子贴上创可贴。如果无法痊愈或越长越多，打电话给儿科医生，他会用抗生素或其他方式治疗 |
| 孩子的手、脚、眉毛上有几处表面粗糙的无痛肿块 | 疣 | 疣是由病毒引起的，不需要治疗，会自愈。如果疣干扰到孩子手脚的动作或形状异常，医生或许会建议去除或使用外用药治疗 |
| 孩子的脚底有一个肿块，胀大的地方有个小小的开口。有点痛 | 跖（足底）疣 | 和儿科医生谈谈，他会给出治疗方法或建议采用足部护理去除 |
| 孩子是油性皮肤，脸上出油的区域长了白头或粉刺 | 青春痘 | 临近青春期，肤质发生变化是正常现象。让孩子每天早晚都清洁面部皮肤。如果长了脓包或皮疹，和儿科医生谈谈，他会给出更有针对性的治疗方法 |
| 孩子身上有许多小小发痒的肿块。他的头发里有虫卵。发痒的肿块周围有红色或灰色的线条，或许能看到他的头皮上有活的爬虫 | 感染寄生虫（如虱子）或疥疮 | 考虑给家里的每个人都持续使用1周非处方除虱药。把情况告知孩子的学校或保育园，但是要继续送孩子去上学。如果2个疗程后，孩子的头皮上还有活的虱子，和儿科医生谈谈关于更新、更有效的治疗方法 |
| 孩子身上有红色干燥粗糙的圈状皮疹，皮疹中心的颜色较浅。孩子的头皮上，有块状的掉发区域 | 癣（体癣或头皮癣） | 和儿科医生谈谈，他会制订合适的治疗方案 |
| 孩子抱怨脚趾或脚趾夹缝发痒。发痒区域的皮肤脱落 | 脚癣（香港脚） | 和儿科医生谈谈，他会开抗真菌药膏。如果症状很严重，可能需要口服药物治疗。如果两种方法都不可行，孩子需要穿凉鞋来帮助消除感染 |

（续表）

| 父母的疑虑 | 可能的原因 | 应对措施 |
| --- | --- | --- |
| 学龄儿童或青少年皮肤上有椭圆形红色鳞屑性斑片。皮疹多发于四肢，起初会长“前驱斑” | 玫瑰糠疹 | 和儿科医生谈谈，以做出正确的诊断。如果确诊，玫瑰糠疹会在8~12周自行消失。儿科医生可能会开止痒的药膏。不要用过热的水洗澡；高温会加剧皮肤瘙痒 |
| 学龄儿童身上或脸上长有增厚的、表面覆盖鳞屑的红斑，眉毛和膝盖部位尤为明显。他头上还有头皮屑 | 银屑病（或许和链球菌性咽喉炎或病毒感染还有冬季比较少晒太阳有关） | 和儿科医生谈谈，他会给孩子做检查。如果确诊银屑病，医生可能会建议孩子去看皮肤科医生 |
| 孩子最近愈合的皮肤上长有坚硬的结状物。他扎了一个耳洞 | 瘢痕疙瘩 | 和儿科医生谈谈。这是由皮肤过度生长引起的，是无害的。这种症状在深肤色，尤其是有非洲血统的人群中较为常见 |
| 孩子脸色发黄。他的粪便颜色很浅，尿液的颜色很深。他胃口不好。他感到恶心或反胃、胃痛，浑身不舒服 | 肝炎（可能是病毒性的） | 打电话给儿科医生，他会对孩子进行检查，并给出合适的治疗方案。询问儿科医生孩子什么时候能够重回校园或保育园 |
| 孩子的脸上和身上长了几个带有红晕的疱疹。他发热并易怒 | 水痘 | 自从有了水痘疫苗，现在水痘已经很少见了。打电话给儿科医生进行确诊。给孩子服用对乙酰氨基酚或布洛芬可以缓解不适。在他的洗澡水中加入燕麦粉或烘焙用苏打可以帮助止痒；儿科医生可能会开药。孩子身上的疹子受到感染会发红、发烫、压痛，或许需要使用抗生素治疗 |
| 孩子的皮肤发黄，但是眼白还是白色的 | 胡萝卜素血症，可能是由于经常食用黄色、橙色或红色（还有胡萝卜素）的蔬菜 | 和儿科医生谈谈，他会对孩子进行检查来排除严重的疾病。孩子食用了大量胡萝卜或西红柿后，常会出现这种无害的症状 |

## 症状

良好而充足的睡眠能够促进儿童生长发育，增强儿童免疫力，同时也能让父母得到充分休息，使家庭更加和睦。但是睡眠问题有可能出现在任何年龄段的孩子身上。

大月龄婴儿、各个年龄段的孩子和成年人在整夜睡眠中都会经历多个睡眠周期。有些大月龄婴儿在浅睡时还会醒来。如果6个月大的婴儿，晚上醒来的次数超过1次，就要调整他的睡眠环境改善他的睡眠。如果孩子和大人睡一间房，他会因为感觉大人不在身边而醒过来，应该和他分床，让他自己睡在就近的房间里。如果他的床很小，也许可以为他换一张大床。如果他的房间太暗，可以留一盏夜灯，让他感到自己是在熟悉的环境中。类似电风扇转动这样的声音称为白噪声，可以帮助消除外界的噪声，改善睡眠环境。

大概1岁时，宝宝的灵活性大大加强，在睡觉时很难安分下来。这时，有规律的睡前程序，像讲故事、唱歌和静态的游戏就显得十分重要。不要指望宝宝能在睡前程序还在进行时就睡着；相反，应该在他还醒着的时候，就把他放进婴儿床里，让他学会独自入睡。把他塞进被窝、和他说晚安，然后离开房间。他也许会哭一会儿，但是慢慢就会平静下来，然后入睡。如果5分钟后，他还在哭，进房间安抚他，让他知道，你就在附近，但是在里面待的时间不要超过1分钟或2分钟。如果有必要，重复这一过程几次，每次进去的时间间隔都比上次长一些。处理的方式要坚定而又具有灵活性。

大多数幼儿都很难入睡。睡前程序可以安抚他，让他平静下来。让幼儿带着心爱的物件去床上，创造一个舒适的睡眠环境也很有帮助。即使是年龄较大的孩子，平静的睡前程序对于帮助他入睡也很有效。

随着孩子的成长，他们变得更加活泼好动，总是累得头一沾到枕头就睡着了。但是有些孩子会因为恐惧、分离焦虑、对上学感到担忧而无法入睡。还有些孩子会因为将要发生的事，如假期和生日，而兴奋得睡不着。偶尔一晚睡眠不好除了会对第二天造成影响，没有什么别的坏处。帮助儿童形成良好的睡眠习惯，要先帮助他保持固定的睡眠程序。

**如果孩子有以下症状，打电话给儿科医生**

- 每天睡醒都会头痛。
- 有干扰到睡眠的严重过敏症状。
- 不论白天夜晚，都感到深深的恐惧。
- 发热，体温高于101℉（38.3℃）或其他症状干扰睡眠（参看第86页“婴儿和儿童发热”）。

**注意!**

美国儿科学会建议不要把电视机或电脑放在孩子房间里。把电视机或电脑放在孩子房间会影响他们的睡眠。电子产品会刺激大脑，让孩子难以进入平静状态。

## 药物和睡眠

某些药物也会引起孩子入睡困难。如患有注意缺陷多动障碍的孩子，服用一种能改善注意力但却会引起睡眠问题的药物；癫痫患儿服用的药物也会扰乱夜间睡眠。有些父母也许会试着用药物来促

进孩子睡眠。有些人会用苯海拉明或褪黑素——一种和睡眠有关的天然激素，来解决睡眠问题。如果想用药物促进孩子的睡眠，要先咨询儿科医生，并且这些药物只能短期使用。和服用药物相比，通过行为干预（如规律的作息时间、固定的睡前程序、不看电视、避免摄入咖啡因）对形成良好睡眠习惯更为重要。

| 父母的疑虑 | 可能的原因 | 应对措施 |
|---|---|---|
| 幼儿每晚睡前都要哭 | 他在学着独立入睡 | 每隔5～10分钟去看看他，轻声地重复平常与孩子告别的话，如“晚安”。要坚定地帮助孩子学会独立入睡 |
| 孩子每晚睡前都会发脾气 | 正常的生长发育阶段 | 避免让孩子过于疲惫、受到过度刺激或感到沮丧。确保他肚子不饿、口不渴。保持平静和令人安心的状态，但对孩子做出回应后马上离开房间 |
| 孩子对上床睡觉感到恐惧 | 对某些事(真实的或想象的)感到焦虑，尤其是在晚上 | 向孩子保证他是安全的，父母会好好保护他。和他交流一下白天令他感到恐惧的事。待在他房间里直到他平静下来，但是尽量不要和他交谈。如果恐惧还不能消除，和儿科医生谈谈 |
| 孩子在半夜醒来，没办法再次入睡 | 睡醒之后，没有让他重新入睡的条件 | 消除噪声和亮光，改变孩子入睡时需要的条件。不能让孩子在开着电视的情况下入睡。保持整个夜晚的睡眠环境与他入睡时的环境相似 |
| 孩子半夜醒来后感到有些迷糊，他有时会说一些没人听得懂的话。第二天他不记得发生了什么 | 睡醒后精神恍惚 | 这种情况发生在年龄较小的孩子身上比较常见，会自行消失。孩子醒来时，不要安抚他，这样可能会惹怒他。什么都不用做，到孩子5岁之后，这种情况通常就不会再出现了 |

## 症状

带过孩子一起过冬的父母都知道学龄儿童最容易喉咙痛。通常，这是普通感冒最先表现出来的症状。虽然感冒或喉咙痛在冬天较为常见，但是夏季也会因为病毒感染引起喉咙疼痛，尤其对于幼儿和学龄前儿童来说。

抗生素能够治愈链球菌性咽喉炎和其他细菌感染。但如果是病毒感染引起的喉咙疼痛，唯一的治疗方法就是休息和等待。用对乙酰氨基酚或布洛芬来降低体温，喝冷饮、吃软烂好吞咽的食物也能让孩子感觉舒服些。病毒性咽喉炎通常会在3~5天自愈，但如果得的是细菌性咽喉炎，不治疗会引发并发症。

有些孩子因为过敏、腺样体肿大或其他疾病堵塞鼻子，睡觉时用嘴呼吸，早晨睡醒时会感到喉咙疼痛、干燥。喝水润喉就能消除不适。如果过敏引起喉咙疼痛反复发作，儿科医生会建议治疗过敏反应。在卧室里使用加湿器也能起到一定的作用。有时候，孩子没有出现喉咙痛的症状，但是你可以看到他的扁桃体上有白点，这些白点是食物残留。如果孩子其他方面都很健康，不用在意它。

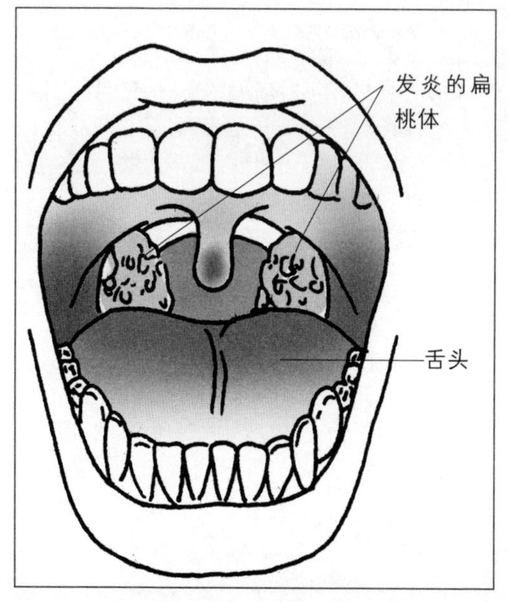


**图 2-16** 扁桃体是位于咽喉后部的淋巴组织团块

**如果孩子喉咙疼痛伴随以下表现，打电话给儿科医生**

- 体温达到或超过 102 ℉（39℃）。
- 耳朵痛。
- 迅速出现新的症状，如恶心、腺体肿大、皮疹、严重头痛、呼吸困难或关节发红压痛。
- 喉咙痛后，持续三四周尿液颜色变深。
- 长皮疹。
- 扁桃体脓肿（浅色小点）。

**注意!**

如果儿科医生诊断出细菌（链球菌）感染，会用抗生素进行治疗。即使服药一两天后症状好转，也要确保孩子按时服用所有药物。在痊愈之前停药会让细菌卷土重来。

## 扁桃体：留还是不留

过去，在使用抗生素治疗喉咙疼痛、防止并发症之前，如果孩子常常喉咙疼痛（图 2-16），通常会把扁桃体摘除。现在，如果孩子扁桃体肿大得厉害影响吞咽和呼吸或干扰睡眠、引起打呼噜、反复严重脓肿，医生还是会建议摘除扁桃体。对于每年链球菌性咽喉炎发作 6、7 次的孩子，医生也会建议摘除扁桃体。

| 父母的疑虑 | 可能的原因 | 应对措施 |
| --- | --- | --- |
| 孩子喉咙疼痛好几天了。他同时也在咳嗽流鼻涕 | 普通感冒或其他病毒性上呼吸道感染 | 给孩子喝大量液体来补充身体丢失的水分（参看第132页“流鼻涕、鼻塞”）会让孩子感到舒服些。可以给孩子服用对乙酰氨基酚或布洛芬退热。5岁以上的孩子，给他含食硬质糖果或润喉糖或许能够缓解一些疼痛；8岁以上的孩子，用盐水［在8盎司（约240毫升）温水中兑入1/2茶匙（3克）盐］漱喉，能够止痛。如果1周后感冒症状没有好转或出现其他症状，咨询儿科医生 |
| 孩子喉咙红肿。能够看到他的扁桃体脓肿。他脖子上的腺体肿大或胃痛，体温到达或高于101 ℉（38.3℃） | 链球菌性咽喉炎、传染性单核细胞增多症、其他咽喉感染 | 打电话给儿科医生，他会给孩子进行诊断并给出治疗建议，治疗时可能会用到抗生素。开始治疗24小时后，只要孩子的体温低于100.4 ℉（38℃），就可以去上学或参加其他活动 |
| 夏季，孩子抱怨喉咙痛。可以看到他的咽喉中有水疱 | 柯萨奇（coxsackie）病毒或其他病毒感染 | 打电话给儿科医生，他会对孩子进行检查，并给出合适的治疗方案（参看第118页“口腔疼痛”） |
| 婴儿拒绝喝水或吃固态食物，易怒。他的舌头或牙龈上有白色斑块 | 鹅口疮 | 打电话给儿科医生，他会给宝宝进行检查。如果是普通的真菌感染，医生会开治疗方案（参看第118页“口腔疼痛”） |
| 孩子感到很疼痛、发热、流口水、呼吸困难 | 会厌炎、脓肿、扁桃体发炎或异物引起喉咙剧痛 | 把孩子带到最近的急诊中心或拨打本地急救电话（参看第50页“呼吸困难”） |
| 孩子感到剧痛，尤其是吃饭或喝水时。他流口水、他的舌头和牙龈受伤、发热、脖子上的腺体肿大 | 口腔疱疹感染（疱疹性口龈炎） | 马上给儿科医生打电话，进行身体检查和治疗 |

# 68. 言语问题

## 症状

1 岁的幼儿能够清楚地说出好几个词汇；大多数 2 岁的幼儿表达能力和词汇量都有提高。过完 2 岁生日后，他们日益增多的复杂句子、想法和问题就像泡泡一样冒出来。许多因素会影响孩子的语言发展，其中包括基因、出生顺序还有与父母之间的互动。某些孩子，如果语言表达能力没有跟上思考的速度，会在一段时间内出现口吃的情况。通常，这不代表他将来会有语言问题，口吃的症状会随着时间消失。

对孩子进行语言评估时，很重要的是要把表达和语言区别开。表达是能够让人理解的话语，而语言却是围绕交流沟通，包括表达（说）和接收（理解）展开的思想功能。听力损失（参看第 98 页）、发育迟缓（参看第 64 页）和缺乏词汇刺激是引起儿童表达障碍的常见原因。及早发现这些问题能够帮助孩子预防将来发生会影响学习的语言问题。如果儿科医生认为你的孩子也许存在语言障碍，他会为孩子检查身体、测试听力，必要的话还会建议进行更多医学评估和治疗。大多数学校也会跟踪孩子的表达能力，并建议有潜在问题的孩子进行治疗。

**如果两岁半左右的幼儿有以下症状，请咨询儿科医生**

- 说的话令人很难理解。
- 不会说 2 个词的句子。
- 听不懂简单的指令。

**注意！**

家长急于让婴儿开口说话，会使他胆怯，不敢开口，不要给他施加压力。可以通过图书、歌曲或简单的儿歌给婴儿语言刺激。

## 5 岁前的语言发育里程

快 2 周岁时，幼儿能说 2 个词组成的句子；能听懂简单的指令，会重复在交谈中听到的词汇。

快 3 周岁时，幼儿能说 3 个词组成的句子；能听懂有 2 个或 3 个步骤的指令；能认出并区分开常见的物体和图片；能听懂大部分和他说的话。外人也能听懂他在说什么。

快 4 岁时，幼儿会说 4 个词组成的句子，会问为什么，能区分“相同”和“不同”的概念。他能掌握在日常对话中经常听到的基本语法。虽然 4 岁的幼儿能够清楚地表达，但仍有 50% 的音会发错，没有必要为此担忧。

快 5 岁时，幼儿会用自己的语言复述故事，会说 5 个以上词汇的句子。

| 父母的疑虑 | 可能的原因 | 应对措施 |
|---|---|---|
| 2岁的幼儿不开口说话，但是他健康活泼，能够听懂你说的话并进行非语言交流 | 语言发育迟缓 | 孩子语言的发育或许迟于动作的发育。如果他身边围绕着爱说话的兄弟姐妹或其他小朋友，他会感觉没有开口的必要。单独和他交流、阅读，给他充足的机会做出语言的回应 |
| 孩子看到你的脸，才对你的声音有反应 | 听力问题 | 和儿科医生谈谈，他会检查和测试孩子的听力，也许会建议其他专家会诊 |
| 学龄前孩子说话口齿不清、结巴、重复字词或语序混乱 | 正常的语言不流利阶段 | 孩子在试着把思想和运动能力统一起来。平时用清晰的语言和孩子交流、阅读。不要过度纠正或帮他说完一句话，这个阶段很快就会过去 |
| 孩子说儿语，分不清某些音 | 正常的语言发展阶段 | 许多孩子直到5岁才能掌握所有的发音。用清晰的语言和他交流，不要引起对问题发音的关注；读书给他听 |
| 学龄孩子口齿不清或一直发错声母 | 口齿不清或其他语言障碍 | 如果症状非常明显，让儿科医生推荐语言治疗师给他做语言评估 |
| 孩子说话的时候会口吃或停顿。当他想把话说出来的时候，脸上的表情很奇怪 | 口吃 | 和儿科医生谈谈，他或许会建议到语言治疗师那里做语言评估 |
| 学龄孩子常常重复词组或发出奇怪的声音。有时候会大声重复某句“脏话”，还常常做怪动作 | 抽动秽语综合征(一种以抽搐和不自觉说话为特征的疾病)、其他神经系统疾病 | 与儿科医生谈谈，他会对孩子进行检查，如果有必要，会把孩子推荐给神经科专家 |
| 2~5岁的孩子拒绝语言或非语言的交流。他好像沉浸在自己的世界。他也许会有发育倒退的情况 | 交流障碍或自闭症 | 与儿科医生谈谈，他会给孩子做医学评估并推荐给合适的专家 |
| 孩子同时存在动作发育迟缓 | 各种原因引起的动作发育问题 | 与儿科医生谈谈，他会对孩子的发育情况进行评估，如果有必要，会转诊给其他专家 |

## 症状

同一个孩子或年龄相近、饮食相同的孩子们，粪便的颜色、外观性状和排便频率却会有很大的差异。婴幼儿排便的频率变化很大，可能一天排好几次，也有可能两三天才排一次。然而，一旦孩子的饮食与其他家庭成员一致，每天排便 1~2 次就会成为常规。孩子排便的时间和频率因人而异，只要大便是软的、成条的——不是水样腹泻（参看第 70 页“婴儿和儿童腹泻”）或便秘那样坚硬的小球球便，就是正常排便，孩子有自己的排便规律。

通常，大便的颜色并不重要，但是如果大便带有血红色、黑色或柏油样的条纹，就要警惕，这些可能是胃肠道出血的信号。如果大便的颜色很淡，孩子则可能是肝脏有问题。

**如果孩子排便有以下症状，打电话给儿科医生**

- 柏油样的粪便。
- 带血的粪便。
- 颜色很淡的粪便并且皮肤上出现黄疸。
- 大块、油腻、漂浮在水上、气味难闻的粪便。

**注意！**

小儿的粪便中可能会带有没有完全消化的食物残渣，这常常是因为咀嚼不充分造成的，不意味着小儿消化不良。而排出大块、油腻、漂浮在便盆里的粪便，则是吸收不良的表现。

## 大便的颜色和性状

每一天，大便的情况都会因孩子的饮食而发生变化。母乳喂养的婴儿排出软软的，几乎是流质的大便，像稀芥末一样，里面或许还有像种子颗粒一样的东西。奶粉喂养的婴儿，正常的大便颜色是棕色至黄色的，和母乳喂养的婴儿相比，大便性状更加固态，但是也不会比花生酱更黏稠。如果大便很干、很硬，说明婴儿的饮水量可能不够或因为出汗、发热还有生病流失太多水分。吃固态食物的婴儿，如果大便很硬，很有可能表明饮食中含有他目前还无法消化的食物。当婴儿食用了大量谷物制品或其他不容易消化的食物，排便周期会加长，排出来的大便颜色呈绿色。铁补充剂会让大便颜色变黑。

如果食用了甜菜根、橡皮糖、水果咀嚼片或其他带有红色色素的食物和饮料，孩子的大便或许会变成令人警觉的红色。有些孩子的尿液也会变成粉红色。大便如果是鲜艳的蓝色、紫色或其他彩虹色，孩子很有可能误食了蜡笔。出现这种情况，不要大惊小怪，当蜡笔完全从消化道中排出后，大便里的这些颜色就会消失。一定要记住，提供给孩子的蜡笔和食物，在生产过程中用到的染色剂，一定要符合安全标准。

| 父母的疑虑 | 可能的原因 | 应对措施 |
|---|---|---|
| 孩子用的卫生纸上或肛门周围有一道道鲜艳的血迹，他的大便或便盆中也有血迹。他的直肠疼痛，有便秘症状，其他方面都是健康的 | 肛裂（参看第128页“直肠疼痛、瘙痒”） | 和儿科医生谈谈，他会对孩子进行检查，如果确诊，他会推荐治疗肛裂的方法 |
| 自从服用处方药后，孩子开始排水样便 | 药物的副作用 | 打电话给儿科医生，他会查看药物，如果可以，会开替代药物 |
| 孩子大便的颜色非常深。他在服用补铁剂、食用了大量蓝莓或深绿色的绿叶蔬菜。其他方面，他都很健康 | 药物或饮食的正常影响 | 不必采取措施，孩子是健康的 |
| 孩子大便的颜色非常淡。孩子的皮肤和眼白发黄 | 病毒性肝炎（参看第10页“黄疸”）、先天性畸形（闭锁畸形） | 打电话给儿科医生，他会对孩子进行检查并推荐合适的治疗方式 |
| 孩子的大便颜色很淡、很大块，常常有难闻的气味 | 吸收障碍 | 和儿科医生谈谈，他会对孩子进行评估，并建议调理的方法 |
| 孩子的大便中带有红色或栗色血迹。他感到不舒服，发热 | 炎症引起消化道出血（便血） | 马上给儿科医生打电话，孩子需要检查和治疗 |
| 孩子的大便是黑色的，看起来像沥青。里面有咖啡渣样的东西 | 消化道出血引起粪便中带血（黑粪） | 马上给儿科医生打电话进行检查、诊断性化验和恰当的治疗 |
| 孩子的大便是白色或白陶土色的，尿液是棕色的 | 肝脏问题 | 马上和儿科医生联系，孩子的肝脏可能有问题 |

## 症状

在小学低年级里，大概有1.5%的孩子存在大便失禁问题，发生在男孩身上的概率是女孩的6倍。大便失禁分为原发性和继发性两种。比较常见的是原发性大便失禁，指的是从婴儿时期开始，孩子的排便训练就没有成功过。继发性大便失禁是指孩子已经养成能够控制排便的习惯，几个月或几年后，又出现不当排便。4岁以上的孩子，反复出现排便在裤子里或其他不恰当的地方，也许是因为情绪压力过大，令他无法控制排便。在许多情况下，排便失禁是由身体功能缺陷引起的。不论何种原因，孩子极少故意随意排便。要帮助孩子控制排便，如果没有得到帮助，他们会被孤立，造成精神上的痛苦。

有时孩子会不断忽视排便冲动或忍着不去上厕所，久而久之，排便反射变弱，肠道蠕动也会减缓，导致粪便的体积增大、变硬，引发排便疼痛，使孩子产生对排便的恐惧。最终，坚硬结块的粪便阻塞直肠，液态的粪便时常从这些硬块旁边渗出来弄脏裤子或床单。孩子可能意识不到排出的液体是粪便，父母看到后也会错误地认为孩子拉肚子了(参看第54页“便秘”)。患有大便失禁的孩子迫切需要帮助，问题拖得越久就越难处理。

**如果孩子有以下症状，和儿科医生谈谈**

- 超过4岁还没有学会控制排便。
- 已经能够控制排便，但一段时间后，又开始弄脏裤子。

**注意！**

只能使用儿科医生开的灌肠剂和粪便软化剂来清空结块的粪便，帮助孩子清理肠道；如果没有儿科医生的指导，非处方药会让病情恶化，甚至危害到孩子的健康。

## 应对粪便潴留和大便失禁

小儿忍便是常见现象。如果这个问题造成困扰，儿科医生会制订计划来达到以下目的：帮助孩子形成规律的排便习惯；帮助孩子意识到排便反射并做出回应，适时排便；减轻家人的精神压力；提供能够促进正常排便的饮食计划。

治疗初期，儿科医生通常会用药物帮助孩子排出结块的粪便。这些药物能让大块粪便缩小到正常大小。接下来，孩子每天都要服用一定量的药物来促进排便。儿科医生会查看孩子的饮食，以保证饮食中含有足够的膳食纤维来源，如蔬菜、水果、全谷物麦片和面包，还有大量的水。不加黄油的爆米花是一种高纤维零食，能促进正常排便功能。

如果孩子存在大便失禁的问题，可以用奖励机制对他进行鼓励，对于好胜心很强的孩子，效果会更好。如果孩子一整天都表现良好，可以在当天的日历上贴一个小星星作为奖励；如果一整周都没有什么意外情况发生，可以奖励一本书、一个玩具给他。治疗可能要持续几个月或几年，这期间出现反复也是正常的。再三向孩子保证，你知道他一直在努力，坚持到底，一定能达到目的。

| 父母的疑虑 | 可能的原因 | 应对措施 |
| --- | --- | --- |
| 4 岁以上的孩子常常拉在裤子里，或不在卫生间排便。他拒绝接受排便训练 | 原发性大便失禁 | 和儿科医生谈谈，他会对孩子进行检查并制订应对这种症状的计划 |
| 学龄孩子的大便常常是腹泻状的，会沾到衣服或床单上 | 粪便潴留、阻塞和漏出(参看第 70 页"婴儿和儿童腹泻"，第 54 页"便秘") | 和儿科医生谈谈，他会对孩子进行检查，治疗方案中或许会包括使用药物和重新进行排便训练 |
| 自从孩子腹泻或得了肠胃炎后，偶尔大便失禁 | 对正常的排便习惯感到不安 | 提醒孩子定时上厕所。1 周内他的排便就会恢复正常。如果没有恢复或出现其他症状，和儿科医生谈谈 |
| 之前排便习惯良好的孩子，上学或转学之后，开始大便失禁。他在其他方面都很好 | 在困境中的行为反应 | 孩子也许不喜欢学校的厕所，或者学校的作息时间和他平时的不一致。如果必要，让学校维修或清洁厕所。在家里让孩子形成定时上厕所的习惯，多给他一些时间，彻底排便 |
| 孩子学会控制排便后，又开始大便失禁。他的压力很大，在学校里他有学习或社交上的问题 | 压力 | 如果家里最近面临困境，和孩子解释一下家里的情况，但不要给孩子造成过大的负担。和老师交流一下，找出并解决问题的根源。和儿科医生讨论一下如何能让孩子的排便习惯恢复，如何缓解孩子的压力 |
| 孩子没有耐心又冲动 | 冲动、注意力缺失 | 鼓励孩子在卫生间待上一段时间；如果有效的话，采用奖励机制。如果没有改善，寻求儿科医生的建议 |

## 症状

孩子身上有一处肿块或一小片水肿，如果按上去会疼痛，最大可能是炎症引起的；如果没有压痛可能就是囊肿。外伤部位的周围也会水肿，可以摸到皮下深紫色的肿块。孩子时常会因为对食物、温度或其他事物高度敏感，发生急性皮肤深层水肿——血管性水肿。在这种情况下，如果孩子皮肤表面也起了皮疹（参看第 26 页“过敏反应”），就能进一步说明是过敏反应。受到病毒感染，也会引起这种反应（参看第 154 页“淋巴腺肿大”）。

**如果孩子有以下症状，和儿科医生谈谈**

- 会痛的肿块。
- 发红、发烫、压痛的肿块。
- 无法消除且一直变大、不明原因的肿块。

**注意！**

如果孩子身上有不明原因的肿块，带他去看儿科医生。虽然儿童肿瘤很少见，但宁愿稳妥一些也不要忽略可能存在的威胁。

## 手腕上的肿块

有些孩子会长充满液体的泡囊——腱鞘囊肿（图 2-17）。这是滑膜液——保持关节活动顺畅润滑的液体，从关节周围的关节囊穿孔处漏出，堆积在腱鞘处形成的。腱鞘囊肿常常出现在手腕或手背上。

大多数腱鞘囊肿都是无害且无痛的，不需要治疗，会逐渐消失。然而，如果腱鞘囊肿体积很大、会痛且影响孩子的手腕功能，儿科医生会建议进行治疗。如果腱鞘囊肿影响手部正常功能，可以通过手术切除，把滑膜液漏出的地方封起来。不要尝试自己处理腱鞘囊肿。

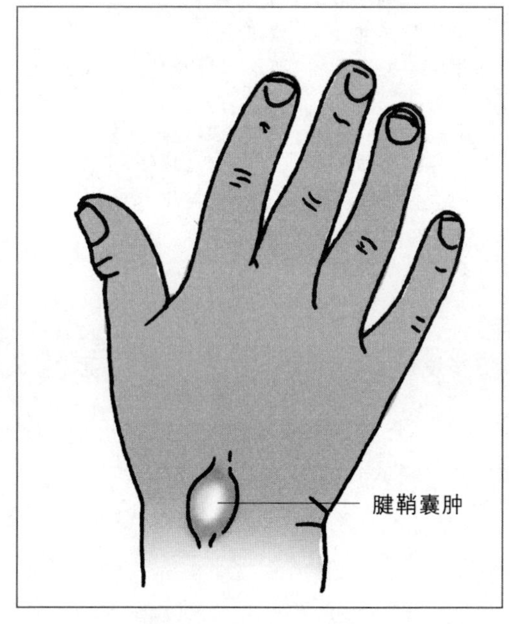


**图 2-17** 腱鞘囊肿是外形光滑的坚韧肿块，长在皮下，常常如黄豆般大。腱鞘囊肿常常发生在手腕背部，也会发生在踝关节或手指上

| 父母的疑虑 | 可能的原因 | 应对措施 |
|---|---|---|
| 孩子身上有一处或几处疼痛、发红、发烫的皮下肿块，肿块可能出现在身体任何部位。每个肿块的顶部都有一个浅色区域 | 疖子（毛囊感染） | 用热敷缓解疼痛和肿胀。不要挤压疖子，如果疖子开口或破裂，贴上创可贴。如果没有痊愈或长了更多疖子，儿科医生会给孩子做检查，会开抗生素并进行进一步治疗 |
| 孩子的手、脚和肘部有好几处表面粗糙无痛的肿块 | 疣 | 疣，是由人乳头状瘤病毒引起的，不用治疗，会自愈。如果它让孩子感到用手困难、破相或有扩张的趋势，和儿科医生谈谈，他或许会建议切除 |
| 孩子腹股沟有柔软无痛的肿块，轻压时会消失 | 腹股沟疝 | 和儿科医生谈谈，他会对孩子进行检查，如有必要，会让孩子转诊其他专家进行治疗（也可参看第 24 页“腹胀”） |
| 男孩的阴囊一侧有柔软无痛肿块，两侧睾丸大小不一。躺下的时候，肿块看起来会变小 | 鞘膜积液、疝 | 和儿科医生谈谈，他会对孩子进行检查，并判断是否是鞘膜积液——一种会让液体堆积在阴囊的先天性疾病，只是小毛病。如果孩子得的是疝，儿科医生会让他转诊其他专家进行治疗 |
| 孩子脚底有肿块，肿块上有开口，走路时碰到会痛 | 足底疣 | 和儿科医生谈谈，他会给出治疗方案 |
| 孩子小腿有看起来像瘀青一样的肿块，虽然他不记得是什么时候受伤的。他最近得了上呼吸道感染，免疫力低下 | 结节性红斑，对细菌或病毒感染的免疫反应引起的炎性皮肤疾病 | 打电话给儿科医生，他会对孩子进行检查并做诊断性化验 |
| 孩子抱怨骨头上有疼痛的肿块 | 感染、肿瘤或其他需要诊断和治疗的疾病 | 尽快打电话咨询儿科医生 |

# 72. 淋巴腺肿大

## 症状

儿童的淋巴结位于颈部、腋下和腹股沟等处，接近体表。儿童淋巴结肿大常常是因为身体受到感染引起的。小儿淋巴结肿大通常不需要治疗，一旦疾病痊愈，肿大就会消退。如果孩子肿大的淋巴结压痛、持续多日、变大或和感染无关，儿科医生会对孩子进行检查。过度摩擦会加剧淋巴结压痛和肿大。

**如果孩子有以下症状，打电话给儿科医生**

- 12个月或以下的婴儿，淋巴结肿大。
- 淋巴结肿大持续或超过7天。
- 持续5天或以上淋巴结肿大且体温超过101 ℉（38.3℃）。
- 全身淋巴结肿大。
- 淋巴结迅速肿大且表面皮肤变色。

**注意！**

1岁以下的婴儿淋巴结肿大要带他去看儿科医生。

## 淋巴系统

淋巴系统（图2-18）是身体抵御细菌和病毒入侵的重要防线。这个系统包括脾脏（淋巴系统中最大的器官），还有小淋巴结或淋巴结，它们通过淋巴管连在一起，构成淋巴系统。位于颈部、腋下和腹股沟处的淋巴结，是阻止细胞蔓延的第一阵地。淋巴系统中包含有淋巴，这是一种液体，用来运送免疫白细胞——淋巴细胞。淋巴细胞产生于脾脏、淋巴结和骨髓，能够识别并参与免疫反应抵御外来细胞和病毒或其他有害物质。淋巴细胞会产生抗体来消灭或破坏病毒；抗体能够长期留在体液中，帮助身体抵抗同种病毒再次入侵。当身体遭到病毒攻击时，淋巴细胞会快速增加并产生抗体，使淋巴结明显增大。

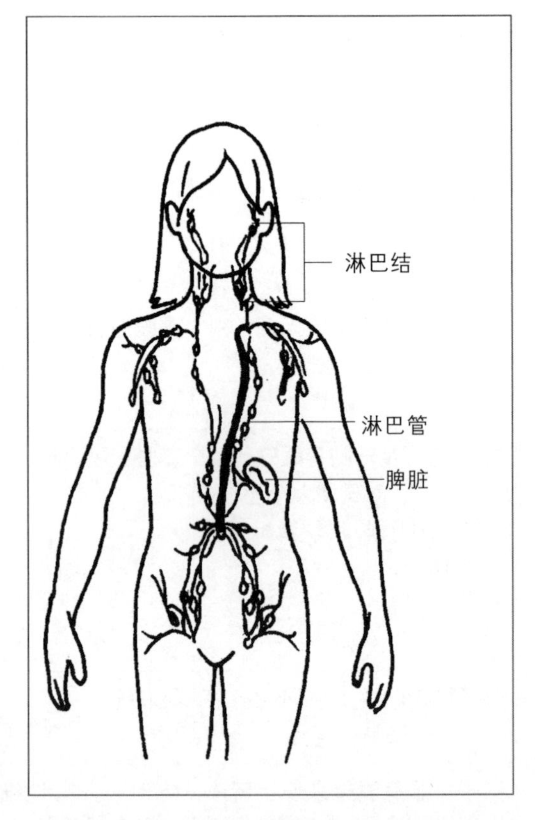


图2-18 淋巴结主要分布图。淋巴液在身体组织里循环，只要有血管分布的地方就有淋巴管。虽然在粗的淋巴管中有瓣膜阻止淋巴回流，但是淋巴循环没有“泵”的推进，这一点它和血液循环不同。淋巴结会过滤出细菌并产生有免疫作用的淋巴细胞。淋巴系统在携带脂肪、运送营养物质和身体垃圾、保持身体体液平衡方面起着重要的作用

| 父母的疑虑 | 可能的原因 | 应对措施 |
|---|---|---|
| 孩子颈部前面或侧面肿大，但是不痛。他最近体温曾上升到 100.4 ℉ (38℃) 或以上，并伴有流鼻涕、喉咙疼痛或其他上呼吸道感染的症状 | 病毒感染、传染性单核细胞增多症、扁桃体炎 | 如果孩子感觉好些了，过一两天后再检查一下腺体的大小，确保消肿了。如果 1 周后，肿大的腺体没有发生变化，和儿科医生谈谈 |
| 肿大发生在孩子的下颌骨下方。他牙痛或口腔中别的地方疼痛 | 牙齿、牙龈或脸颊受到感染 | 和儿科医生谈谈，他会对孩子进行检查，如果有必要，会开处方。如果是牙齿或牙龈感染，儿科医生会推荐孩子到牙医那里去 |
| 淋巴结肿大只发生在腋下和腹股沟。和肿胀的淋巴结同一侧的手或脚受到感染、疼痛、发烫、发红 | 感染（可能是细菌性的） | 打电话给儿科医生，他会对孩子进行检查，并且提供必要的治疗，可能会用到抗生素 |
| 孩子淋巴结肿大，他在服用药物治疗如癫痫这样的慢性疾病 | 药物的副作用 | 和儿科医生谈谈，他也许会调整药物 |
| 孩子被猫抓伤或咬伤后，淋巴结肿大、压痛 | 猫抓病，被猫（通常是健康的猫）抓伤或咬伤引起的感染 | 打电话给儿科医生，他会对孩子进行检查。如有必要，会给出治疗方案。用热敷和服用孩子对乙酰氨基酚或布洛芬来缓解不适 |
| 孩子全身淋巴结肿大，同时体温超过 100.4 ℉ (38℃) 或还伴有其他症状 | 全身性疾病，最常见的是病毒或其他需要诊断和治疗的感染 | 打电话给儿科医生，他会对孩子进行检查，并决定是否要进行诊断性化验和治疗 |
| 十几岁的孩子锁骨上方淋巴结肿大。身体其他部位也有淋巴结肿大的情况 | 胸腔感染或肿瘤，需要尽快诊断和治疗 | 打电话给儿科医生，尽快安排体检 |

## 症状

2 岁左右的孩子，对日益增长的独立意识感到疑惑，常常会哭泣、大发脾气。情绪暴发时，他会躺在地上、又踢又打、撞头甚至屏气，直到失去意识（参看第 44 页“应对屏气发作”）。父母常常感到很疑惑，因为让他如此愤怒的通常是小事，如当他被要求戴帽子外出或尝试新口味的麦片时。提醒自己，这是孩子正常发育中的一部分，不要因为自己是家长就做出不恰当的反应。

虽然对于 18 个月至 4 岁的孩子来说，情绪失控是正常现象。但是如果上小学的孩子仍然时不时暴发情绪风暴，就要引起重视。孩子尚未发展出成熟的社交能力，会通过破坏性行为（参看第 38 页“行为问题”）来表达负面或憎恨的情绪。这种行为警示着孩子未来可能会出现需要矫正的问题，需要行为和心理学专家对他进行评估和治疗。

大吼、生气或对孩子动手是没用的，只会让情况更糟糕。当孩子情绪失控时，最好的办法就是忽略它，或把孩子带到房间，让他独处一会儿。如果 4 岁以上的孩子仍然会情绪失控，儿科医生也许会建议咨询精神科医生或心理医生。家长教育社团也许能提供进一步的帮助和支持。

**如果孩子情绪失控伴随以下任何一种情况，请咨询儿科医生**

- 屏气和昏厥。
- 4 岁之后脾气暴发的时间加长，程度加重。
- 伤害自己或他人，或损坏财物。
- 常常做噩梦，在行为和排便训练方面有严重的问题，感到恐惧或过于独立。

**注意!**

尽量让孩子的情绪在可控的范围内，观察他，不要让他过于疲惫、激动、沮丧。合理地指导他的行为，父母过于严格或放任，都会使这种情况更糟糕。

## 应对情绪失控

在孩子情绪失控前，试着分散他的注意力，比如和他说：“让我们看看这本故事书里有什么？”或“你听到门铃声了吗？”。如果孩子的情绪依旧像在酝酿中的风暴，离开或忽视他或许能起作用。最好的办法是等孩子发泄完，冷静下来，抱抱他，尽快继续被打断的活动。不要容忍孩子人身攻击的行为，如果他攻击了身边的人，要让他知道这是一种不能被接受的行为。如果孩子在家以外的地方情绪失控，平静地把他带到没有外人的地方，让他自行平息情绪风暴。

4 岁以下的孩子，情绪失控是正常的，没必要用令他为难的事或不切实际的要求，让情况变得更糟糕。给他合理的自由，让他自己做一些简单的决定。只提供两样东西让他选择，如苹果还是香蕉，而不是把整个果盘都给他。

最重要的是，家长要立场坚定，让孩子明确地知道，与健康和人身安全相关的事，如上床睡觉和乘车坐安全座椅，没有商量的余地，一旦做了决定，就要坚持到底不能退缩。用笑话或幽默的语气告诉他什么是纪律，并且时刻记住孩子情绪失控是阶段性的，最终会过去。

年龄更大的孩子发完脾气后，告诉他除了发脾气之外还有其他处理问题的方式。告诉他虽然你不赞成他的行为，但是

依然爱他。让孩子在房间里自己待一会儿,可以帮助他平静下来。在多子女家庭,父母要公平对待每一个孩子。观察他们,确保看起来很乖的孩子,没有暗地里欺负其他兄弟姐妹们。

如果学龄孩子情绪失控,而你担心自己面对他时会失去控制,和儿科医生谈谈。许多社区机构,都能给家长提供有效的训练课程和支援团体。

| 父母的疑虑 | 可能的原因 | 应对措施 |
| --- | --- | --- |
| 幼儿对几乎所有的问题都回答“不”。他拒绝曾经喜欢的食物。有时候会故意违背大人的意愿做事,他常常不明原因地哭 | 正常的生长发育阶段,会从孩子大概18个月大持续到4岁以内 | 帮助孩子养成独立性,可以给他两个选项做选择。不要因为孩子发脾气而惩罚他,相反,如果你忽视它们,渐渐地,这些行为发生的频率就会降低。给他玩具,让他在玩耍中发泄情绪;孩子的情绪平复后,安抚他,逗他笑 |
| 4岁以上的孩子,情绪失控。白天,他出现不当排便。他觉得很难和别的孩子相处 | 行为障碍 | 和儿科医生谈谈,他会决定孩子是否需要咨询儿童精神健康专家。儿科医生可能会建议你加入家长互助团体 |
| 孩子在学校里情绪失控。他对老师和别的孩子具有攻击性 | 行为障碍、学习障碍 | 和孩子的老师谈谈,找出问题的根源。和儿科医生谈谈,他会检查孩子的视力和听力来找出潜在问题。教会孩子用语言解决矛盾。儿科医生可能会建议咨询行为专家 |

## 症状

抽动是随意肌的共济运动。暂时性抽动症的普遍性令人惊讶，约有10%的人经历过持续1个月或以上的抽动并最终自愈。习惯性抽动包括不由自主或强迫进行某种重复性动作，最常见的是吸鼻子、做鬼脸、眨眼睛、伸脖子和耸肩。

和痉挛类似的有节奏震颤，尤其是下巴和腿部震颤，在健康新生儿中是很常见的。这种颤动在新生儿哭泣或做检查时尤为明显，出生2周后就会消失。患有遗传性抽动症的儿童，症状可能会严重到影响写字和做其他动作。有些药物也会引起抽动。孩子在睡眠中常常会发生全身性抽动，这是一种良性抽动。遗传性疾病和代谢疾病，如身体无法进行铜和铁的代谢，也会引起抽动。在感染了链球菌性咽喉炎后，得了风湿热的孩子，会患上风湿性舞蹈症，这是一种抽动性疾病，曾经叫作圣维斯特舞蹈症。可以使用抗生素治疗链球菌性咽喉炎，防止这些并发症。

**如果孩子有以下症状，和儿科医生谈谈**

- 抽动的同时发出声音。
- 被阻止某些无意义的仪式性动作时会变得烦躁。

**注意！**

某些药物会引起易感儿童抽动，尤其是对于患有注意缺陷多动障碍的孩子来说。如果孩子服用中枢神经兴奋药物后，做怪动作或发出怪声音，带他去看儿科医生。

## 抽动是强迫症的信号

许多病例中，原先从行为习惯上判断被当作抽动症的患儿，最后被证明是强迫症。强迫症患者虽然能够短期抑制抽动行为，但是随着情绪压力的累积，抽动最后会暴发出来。这种疾病的根源也许是生化问题，家里的其他成员也有可能患有这种疾病。

强迫症儿童常常会把仪式性动作当作自我保护机制。他们或许会对排泄物或身上的污渍耿耿于怀，或需要让所有的东西都保持原样。他们的仪式性行为会逐渐取代正常行为。

虽然对强迫行为感到很苦恼，但是强迫症患儿也许会尝试着让父母也加入到这些仪式性行为中来。强迫症可能在孩子第一次抽动时就存在，到了青春期和刚刚成年时会变得更明显。近年来，已经研究出几种能够控制抽动、注意障碍和强迫症的药物了。这些药需要长期服用才能见效。有时，孩子服用了中枢神经兴奋药物治疗注意缺陷多动障碍（参看第30页），使抽动加剧，可能需要更换药物。另外，最近发现一种叫作熊猫病的疾病（伴有链球菌感染的小儿自身免疫性神经精神障碍），也许与强迫症和链球菌感染有关，虽然存在争议，但有专家宣称这种疾病确实存在。如果你担心孩子患了这种疾病，和儿科医生谈谈。

| 父母的疑虑 | 可能的原因 | 应对措施 |
|---|---|---|
| 孩子睡觉的时候，腿会抽动一两次 | 夜间肌肉抽动 | 正常的肌肉痉挛，不需要治疗。可能会持续到成年 |
| 孩子的眼睑或其他地方的肌肉不停抽动 | 疲惫、压力 | 这种抽动很令人烦恼却无害；当孩子感觉不到疲惫和压力时，就会停止。可能会复发 |
| 孩子做重复性动作、发出重复的声音。他的咳嗽症状在睡着时会消失。即使遭到劝阻，他也无法停止这些行为，感到有压力时，这些行为会加剧，频率变快 | 孩子短暂性抽动症或习惯性痉挛 | 孩子短暂性抽动症常常不需要治疗，几周后就会消失，有时也许会持续1年。如果症状变得更明显或出现新的表现，和儿科医生谈谈，制订一个检查计划 |
| 孩子的重复性动作每次持续最多30秒，他无法抑制自己的这些行为。他能意识到自己的这些行为，他是清醒的 | 癫痫小发作（参看第222页“惊厥”） | 咨询儿科医生，他会给孩子做检查，或许会建议治疗方式或咨询其他专家 |
| 孩子每次抽动都会涉及3个或以上肌肉群，家里有其他人患有运动障碍 | 慢性运动性抽动障碍 | 和儿科医生确认一下，他会对孩子进行检查来排除任何身体障碍，或许会推荐治疗方式 |
| 孩子服用了治疗多动症的药物后出现抽动 | 药物的副作用 | 打电话给儿科医生报告药物的副作用，让医生重新评估治疗方案 |
| 孩子不断发出各种怪声音，做各种怪动作，这种情况在压力下会更严重。这些症状持续了1年以上。家里的其他成员有运动障碍 | 抽动秽语综合征，一种神经系统疾病 | 和儿科医生谈谈，他会给孩子做检查，会建议咨询小儿神经科专家 |
| 孩子不自觉地抽动。他很虚弱，情绪不稳定，几周或几个月前曾经得过咽喉炎 | 风湿性舞蹈症，风湿热的并发症 | 打电话给儿科医生，他会对孩子进行检查并开包含抗生素的处方 |
| 孩子入睡困难，因为腿上有异样的感觉 | 不安腿综合征 | 和儿科医生谈谈，患有缺铁性贫血的孩子可能会出现不安腿综合征 |

## 症状

许多生长发育正常的孩子在进行如厕训练后6个月至1年的时间内还会偶尔尿裤子。虽然有些5岁大的孩子夜晚会出现阶段性尿床（参看第36页“尿床”），但白天基本不会出现尿裤子的情况。一般来说，白天遗尿的情况会比晚上少得多，如果孩子常常在白天遗尿，要告诉儿科医生。如果孩子已能控制排尿一段时间后，又开始遗尿，可能是因为压力过大、急性感染或其他疾病引起的，应该带孩子去看儿科医生。

**如果孩子有以下症状，请咨询儿科医生**

- 抱怨排尿时疼痛。
- 尿液混浊或呈粉色。
- 看起来消瘦、苍白、疲惫且尿量异常大。
- 已经成功进行如厕训练的孩子再次尿湿裤子。

**注意！**

夏季泳池里含氯的水，或许会刺激尿道，让孩子觉得一直要排尿。

## 控制排尿

在孩子学会控制排尿和排便之前，他们必须能够知道排空的膀胱和直肠是什么感觉；在有便意或尿意时能够控制排泄（图2-19）。很少有发育正常的孩子能在2岁前掌握这两项复杂的功能；发育正常或发育迟缓的孩子要到更大一些才能控制排泄（参看第36页“如厕训练步骤”）。大多数3~4岁的孩子，都能在醒着时控制排尿和排便功能，但是意外情况——尤其是遗尿——还会偶尔发生。孩子通常在2岁半至3岁半，能够控制夜间排尿。然而，一直到孩子5岁，尿床都是很常见的。而且，在年龄更大的，发育正常、健康的孩子中尿床的情况也不少见。

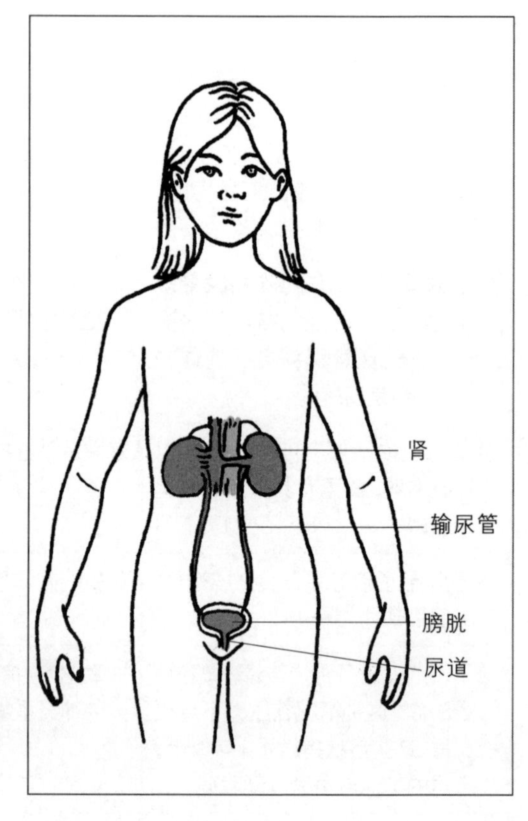


图2-19 尿液是在肾脏产生的，通过输尿管聚集在膀胱里，每隔一段时间，由尿道排出

| 父母的疑虑 | 可能的原因 | 应对措施 |
|---|---|---|
| 孩子玩得入迷或外出的时候，常常尿湿裤子 | 兴奋、分心、忍着不去上洗手间 | 训练孩子对尿意的感知。外出前或隔一段时间就提醒他上厕所。如果他看起来想上厕所，让他马上去。如果是在不熟悉的地方，告诉他洗手间在哪儿 |
| 在孩子能够控制排尿很长一段时间后，又常常尿湿。他排尿时，有疼痛和灼烧的感觉，尿液常常呈点滴状排出 | 尿路感染、情绪压力 | 打电话给儿科医生。尿路感染必须尽快治疗。如果家庭压力很大，和孩子谈谈家里主要的变故，但不要告诉他细节以免加重他的思想负担。试着找出学校里让他感到有压力的事。让他按时上洗手间 |
| 孩子便秘严重的同时也存在排尿问题 | 直肠过满（参看第150页“大便失禁”）压迫膀胱 | 和儿科医生谈谈，他会对孩子进行检查并建议治疗方案。调整饮食时要注意加大膳食纤维摄入和饮水量 |
| 孩子小便很频繁，有时会尿湿。他在服用治疗哮喘的药 | 药物的副作用 | 打电话给儿科医生，他或许会调整处方 |
| 孩子的尿液排出是点滴状的。孩子被诊断出脊柱疾病或其他慢性疾病 | 神经性膀胱功能障碍 | 和儿科医生讨论一下，他会告诉你如何最好地保护孩子的膀胱功能 |
| 不论白天黑夜，孩子的尿量都很大。虽然喝了大量的水，他还是觉得口渴。他看起来消瘦又疲惫 | 糖尿病 | 打电话给儿科医生，他会对孩子进行检查并做诊断性化验检查。如果确诊为糖尿病，孩子将要终身接受治疗 |
| 孩子患有癫痫或发育障碍，排尿后尿布上有小颗粒 | 膀胱结石，和药物与代谢有关 | 和儿科医生谈谈，孩子可能需要验血和尿检；如果孩子患有癫痫，或许要咨询神经内科医生 |

# 76. 排尿疼痛、困难

## 症状

儿童排尿的次数比成年人频繁，因为他们的膀胱比较小而饮水量相对来说较大。另外，因为控制膀胱开合的肌肉要好多年才能完全发育成熟，有尿意时，小儿容易尿急。虽然很多疾病都会导致排尿疼痛，但最常见的原因是尿道炎。

**如果孩子有以下症状，马上打电话给儿科医生**

- 排不出尿。
- 尿血。
- 腹部肿大且排尿困难。
- 尿痛。
- 尿频。
- 能控制排尿后又出现白天或夜间遗尿。

**注意!**

有些因为尿道炎反复发作而导致尿痛的孩子，有排尿次数过少的习惯，而且他们或许有严重的便秘。训练孩子，教会他在感到想上厕所时，如何做出恰当的反应。

## 预防尿道炎

通常，排尿疼痛是由尿道炎引起的。女孩更容易感染尿道炎，因为她们的尿道很浅，细菌很容易进入膀胱。为了降低感染概率，大便后，女孩要从肛门前部向后擦拭。饮用蔓越莓汁或蓝莓汁是流行的预防尿道炎的家庭疗法。虽然有研究表明，某些饮料能使尿液呈酸性，阻止细菌繁殖。但是，喝大量水冲洗膀胱也一样有效。还可以采用以下方法预防尿道炎。

- 穿棉布内裤，避免穿过紧的裤子。
- 不要洗泡泡浴，不要使用添加香精的洗浴用品和其他会刺激尿道的产品。
- 游泳后，换上干爽的衣服，不要穿着湿衣服。
- 可乐、其他含咖啡因的饮料、巧克力和某些调料会刺激膀胱，应该避免食用。

| 父母的疑虑 | 可能的原因 | 应对措施 |
|---|---|---|
| 已经能够控制排尿的孩子，排尿频繁或尿急。已经能够控制排尿很长时间后，孩子又开始尿湿裤子或床单。他肚子痛，尿的味道很难闻，尿血，排尿时感到灼痛 | 尿道炎 | 打电话给儿科医生。如果是细菌感染，要马上治疗，防止并发症。如果是病毒感染，抗生素不会起作用，但是症状会在 4 天后消失。同时，医生还会想办法减轻孩子的不适 |
| 婴儿的尿液有难闻的气味，他在发热且烦躁不安 | 尿道感染 | 打电话给儿科医生，他会给孩子做检查，进行诊断性测试，包括检测尿液中的菌群，给出合适的治疗方案 |

（续表）

| 父母的疑虑 | 可能的原因 | 应对措施 |
| --- | --- | --- |
| 女孩抱怨生殖部位疼痛，她的阴道口发红，有分泌物 | 阴道异物（也可参看下页“阴道瘙痒、分泌物”） | 孩子有时会把物体塞进阴道里，引起阴道疼痛、发炎。打电话给儿科医生，他会对孩子进行检查并取出异物。也许会开治疗方案来防止感染 |
| 男孩的阴茎顶部有红肿的迹象，他排尿困难 | 龟头炎、尿道口狭窄 | 这种症状是由感染或割除包皮后，瘢痕组织生长，堵塞尿道口造成的。和儿科医生谈谈，他会对孩子进行检查和必要的治疗 |
| 女孩排尿困难，阴道中有刺激感 | 阴唇粘连 | 有时，女孩的阴唇会粘连在一起，阻塞阴道和尿道口。和儿科医生谈谈，他会对孩子进行检查和必要的治疗 |
| 洗完澡后，孩子抱怨排尿的时候有灼烧感 | 肥皂进入尿道 | 教孩子把肥皂打成泡，不要直接擦在身上。把他全身上下用清水冲洗一遍 |
| 孩子排尿困难，可以摸到他的一侧腹部有肿块。他的尿液中带血。他呕吐，感到疼痛 | 肾母细胞瘤（一种肾脏肿瘤）或其他需要马上诊断和治疗的疾病 | 马上给儿科医生打电话，进行检查和诊断性测试。孩子也许需要住院进一步检查和治疗 |
| 孩子的阴道或肛门处发红、瘀青或有其他痕迹。身上别的地方也有不明伤痕。他不愿告诉大人或因为年纪太小说不清原因。他有尿道发炎的迹象 | 性侵 | 打电话给儿科医生，他会检查出引起这些症状的原因，并建议处理方式 |

## 症状

正常的阴道分泌物中大部分是细胞和阴道壁的渗出物，是白色或无色，没有令人讨厌的气味，从水样到黏性的液体。女孩初潮之前这种分泌物的量会变大，初潮后它的性状会随着月经周期发生变化。女性不论处于什么年龄段，阴道发痒或疼痛且分泌物有异味或颜色异常，都可能是阴道发炎的信号。如果你怀疑孩子得了阴道炎，打电话给儿科医生并进行治疗。

因为阴道和膀胱开口处很容易沾染粪便中的细菌，学龄女童和少女有时会感染外阴阴道炎——阴道和外阴感染。小女孩对生殖区感染更加敏感，因为她的外阴和阴道黏膜尚未发育成熟，同时又缺乏青春期女孩高水平雌激素的保护。青春期时，增厚的阴唇脂肪和阴毛会覆盖外生殖器，为外阴和阴道提供了更多一层保护。

通常引起外阴阴道炎的原因包括，肥皂或润肤露中的刺激性化学物质和香料，还有蛲虫携带的细菌（参看第 128 页“直肠疼痛、瘙痒”）。外物进入阴道也可能引起感染，包括青春期女孩忘了取出卫生棉条。女孩患有慢性疾病，如糖尿病，都可能会导致阴道内酵母菌过度繁殖。使用抗生素或其他药物也可能破坏正常的阴道环境，使细菌和酵母菌迅速繁殖。

**如果女孩有以下症状，请咨询儿科医生**

- 反复出现阴道瘙痒、疼痛和发炎。
- 阴道分泌物异常。

**注意！**

不要购买非处方抗真菌或酵母菌药物来治疗儿童阴道炎。如果疾病不是因为感染引起的或疾病是由其他细菌引起的，这些药品是无效的。儿科医生会根据实际情况开合适的处方。

## 预防外阴阴道炎

为了预防外阴阴道炎，女孩要养成良好的卫生习惯。常常感染外阴阴道炎的女孩，应该使用防过敏的肥皂、避免泡泡浴和添加了香料及除臭剂的肥皂。每天都要更换内裤，经期要换得更勤一些。连裤袜、紧身裤、紧身牛仔裤和合成纤维织物制成的内裤，会形成潮湿温暖的环境，使细菌大量繁殖。贴身穿的衣物，如泳衣，每次游完泳都要清洗。女孩要穿宽松的棉质内裤或裆部是棉布制成的连裤袜。青春期女孩必须明白，刮阴毛会加大阴部感染的概率。

| 父母的疑虑 | 可能的原因 | 应对措施 |
|---|---|---|
| 新生儿女婴有透明的、白色的或带有血迹的阴道分泌物 | 母亲的雌激素作用消退的影响 | 正常现象，几天后会停止 |
| 女孩外阴或肛门发红，阴道分泌物呈白色黏稠的凝乳状 | 酵母菌感染 | 和儿科医生谈谈，他会对孩子进行检查、给出治疗方案。只能使用儿科医生开的药进行治疗 |
| 女婴长有尿布疹，有白色的阴道分泌物 | 念珠菌性尿布疹 | 打电话给儿科医生，他会对孩子进行检查并给出治疗方案 |
| 女孩的阴道分泌物有异味 | 阴道内有异物、感染 | 打电话给儿科医生，医生会治疗她的炎症或取出异物 |
| 女孩排尿的次数比以往频繁，而且她的外阴和阴道发红，受到感染 | 外阴阴道炎 | 和儿科医生谈谈，他会开必要的治疗方案 |
| 9~10 岁的女孩抱怨阴道分泌物增加 | 临近青春期，雌激素的作用 | 如果分泌物是白色或无色的且没有臭味，这是正常现象。和她谈谈青春期时，身上将要发生的变化 |
| 青春期女孩，阴道分泌物带血 | 阴道异物、感染 | 和儿科医生谈谈，他会给孩子做检查，并决定是否需要治疗 |
| 女孩外阴、阴道或肛门周围有瘀青、发红，还有分泌物和其他痕迹 | 性侵 | 咨询儿科医生，他会对孩子进行治疗并找出原因，医生也许能发现究竟发生了什么事 |

# 78. 视力问题

## 症状

常规体检时，儿科医生会对孩子进行视力测试。如果孩子的眼睛发育正常，能够遵循医生的指令并说出看到的物体，家中没有人患严重的眼疾，孩子通常不需要在 3 岁前做正式的视力测试。孩子 3 岁前，儿科医生会用特殊的录像机找出可能会影响视力的问题。如果筛查结果表明孩子存在视力缺陷或眼疾的迹象，儿科医生会建议找小儿眼科医生做进一步评估。

尽管很多人不相信，但是常见的视力问题——近视、远视和散光不是因为阅读的时间太长和看电视坐太近（图 2-20）造成的；戴眼镜也不会使视力降低。这些视力问题常常具有遗传性（更多关于散光和眼疾的问题，参看第 60 页“内斜和外斜视”，第 82 页“眼部问题”）。

**如果孩子有以下症状，和儿科医生谈谈**

- 为了看得更清楚，要用力眯起眼睛。
- 做作业的时候，把头埋得很低。
- 完成精细工作后，抱怨头痛、眼睛疲劳或视物模糊。
- 看不清近处的东西。
- 经常要歪着头看东西。
- 看不清远处的东西。

**注意！**

近视常常出现在孩子青春期快速生长期，眼睛的大小和形状发生变化时。

## 应对色盲

色盲是一种常见的视觉障碍。虽然色盲患者不能驾驶飞行器，不能从事其他需要辨别颜色的工作，但是通常人们不会把它当成身体缺陷。同一种颜色在色盲患者眼中和正常人眼中，色度和亮度是不一样的。

多数色盲患者无法区分红色和绿色；有一些患者在光线昏暗的地方看不清颜色，这是较轻微的症状；少数患者无法区分黄色和蓝色。

色盲具有遗传性，常常通过母亲传给儿子，极少会传给女儿。如果孩子无法说出颜色，就要怀疑他是否是色盲；有时色盲要到孩子上幼儿园才会被诊断出来。这种疾病无法治愈，但是通过佩戴滤光眼镜或角膜接触镜可以提高孩子对颜色的辨别度，虽然即便是这样他们还是无法看到正常的颜色。

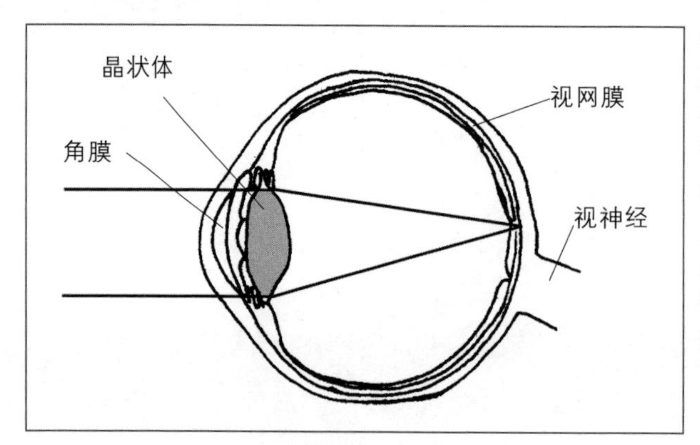


**图 2-20** 眼睛是如何看到物体的。光线从晶状体和角膜进入视网膜。在那里，光刺激先被传导到视神经上，然后被传达到大脑中的视觉皮质。眼睛看东西时，影像通过瞳孔（眼球中央的黑点）进入视网膜——位于眼球壁内层，具有多层结构。人眼接收到的影像是倒置的，经过大脑视觉皮质的处理，我们才能感知到正确的影像

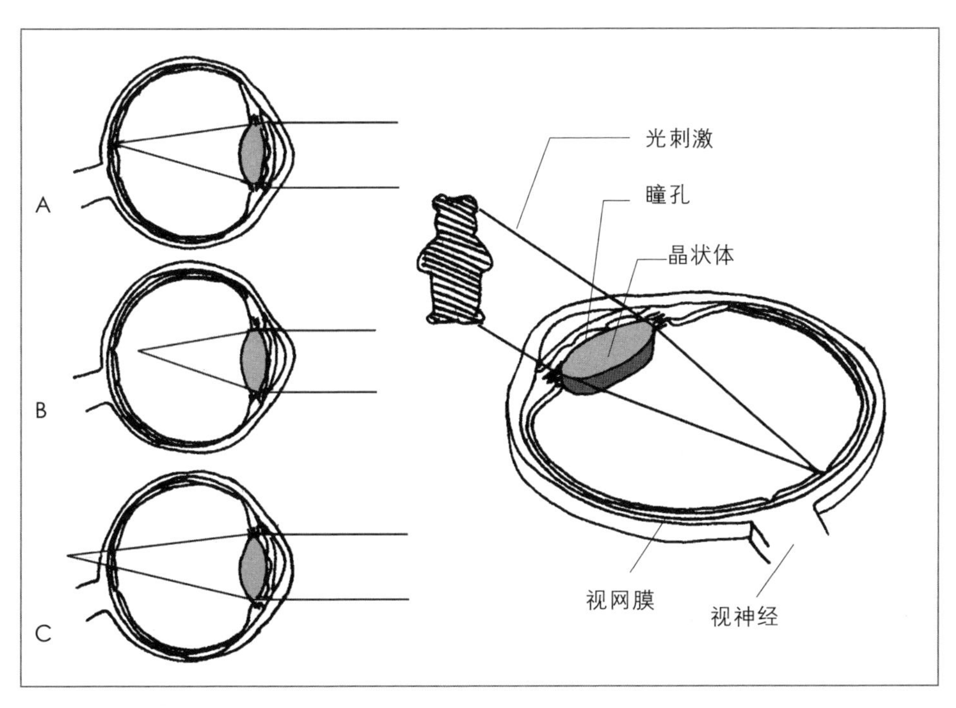


图 2-21 A. 正常视力，光线恰好聚焦在视网膜上。B. 近视，远处的光聚焦在视网膜之前。这种情况引起的视物模糊可以通过佩戴近视眼镜矫正。C. 远视，近处物体发出的光在视网膜之后聚焦。这种情况可以通过佩戴远视眼镜，让眼睛看得清楚

| 父母的疑虑 | 可能的原因 | 应对措施 |
| --- | --- | --- |
| 孩子看不清远处的物体。他看东西时常常眯起眼睛；阅读时眼睛离书很近；写字时，眼睛离作业本很近 | 近视 | 和儿科医生谈谈，他会对孩子进行检查，并决定孩子是否要转诊眼科医生 |
| 阅读后，孩子抱怨眼睛痛、头痛。他看近处的东西很模糊 | 远视 | 大多数孩子天生就有一定程度的远视，慢慢地视力会变正常。但要让儿科医生对孩子进行检查来决定是否要让孩子去看眼科医生 |
| 孩子远处和近处的东西都看不清 | 散光（眼睛屈光面的幅度异常，使光线无法在眼睛里聚焦引起的） | 儿科医生会对孩子进行检查，也许会让孩子转诊眼科医生做进一步检查 |
| 孩子看东西会产生重影，他看东西时会闭上一只眼睛或歪着头 | 需要诊断和治疗的疾病 | 和儿科医生谈谈，马上安排检查，可能要转诊其他健康专家 |

## 症状

呕吐，是儿童对各种状况和刺激做出的普遍反应。引起儿童呕吐的原因包括疾病、摄入有毒物质，及学校或家庭造成的情绪压力，如果只是偶尔发生一次呕吐，不用放在心上。如果呕吐一再发生，也许说明儿童需要看医生，尤其是当他还伴有腹痛、发热或头痛时。

婴儿剧烈呕吐和在婴儿正常生长发育过程中出现的吐奶是不同的(参看第16页)。要了解更多引起青少年呕吐的特殊原因，参看第184页“进食障碍”。

**如果孩子呕吐并且有以下症状，打电话给儿科医生**

- 腹部肿大、剧痛。
- 呕吐物中带血或胆汁(绿色物质)。
- 意识不清、虚弱无力或脾气暴躁。
- 腹泻超过12小时。
- 出现嘴唇干燥、尿量少等脱水症状。

**注意!**

如果孩子只是偶尔呕吐，不用担心。但是如果婴儿在每次进食后的12小时内都会呕吐，打电话给儿科医生。

## 呕吐期间的饮食调理

呕吐虽然常见但却会造成不适。幸运的是，它通常都不严重并且很快就会好转。孩子呕吐，尤其还伴有发热或腹泻症状时，要细心照顾以免因为身体水分流失而脱水。孩子即使没有胃口，吃不下东西，但是通常可以喝得下水。就算每次只喝几小口，也要鼓励他时时喝水。

让他选择自己爱喝的饮料。市售的电解质饮料对幼儿或学龄前儿童是合适的，而学龄孩子可能会更喜欢含有电解质的冰棍。给孩子喝水的时候，让他先慢慢地喝几小口，过20分钟再喝一些。不要喝含糖量过高或含咖啡因的饮料，这些饮料会加重脱水。

如果孩子喝东西后呕吐，最好禁食1~2小时，连水都不要喝。1~2小时后，他可能就喝得下几勺水了。如果呕吐超过6小时或孩子发热、胃痛，打电话给儿科医生。除了儿科医生开的药外，不要给孩子服用任何药物止吐。

孩子停止呕吐几小时，能喝水之后，让他从平时吃的东西中挑出几样想吃的。刚开始，最好是给他吃吐司、燕麦、水煮蛋、香蕉、苹果酱或其他煮熟的水果。在孩子的肠胃恢复正常之前，不要给他牛奶、奶制品和含有大量不溶性纤维的食物，如生的水果、蔬菜和粗粮。尽快让他恢复正常饮食。

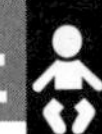

| 父母的疑虑 | 可能的原因 | 应对措施 |
|---|---|---|
| 小儿呕吐伴有低热和腹泻 | 肠胃炎(胃和肠道的炎症)、食物中毒 | 不要吃固体食物，当他能喝下东西时，尽快给他喝电解质溶液饮料来补充水分。每次不要超过 30 毫升，大概 15 分钟喝一次。随着症状好转，让他逐步恢复正常饮食。如果症状持续 12 小时或以上，打电话咨询儿科医生 |
| 孩子受到感染，如咽喉疼痛、耳朵痛或排尿时灼痛 | 感染 | 寻求儿科医生的帮助，治疗潜在的感染。当感染症状改善时，呕吐就会停止 |
| 孩子看起来紧张不安。除此之外，没有别的不适 | 压力、焦虑 | 让孩子说说是什么困扰着他。如果没有明显的原因并且呕吐持续或变得频繁，和儿科医生谈谈 |
| 孩子坐车、坐船或乘电梯的时候感到恶心、呕吐 | 晕动症 | 询问儿科医生，如何防止晕动症(参看第 72 页“头晕”) |
| 不到 2 个月的婴儿，每次喂完奶都会剧烈呕吐 | 幽门狭窄或其他需要治疗的疾病 | 马上给儿科医生打电话，孩子需要紧急救治 |
| 婴儿的呕吐物中带血或绿色的胆汁。他一直哭，痛苦地抬着腿 | 消化道阻塞，需要诊断和治疗，如肠套叠 | 立刻打电话给儿科医生。孩子需要紧急救治 |
| 孩子摔跤或头部受伤后，呕吐。孩子越来越困倦，或反应越来越弱 | 头部受伤 | 立刻打电话给儿科医生 |
| 孩子易怒或神情呆滞。他头痛伴随发热 | 脑膜炎或其他严重的神经系统疾病 | 立刻打电话给儿科医生 |

## 症状

大多数孩子在1周岁生日时就迈出了人生第一步，但也有一些很健康的孩子直到18个月才会自己走路。在孩子能迈步前，要先经历滚、坐、爬，最后独自行走（参看第66页“0~3岁宝宝发育里程碑”）。有许多较早能独自行走的孩子，不会经历“爬”这个阶段或直接从拖着屁股慢慢移动过渡到走路。无论孩子喜欢哪种方式，最重要的是四肢和身体的动作要协调。

刚刚会走路时，幼儿会分开双腿，脚尖朝外，弯着手肘，一摇一摆地走路（图2-21）。这时他虽然常常磕绊摔跤，但几个月后就能自信地玩很多花样：在小道上跨步或倒退、停下来捡玩具或一边走一边把球扔出去。随着体验增多，他开始奔跑，这会让他摔跤。在这个阶段摔跤是正常的，父母应该教会他保护自己，这对于孩子将来进行体育活动时避免摔跤受伤，意义重大。

**如果孩子有以下症状，和儿科医生谈谈**

- 17个月还不会走路。
- 3岁还是踮脚走路。
- 走路时四肢不协调。

**注意!**

学步车存在很大的安全隐患，除了常常让孩子摔下楼梯外，还存在许多其他的未知风险。美国儿科学会强烈呼吁家长们不要给孩子使用学步车。

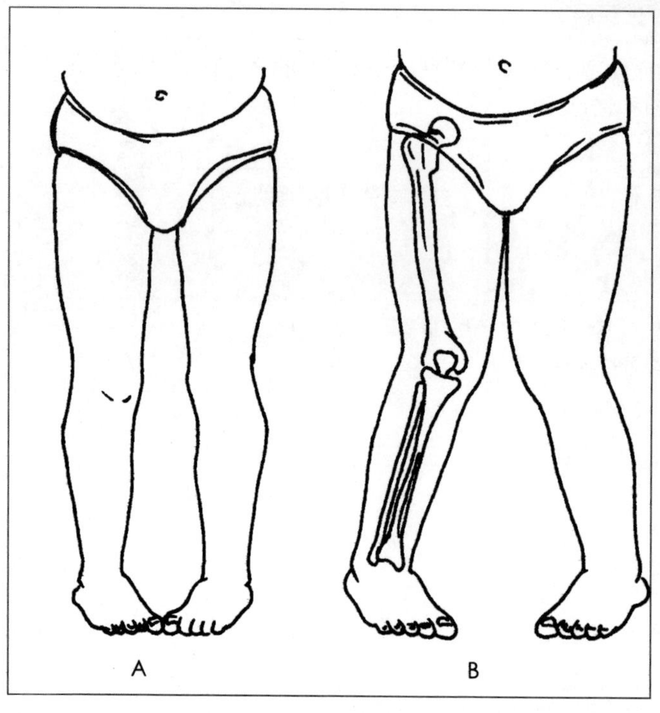


图2-22　出生几个月的婴儿会出现O形腿或内八字腿，这些症状在他们3岁左右就会逐渐消失。然而，随着孩子开始走路，图A中小腿向内弯曲的情形会在他2~3岁时逐步变成图B中轻微的膝外翻。不需要治疗，孩子的双腿通常会在他10岁之前变直。支架或矫正鞋基本没什么作用。虽然内八字和O形腿具有遗传性，但是大多数青少年最终都会拥有笔直的双腿

## 适合幼儿的鞋子

刚刚出生几个月的婴儿，只穿袜子保暖，不穿鞋子对他的双脚发育是最好的。然而，一旦出门，就需要为他穿上鞋子保护双脚。给孩子选择舒适的防滑底鞋子，如运动鞋，能让孩子走得很稳，不会滑倒、摔跤。买质量好的鞋子，但是不需要买太贵的。在这个阶段，孩子的脚长得很快，他的第一双鞋只能穿 2~3 个月。每个月都要检查一下孩子的鞋子是否合脚：他的蹋趾和鞋前端内侧保持一个手指的宽度。如果鞋子太紧比不穿鞋子还糟糕。

| 父母的疑虑 | 可能的原因 | 应对措施 |
|---|---|---|
| 15 个月的幼儿还没有准备走路的迹象。他对走路不感兴趣 | 发育迟缓（参看第 64 页） | 和儿科医生谈谈，评估孩子的发育问题 |
| 孩子走路时脚趾严重朝内 | 正常的生长发育阶段 | 这种现象会随着孩子的成长消失，极少会影响走路（参看第 46 页“膝内翻、膝外翻、内八字足”） |
| 孩子跛腿，抱怨疼痛 | 受伤、感染、关节炎、其他需要治疗的疾病 | 如果出现没有明显原因、无法消除的疼痛，让儿科医生找找跛行的原因 |
| 孩子跛腿，但不会疼痛，他走路时摇摇晃晃 | 神经肌肉无力或其他需要诊断和治疗的神经肌肉疾病 | 和儿科医生谈谈，他会对孩子进行检查并决定是否要去看别的健康专家 |
| 孩子会走路几个月后，常常踮起脚尖走路 | 习惯性问题、神经肌肉问题 | 虽然在早期孩子会踮起脚走路，但如果 2 岁后还这样走路，就要对他进行医学评估了。让儿科医生决定孩子的问题是否需要治疗 |
| 幼儿行走困难，常常摔跤，很难站起来。他试着站起来时要用手扶着双腿。他走路的时候摇摇晃晃 | 肌营养不良症或其他需要诊断和治疗的神经肌肉疾病 | 打电话给儿科医生，他会对孩子进行检查，也许会把孩子推荐给其他健康专家。如果确诊了疾病，孩子需要进行长期的治疗。儿科医生会帮助你从亲子团体中获得帮助 |

## 症状

许多短期疾病会让孩子变得虚弱无力，尤其是他发热在床上躺了几天后。大多数情况下，在他可以下床、吃得下东西，能正常参加体育活动之后，孩子很快就会恢复体力。然而，如果虚弱无力的症状没有好转或加重，孩子就需要看医生了。

先天性疾病是指出生时就存在或出生不久就出现的疾病。有些孩子患有先天肌无力，有些孩子是长大一些或到了青春期才出现肌无力的症状。有时候肌无力是渐进性的，孩子逐渐丧失力量和运动能力，最后或许会丧失行走能力。有时，因为感染或其他的疾病，肌无力一暴发就很严重，病情最终的发展与引起的原因有关。

孩子的肌肉突起，并不常常是力量的象征。患有进行性肌肉疾病的孩子，肌肉外形异常，小腿肌肉看起来很粗壮，实际上却很脆弱。相反，有些孩子的四肢看起来骨瘦如柴，但肌肉力量却正常。

儿科医生要在医学评估的基础上判断孩子是否患有肌无力。典型的生理检查包括评估肌肉力量和肌肉的运动功能。儿科医生会检查孩子肌肉的体积、张力、形态（参看第 126 页“姿势异常”）、运动、反射作用和活动范围。诊断出的问题一般包括肌无力、肌张力低下、形态异常、反射作用不正常和肌肉挛缩。儿科医生还会根据孩子的症状观查眼部、脸部肌肉和其他部位肌肉中的细微迹象。

**如果孩子有以下症状，和儿科医生谈谈**

- 婴儿只用一侧手脚爬行。
- 孩子变得越来越不协调、疲惫。
- 即使吃了大量食物、得到充分休息，孩子依然精力不足。

**注意!**

不要给 1 岁以下的孩子食用蜂蜜。蜂蜜中也许存在肉毒杆菌，肉毒杆菌中毒或许会危害孩子的生命，还会引起严重的肌无力和呼吸困难、进食障碍。

## 诊断肌营养不良症

Duchenne 肌营养不良症是孩子早期出现的一种遗传性肌肉疾病。如果不治疗，Duchenne 肌营养不良症患者会在 20~30 岁死亡。通过医学干预，现代的医学技术能够让患者的生命延长到 40 多岁甚至 50 岁。目前，虽然医生一直在研究，但是还没有找出能让这种疾病痊愈的方法。

像血友病（参看第 42 页“出血和瘀斑”）和色盲（参看第 166 页）一样，Duchenne 肌营养不良症也和 X 染色体上的遗传有关，是由母亲传给儿子的。Duchenne 肌营养不良症的患者，绝大部分是男性。由于对人类基因的认识越来越深入，如果女性的家族里有 Duchenne 肌营养不良症患者，能够通过基因知识排查出她是否携带致病基因，以及她的下一代被遗传到致病基因的概率。基因咨询分析师能够通过某些技术手段，如胚胎植入前遗传诊断——在植入子宫前，对体外受精产生的胚胎进行基因筛查，为准父母们预测出孩子得遗传性疾病的概率。

| 父母的疑虑 | 可能的原因 | 应对措施 |
|---|---|---|
| 孩子动作发育的每个阶段都落后于同龄人(参看第64页“发育迟缓”)。他的四肢和肌肉摸起来出奇的柔软 | 肌张力低下(中枢和末梢神经系统出问题引起的)、良性先天性肌张力低下(一种神经肌肉障碍，常常会引起发育迟缓) | 和儿科医生谈谈，他会评估孩子的发育状况，如果有必要，或许会建议你去看别的专家 |
| 孩子感到虚弱、没有精神。孩子的发育落后于同龄人(参看第64页“发育迟缓”)。他很容易疲惫，脸有些水肿 | 甲状腺疾病 | 通常，婴儿出生时都要确认一下甲状腺功能是否正常。和儿科医生谈谈，他会对孩子进行检查，如果查出甲状腺问题，会预约化验室检查 |
| 男孩行走困难或跌倒了无法站起来，站起来时要用手扶着腿。他常常摔跤或走路摇摇晃晃。家里有其他成员患有肌无力 | 肌营养不良症(一种遗传性疾病)或其他需要诊断和治疗的神经肌肉障碍 | 打电话给儿科医生，他会对孩子进行检查，可能会把你推荐给其他专家。如果疾病确诊，孩子将需要进行长期治疗。儿科医生还会帮你寻找亲子互助小组，获得援助 |
| 青少年最近患了咽喉炎后，常感到非常疲惫 | 传染性单核细胞增多症、风湿热或心肌炎(罕见) | 和儿科医生谈谈。没有能够治疗单核细胞增多症的特效疗法，4~6周后，孩子就能恢复 |
| 学龄孩子或青少年早上无精打采，他说自己眼睛看东西出现重影，说话鼻音很重 | 重症肌无力(一种影响到神经系统的疾病，引起局部肌肉无力) | 打电话给儿科医生，他会对孩子做检查，如果有必要，会把孩子转诊到小儿神经医学专家那里 |
| 开始时，孩子腿部肌肉无力，后来影响到手臂。在过去的10天里，他曾经受到病毒感染(呼吸道或消化道感染)，他很容易发脾气 | 吉兰-巴雷综合征(由病毒感染引起的神经系统疾病) | 打电话给儿科医生，他会对孩子进行检查，可能会建议住院。大多数孩子过两三周后病情会好转，但是有一部分会发展成慢性疾病 |

## 症状

和体重相比，儿童的体重增长率会更为重要。除了新生儿之外，其他任何年龄段的儿童，体重减轻或无法增加都会令父母担忧。新生儿的体重在出生后第 1 周会减轻，大多数健康新生儿会减少多达 10% 的体重。从出生的第 5 天开始，他们的体重开始增加，到出生的第 10~14 天，就能恢复出生时的体重。从那以后，婴儿的体重一直增长，直到身体停止发育。在婴儿出生的第 1 年，身体的生长速率最快，提供充足的营养至关重要。如果婴幼儿生长速率异常缓慢，也许意味着发育停滞（参看第 92 页“生长问题”），也许是生理或心理因素引起的。这些问题需要儿科医生的介入，并找出根源，进行治疗。

体重增长的速率并不是固定的。儿童存在典型的快速生长期，在生长期内儿童的身高（长）显著增长，通常体重也会相应增加。

在出生后第一年的快速生长期过后，孩子将会经历生长率相对变慢的一段时期，在这段时间内他的胃口也会变小。这种循环在某种程度上反复出现，贯穿了整个童年时期，最后以青春期显著的快速生长为终结。处于快速生长期的儿童，胃口会很好。虽然肥胖是美国主要的健康问题之一，因为不健康的减肥方式引起的进食障碍也是一个大问题，尤其是对于青春期的女孩来说（参看第 184 页）。

**如果孩子有以下症状，和儿科医生谈谈**

- 体重减轻或无法增加。
- 体重增加与身高不成正比。

**注意！**

超重儿童常常被体重问题困扰，但是没有专业人员的帮助，他根本不可能瘦下来。如果大人吃得过多，儿童很难改变他的饮食习惯，严格的节食减肥会造成生理和心理的伤害，并且没有可持续性。合理的家庭饮食习惯和运动是成功控制体重的关键，对全家都有益。

## 帮助孩子减肥

儿童肥胖是一个越来越普遍的问题。实际上在过去的 20 年中，儿童肥胖的人数翻了一番，在青少年中则翻了三番。在人的一生中，慢性肥胖会造成严重的健康问题，包括糖尿病、肝硬化和高血压。因为肥胖而感到自己和别人不一样，被欺负和嘲笑会造成孩子的心理压力，导致抑郁和自卑。

美国儿科学会认为，父母双方和儿科医生要共同采取措施防止儿童肥胖。从出生起，每次体检时儿科医生都要监测孩子的体重，确保他的体重指标在正常范围内。儿科医生会用儿童的体重（以磅为单位）除以身高（以英寸为单位）的平方，然后乘以 703，计算出儿童的身体质量指数（BMI）。在美国疾病预防与控制中心的网站上也有身体质量指数（BMI）计算器。在相同年龄性别的儿童中，身体质量指数（BMI）在第 85 个百分位数及以上的儿童确认为超重；在第 95 个百分位及以上的儿童被确认为肥胖。

可以通过控制食量和限制低营养高热量的食物，来帮助儿童减肥。蛋糕、饼干、冰激凌和含糖饮料（包括果汁）都是高热量但没什么营养的食物。减少儿童

饮食中的饱和脂肪，增加新鲜水果、蔬菜和全谷食物，用水代替苏打水或果汁。鼓励他多运动，可以全家一起徒步或骑车。全家都需要健康饮食。

| 父母的疑虑 | 可能的原因 | 应对措施 |
|---|---|---|
| 孩子无精打采、烦躁不安。他的反应通常很迟钝，看起来好像生病了 | 潜在疾病的预兆 | 打电话给儿科医生，他会评估孩子的健康状况 |
| 母乳喂养的婴儿虽然每次都及时哺乳，但体重减轻或没有增重 | 热量摄入不足 | 马上和儿科医生谈谈，如果是6个月以上的婴儿，可能需要添加辅食。儿科医生或许会建议你咨询母乳喂养的顾问 |
| 奶粉喂养的婴儿体重减轻或没有增重。他每次都把奶瓶里的奶喝光 | 热量摄入不足 | 和儿科医生谈谈。要根据奶粉说明冲泡奶粉。每次多泡一些奶给婴儿，喝饱了就让他停下来。如果是5个月或以上的孩子，问一下医生是不是可以添加辅食了。不要给孩子喝果汁 |
| 奶粉喂养的婴儿体重增长过快 | 过度喂养 | 和儿科医生讨论一下。不要孩子一哭就给他吃的；有时候他可能只是想要得到关注，尿布湿了或心情不好。婴儿哭泣也有可能是他的睡眠方式发生变化或需要添加辅食的信号 |
| 学龄儿童体重过重，几乎到了肥胖的程度 | 在他这个年龄段体重过重是因为运动量不足和过度饮食引起的。应该全家一起努力，促进健康饮食 | 减少脂肪、糖果和高热量低营养食物的摄入。鼓励孩子多运动。让他在餐桌上而不是在看电视的时候吃饭。拒绝给他喝果汁，即使让他喝，至少也要把果汁稀释（一半果汁一半水）。如果孩子体重严重超标，让儿科医生进行饮食和运动方面的指导。无论体重是轻是重，健康饮食对全家都有好处 |
| 幼儿或学龄儿童体重减轻。他脸色苍白或异常疲倦 | 需要诊断和治疗的疾病 | 马上打电话给儿科医生安排检查 |

## 症状

当呼吸道畅通时，儿童呼吸的声音很轻，呼吸的时候基本不需要用力。如果呼吸道堵塞，呼吸时就会发出尖锐的噪声，仿佛空气是被迫通过呼吸道的。儿童呼吸时，空气穿过狭小的呼吸道，发出像吹口哨一样的声音，叫作哮鸣。引起呼吸道堵塞的原因通常包括感染引起的呼吸道水肿、异物阻塞气管、发炎或哮喘引起的支气管平滑肌痉挛。有些呼吸道问题引起的呼吸杂音或哮鸣只出现在吸气时，这种叫喘鸣，是喉炎的症状之一（参看第58页“应对喉炎”）。

**如果孩子哮鸣，并且有以下症状，马上拨打急救电话**

- 重度呼吸困难。
- 嘴唇发紫。
- 异常困倦。
- 无法说话或无法发出正常的声音。

**注意！**

儿童突发哮鸣可能是异物堵塞呼吸道引起的。如果是阵发轻度哮鸣，也许是呼吸道受到轻微感染引起的。但如果哮鸣声不断，应该带他去看儿科医生。

## 为什么低龄儿童更容易哮鸣

哮鸣在3岁以下的儿童中特别明显。这是因为他们的气道狭小，更容易因平滑肌痉挛、呼吸道黏膜水肿和液体堆积堵塞气管。

环境污染，包括家里有人吸烟，是引起儿童呼吸道问题或哮鸣的重要原因之一。如果有家庭成员吸烟，强烈要求他戒烟。

| 父母的疑虑 | 可能的原因 | 应对措施 |
| --- | --- | --- |
| 婴儿呼吸时发出很大的哮鸣音。他的饮食和成长都正常 | 喉软骨软化病（短时间内喉部松弛，在婴儿中很常见） | 只要婴儿在饮食、成长和玩耍方面没问题，就不用管它。到婴儿18个月的时候，哮鸣音会变小、消失。但要把他的症状告知儿科医生 |
| 孩子咳嗽、流鼻涕 | 普通感冒 | 给孩子喝水可以稀释分泌物，并且尽量让宝宝舒服一些。如果1周内感冒没有好转或加重，征询儿科医生的建议 |
| 婴儿感冒3~4天后，出现哮鸣，同时还有咳嗽的症状。他呼吸急促，进食困难 | 毛细支气管炎 | 病毒感染随时都可能出现，春季、冬季最多发。好好照顾他。如果3天内，他的症状变严重或没有好转，打电话给儿科医生 |

(续表)

| 父母的疑虑 | 可能的原因 | 应对措施 |
|---|---|---|
| 孩子一直咳嗽或呼吸困难，尤其在晚上 | 哮喘 | 打电话给儿科医生，他会对孩子进行检查。如果疾病确诊，他会给出治疗方案 |
| 孩子呼吸困难。他咳嗽剧烈，声音嘶哑。症状在夜晚会加重，他最近得了上呼吸道感染 | 喉气管支气管炎 | 给孩子服用对乙酰氨基酚或布洛芬，晚上使用加湿器以减轻不适。如果症状一直持续，打电话给儿科医生（也可参看第58页“应对喉炎”） |
| 孩子呼吸很困难，突发哮鸣。他也许被食物或小物件噎住了 | 呼吸道异物（在6个月至2岁的孩子中最常见） | 这是紧急的情况，如果你的孩子不到1岁，按照窒息急救做（第215页），取出异物 |
| 孩子咳嗽剧烈、发热并呼吸急促。他每次呼吸，肋骨处好像陷下去一样 | 肺炎 | 打电话给儿科医生（参看第50页“呼吸困难”）。服用对乙酰氨基酚或布洛芬也许可以缓解孩子不适 |
| 孩子打鼾并用嘴呼吸、流鼻涕，有时耳朵痛。他说话时鼻音很重 | 腺样体肥大（扁桃体肥大，也许是过敏或感冒引起的，或是先天性的） | 咨询儿科医生，他会对孩子进行检查并决定是否需要治疗（参看第132页“流鼻涕、鼻塞”） |

第三章

# 常见青少年身心健康问题

## 青少年面临的挑战

虽然青少年身体健康、精力充沛、充满力量，但很多家长意识不到某些疾病和心理问题会在青春期时出现或发展到顶峰。身体的发育、社会心理和心理卫生的发展及变化影响着青春期，包括典型的青春期发育的方方面面。家长必须引起足够重视，让孩子顺利度过青春期。

随着孩子的成长，他或许会变得不愿意和家长谈论自己生理及心理的变化。所以，从小就和孩子保持良好的沟通是非常重要的。每年都带他去儿科医生那儿体检也是很重要的。首先，体检时，和儿科医生发展出坦诚、信任的关系会使青少年受益良多。其次，作为常规体检的组成部分，长期有规律地使用科学工具和方法对儿童的生理、社会心理及心理卫生进行监测，对于及早发现和预防生理、心理、情感、行为健康障碍是非常有效和重要的。

来自学校、小伙伴和家庭的压力会以焦虑、抑郁、胆怯、情绪波动、疲惫、滥用药物和进食障碍等形式在青少年身上表现出来。某些潜在的心理问题或许会有明显的危险信号，某些却无迹可寻，某些会表现为身体疾病或从前就存在的慢性疾病而现在变得更严重。

青少年应该在爱护和了解自己身体、身心健康方面更加主动，以促进良好的青春期发育。这也为他们向成年人卫生保健系统过度提供了计划和准备。几种在这个章节中介绍的症状可能会出现在年龄更小的儿童身上，但是出现在青少年身上的概率更大。然而，不论孩子处于哪个年龄段，都应该与儿科医生好好配合尽早发现、治疗疾病。

青春期是美好的岁月，这个阶段的孩子正在开始形成自己的兴趣爱好（如艺术、话剧、指导、志愿服务和体育）。作为父母，要帮助他找出对他最有吸引力的事。参加他们感兴趣的活动，能够提升青少年的自信。父母应该帮助他们做好时间管理，让他们在学业方面的表现比那些没有参加这些活动的同学更加优秀。参加活动能够增强青少年的实力和优势，能够帮助他们顺利地度过青春期。

## 症状

每个儿童都会偶尔产生短暂的情境焦虑，出现口干、心搏加快、出汗、战栗和胃不舒服的症状。随着幼儿和学龄前儿童的成长，会经历分离焦虑，这是正常的生长发育阶段(参看第 84 页“恐惧”)。再过几年，孩子参加会引起短期压力的活动时，常常会出现焦虑症状，如考试或演讲。幸运的是，当这些事件结束时，这种焦虑感往往会消失，取而代之的是如释重负的感觉。

一些青少年在面临重大的、无法有效处理的事件时会产生焦虑感。过后，一部分青少年能够恢复到无压力状态，而另一部分，即使没有重大事件发生，也会常常产生焦虑的感觉。这些青少年的焦虑感也许是因为长期的紧张状况引起的，如家庭关系紧张、资金压力、酗酒或疾病。这样看来，如果事件超出他们的掌控，他们没有能力去有效处理一个或几个压力源，就会产生焦虑。对于大多数青少年来说，如果焦虑成为一种长期的状态，就会影响他们的学习、社交和工作。因为性格原因、技巧不足和社会资源的匮乏，青少年面临青春期变化时会产生焦虑。根据最近调查，全美国有 5%~8% 的青少年患有焦虑障碍。

根据对不同压力源的感知，焦虑障碍会呈现出多种症状，如果没有及时发现和治疗，将对日常生活造成严重干扰。强迫型人格障碍、创伤后应激紊乱、惊惶症、社交和特定恐怖症及广泛性焦虑症等，都属于焦虑障碍。有些青少年每天多次出现突如其来的各种焦虑症状，被称为恐怖症发作。恐怖症发作时，会出现如心搏加快、皮肤湿冷、战栗、腹泻和恶心等症状，使恐惧感进一步加深。许多青少年会因为换气过度(呼吸急促而浅)，导致轻微的头痛或头晕；有些青少年感到自己就像要死了一样。儿科医生会问你或孩子一些相关的问题，或许会建议咨询或转诊精神科医生或心理医生。此外，服用药物也有一定帮助。有规律的有氧运动、冥想和生物反馈疗法，也可以帮助孩子减轻焦虑症状。

**如果青少年有以下症状，和儿科医生谈谈**

- 拒绝去上学。
- 总是避开家人，不愿意参加社交活动，爱独处。
- 如果做事的方式被打乱会很不安。
- 体重明显减轻或增加，行为也发生了变化。
- 比兄弟姐妹或同龄人表现出更多的焦虑或恐惧。

**注意!**

某些用来缓解焦虑的药物会引发其他的症状。在治疗期间，应严格按照医生的指示用药，如果出现新的状况马上打电话给儿科医生。

## 拖延症和表现性焦虑

“笨”“懒”“心不在焉”“把所有事都留到明天做”，如果一个孩子常常被这样描述，这些刺耳的话最终会成为孩子自我认知的一部分。他不会再努力做出改变，因为他觉得这是大家期望看到的。这样引起的后果将是灾难性的。所以不要再用这些字眼去描述孩子。

拖拉的青少年可能无法按时上交作业，因为他害怕开口问作业该怎么做。家务没做完的原因是他宁愿被人说懒也不愿因为达不到父母的要求而受到责罚。他的组织协调能力很差，无法把一个大任务拆分成几个自己能够掌控的小任务。在他还没有办法开始着手做这些事时，就已经被指责为不努力、不在乎。

帮助青少年安排日常生活可以使他们受益，为他们布置一个井井有条的环境，把杂物都整理开，只留下他们上学、运动和打发课余时间的必需物品；为他整理出一张整洁的书桌，以备做作业使用；为他们准备好一份记录着重要事宜的备忘录；在日历上做记号，提醒他今后要完成的任务。要让他做到这些，鼓励和正面强调是很重要的：如果他完成了任务，虽然不完美，但是足够好而且按时完成了，父母应该感到高兴。更重要的是，父母要让孩子看到，想要完成一项艰巨的任务，就应该坚定地迈出第一步。

有些青少年会出现表现性焦虑，无法完成演讲或考试的任务。家长应该找出他存在的问题，或许要咨询儿科医生推荐的心理健康专家。

| 父母的疑虑 | 可能的原因 | 应对措施 |
|---|---|---|
| 青少年抱怨心搏加快或胸口疼痛。他有轻微的头痛或胃痛。他会用这些症状作为借口，避免艰巨的任务或不去上学 | 焦虑、换气过度、身体疾病、操纵行为 | 问问青少年关于困扰他的问题。和儿科医生约个时间见面。他会排除身体疾病的原因，给青少年建议，教他如何应对，或推荐咨询心理健康专家 |
| 青少年不愿意去学校或逃学 | 焦虑(学校恐惧症)感到无聊；叛逆；欺凌；虐待 | 同孩子一起和老师谈谈以找出和学校相关的因素。和儿科医生还有青少年谈谈解决问题的办法，并让他为青少年推荐一位心理健康专家。让青少年下定决心并付诸行动来解决问题 |
| 青少年突然出现焦虑症状。他在学校遇到了麻烦。他的行为变得更糟糕，你怀疑他在使用药物 | 违禁药物的影响 | 和他谈谈合法健康地使用药物的含义。让他知道，你反对滥用药物。和他的老师谈谈以找出他在学校的原因。和儿科医生谈谈或定个时间带青少年去看儿科医生，并询问这种情况该如何处理 |
| 青少年突然出现呼吸急促和其他症状。症状出现时，他感到很惊恐 | 恐怖症发作 | 询问是否有特定的人或事让他感到恐惧。和儿科医生约时间见面。儿科医生会对他的症状进行筛查，也许会建议转诊咨询心理健康专家，或开药物处方治疗青少年的症状 |
| 青少年在学业方面有困难。总是打断老师上课。他从不交作业，常常被班级同学寻开心 | 学习障碍；行为障碍；表现性焦虑、拖延症、注意缺陷多动障碍 | 同老师一起和青少年谈谈，找出问题的根源。在家里帮助他规划一个学习的区域、养成学习的习惯。儿科医生会根据病史和身体状况对其进行评估。也许需要用到家里和学校行为评定量表、考试情况汇报单 |
| 青少年出现尿频、疲惫、体重减轻或视力问题 | 症状和焦虑类似的生理疾病，如糖尿病或甲状腺疾病 | 和儿科医生谈谈，他会对青少年进行检查看看是否存在生理疾病并给出合适的治疗方案。有些疾病表现出来的症状与焦虑类似 |

## 症状

和成年人一样，青少年也会出现短期的情绪变化，也许今天情绪高涨明天就跌入低谷。然而，感到悲伤（反应性抑郁症）和生理性抑郁症（一种情绪障碍）有着重大区别。如果悲伤的情绪偶然出现（尤其是暂时性的挫败引起的），几天后就能消除，就没有必要担心。但是如果青少年连续几周产生无助、无力、无自我价值和愤怒的情绪，就需要帮助他改善心理状况。

所有年龄段的孩子，尤其是青少年，都可能患上临床抑郁症。饱受抑郁症折磨的青少年，自杀倾向更严重，这是抑郁症患者最糟糕的结果。

**如果青少年有以下症状，马上打电话给儿科医生**

- 满脑子充斥着关于死亡的话题或表明想结束自己生命的意愿。
- 把值钱的东西分出去，似乎抑郁的程度会减轻。
- 试图按照固定的顺序做事。
- 有迹象表明他想结束自己的生命，或许他已经决定这么做了。

**注意！**

抑郁症常常具有家族性。它的根源可能在于大脑的化学物质和大脑行为。如果发现家中任何人表现出抑郁症状，尽量说服他寻求医学援助。虽然将来很可能会复发，但抑郁症患者的治疗效果往往不错。

## 抑郁症的诊断

像学业失败、家庭成员离世或不如人意的情感经历这些事，都会触发抑郁。某些药物的副作用也会让人感到抑郁。然而，在许多情况下，抑郁的产生，并没有明确的理由。抑郁常常是因为大脑中化学物质不平衡引起的，具有家族性。

让儿科医生对青少年进行评估，如果青少年有以下某种迹象：

- 对日常活动不感兴趣；在日常生活中找不到乐趣。
- 疲惫、心神不宁、很难集中注意力。
- 胆怯，缺乏社交能力。
- 食量变化，体重明显减轻或增加。
- 睡眠的时间显著增加或减少。
- 行为不正常、莽撞。
- 模糊但却令人困扰的生理症状。

医生也许会采用药物或心理咨询的方法来缓解临床抑郁症。规律的适度运动对抑郁症患者有益，因为运动产生的内啡肽是一种天然的情绪调节物，能够帮助减少抑郁情绪。

| 父母的疑虑 | 可能的原因 | 应对措施 |
| --- | --- | --- |
| 青少年一直都很孤僻、内向。他对外表过于在意 | 青少年行为；害羞；自我意识中关于社会和生理问题的认知（如霸凌）；虐待；抑郁；也可参看第184页“进食障碍” | 给他创造大量社交的机会，来提升他的社交能力，但要注意避免让他做超出能力范围的事。和儿科医生谈谈，决定该怎么处理青春痘、肥胖、虐待和霸凌。询问儿科医生，是否要对抑郁症做个正式的筛查，是否有必要去看心理健康专家 |

（续表）

| 父母的疑虑 | 可能的原因 | 应对措施 |
|---|---|---|
| 自从家里发生了亲人离世或父母离婚这种重大变故，青少年的行为发生了明显改变 | 反应性抑郁症；焦虑；严重的临床抑郁症 | 和青少年谈谈家里的情况。青少年出现症状时，请保持耐心。通知老师，让他们了解青少年的异常行为 |
| 青少年患有慢性疾病 | 为控制疾病做出的调整 | 如果青少年生病了，让他自己也参与制订疾病治疗方式的计划。如果1个月内还没有好转，询问儿科医生，青少年是否要进行正式的抑郁症筛查 |
| 青少年的食量显著变化，体重增加或减轻。他的睡眠时间也比平时多或少。他对自己没有信心，对令人愉快的事物也失去兴趣 | 严重的临床抑郁症 | 打电话给儿科医生寻求帮助，紧急转诊心理健康专家。确保青少年没有自杀的想法，这一点非常重要 |
| 青少年对体育活动或爱好的事物提不起兴趣。他看起来没有精神且有睡眠障碍。他常常腹泻 | 抑郁；对家庭变故或其他令人深受打击的情况做出的抑郁反应 | 让儿科医生评估青少年的整体健康状况，包括抑郁症的筛查。儿科医生会为青少年并且有可能为全家提供治疗方法 |
| 青少年对读书没兴趣，他的注意力很差，他常常表达无价值感和无力感 | 学习障碍；注意缺陷多动障碍；抑郁和药物滥用 | 和青少年的老师谈谈，把特殊的难题找出来。安排时间和儿科医生会个面，讨论一下可能的疾病。青少年可能要接受教育系统或心理卫生的评估 |
| 青少年的手臂、腹部或大腿上有刀伤，看起来压力很大很不安 | 用刀自残 | 和儿科医生见面，找出自残的原因，并转诊心理健康专家 |
| 青少年对异性的物品感兴趣，穿着典型的异性服装。他最近表现出对某位同性人士的性兴趣 | 对性别认同和性取向的冲突产生的抑郁心理；性别认同障碍 | 和青少年谈谈这些感觉。带他到儿科医生那里，和儿科医生秘密交流一下关于性取向、性行为和安全性的话题。可以从 http://pflag.org 或其他父母和青少年团体的官网上寻求帮助 |
| 青少年总是抱怨一些模糊的症状，如头痛、胃痛，有时不想上学。他骑车或处理危险物品时漫不经心。你怀疑他滥用酒精或药物，他情绪低落或出现退行性行为 | 抑郁；对学校或社交事件焦虑；家庭关系紧张；药物滥用；双相性精神障碍 | 和儿科医生谈谈，他会决定青少年是否需要转诊进行心理健康评估。儿科医生或许会筛查出到底是药物滥用还是抑郁 |
| 青少年的行为反常。他一直喋喋不休或无法入睡。要当心他有不切实际的想法或打算。如果他以前也出现过这种状况，那就是复发 | 双相性精神障碍。躁郁症或其他严重的精神疾病；药物滥用 | 和儿科医生谈谈，他会对青少年进行医学评估或许会给青少年推荐一名心理健康顾问 |

## 症状

进食障碍一直都困扰着美国和其他富裕国家的青少年。虽然青春期女孩最容易发生进食障碍，但处于任何年龄段的男孩女孩都可能会对食物、节食和身材产生不健康的心态。从挑食到厌食，从偶尔饮食过度、超重到暴饮暴食，这些都属于进食障碍的范畴。神经性厌食症、神经性贪食症和未另行说明的进食障碍（EDNOS）是3种需要医学关注的饮食问题。未另行说明的进食障碍患者，并不完全符合厌食症或贪食症的范畴，但他们或许仍需要治疗。

神经性厌食症的特征是尽管身材瘦得严重变形，少女们还一再认为自己胖。虽然很多年轻女孩热爱美食，但是患厌食症的青春期女孩们却往往拒绝进食或吃得很少。此外，为了消耗掉摄入的一点点热量，她们经常进行长达几小时的运动。相反，患有神经性贪食症的青少年食量巨大，但是在饮食狂欢后，却用泻药、催吐、过度运动或禁食的办法消耗过多的热量，避免长胖。这些贪食症患者的体型常常是正常或超重的。有些青少年会出现厌食和贪食两种症状，表现出吃的食物不足以维持体重，以及暴饮暴食和催吐，但是他们却不属于厌食症或贪食症的范畴。

饮食障碍会对青少年的健康产生非常多的严重影响。患厌食症的女孩们除了常会出现闭经问题外，还有患上某些慢性疾病的风险，如骨质疏松。有贪食症、催吐的青少年，因为胃酸会侵蚀牙釉质，很容易龋齿。同时，他们还有严重的胃食管反流疾病，并存在血液中化学物质异常的风险。这两种症状都对生命构成威胁。没有专业人士的帮助，几乎不可能让有饮食障碍的青少年回归正常饮食和体重。治疗时，他们中的一些人需要用鼻饲法进食，他们所有人都需要一个由医生、心理健康专家和营养师组成的团队。

**如果青少年被诊断出进食障碍并有以下任何症状，马上打电话给儿科医生**

- 心搏异常缓慢或心律不齐。
- 胸口痛。
- 常常感到眩晕、头晕。
- 体重持续下降，虽然经过治疗，但还是无法保持目标体重。
- 闭经。

**注意！**

如果青少年坚持可能会缺乏某种重要营养的极端饮食，请征求儿科医生的建议。许多青少年吃素，但无论他吃什么，最重要的是营养要全面。

## 辨别出存在进食障碍风险的青少年

专家们还没有办法预测哪些青少年容易患进食障碍。然而，在许多情况下，进食障碍常常是从少女开始实行严格节食计划后发生的。

她的家人也许要求过高，追求完美，过分强调成就和外表。进食障碍具有家族性和遗传倾向性。青少年从事高强度、注重体重和体型的体育项目（如芭蕾和体操），尤其容易患上进食障碍。参加摔跤的男孩，有时要通过迅速脱水（为了减肥）和暴食（为了增加体重）来达到体重组的要求。

## 青少年的饮食

青少年已经开始对于来自伙伴的压力高度敏感。每天，他们的行为和外形都要符合人为设定的标准。时尚杂志上瘦得皮包骨的模特们，给青少年们树立了一个不好的榜样。青春期的孩子需要均衡的饮食来支撑身体的发育并为体育锻炼提供热量，使骨骼健康、肌肉强壮。

许多青少年因为减肥而节食；一些理想主义者出于人道主义的想法放弃肉类和家禽类食物。在青春期发育顶峰期（男孩大概在 13.5 岁时，女孩大概在 11.5 岁时），男孩每天大概需要消耗 3000 卡（12546 焦）热量，女孩大概需要消耗 2200 卡（9200.4 焦）热量。只要青少年饮食整体均衡且热量充足，不吃肉或某种特定的食物不会造成营养不良。

营养师建议食用复合糖类，青春期的孩子每天消耗的 60% 的热量都应该来自全谷物麦片、面包、意大利面和豆类。这些食物不但能够高效提供热量，而且还能提供蛋白质、重要的维生素和矿物质。饮食中包含的大量新鲜水果、蔬菜和低脂奶制品为生长代谢提供了足够的营养物质，基本上不需要再额外补充维生素片了。如果青少年不喜欢喝牛奶或乳糖不耐受，无法消化牛奶，也能从酸奶、奶酪，无乳糖牛奶和豆奶中获取身体所需的钙和维生素。要进一步了解食物的量和种类，可以参看图 3-1。

如果日程安排得很紧，青少年有很多顿饭要靠汉堡和比萨打发，那么他应从中选择相对健康的食物。在快餐店吃饭时，可以选择低脂的食品和饮料。可以和朋友一起分享像炸薯条这样的高脂肪食物。高脂食物和水果片、沙拉等低脂食物搭配着吃，这样即使常常吃快餐也能保证摄入适量的糖类、蛋白质、脂肪、奶制品、水果和蔬菜，能够为身体提供足够的钙、叶酸、维生素和其他重要营养元素。

炸薯条、薯片、糖果和含糖饮料含有较高的糖、盐和脂肪，除了提供热量之外，基本没有别的营养价值，而且实际上它们还可能会影响重要营养物质的吸收。碳酸饮料就是一个活生生的例子，饮食中含磷量过高会影响钙的吸收；如果青少年在骨骼快速生长发育的几年中，摄入大量碳酸饮料，就可能存在身体对钙的吸收率降低的风险。

**图 3-1** 这张来自 ChooseMyPlate. gov 的图片展示了构成健康饮食的 5 类食物。图上是我们所熟悉的画面：盛着食物的餐盘。餐盘里，蔬菜和水果占据了一半位置，另外还有谷物（尽可能选用全谷物）和少量蛋白质、奶制品。控制好食量，避免吃过量，喝低脂或脱脂牛奶

| 父母的疑虑 | 可能的原因 | 应对措施 |
| --- | --- | --- |
| 青少年拒绝和其他家庭成员一起进餐。他似乎对体重过度关注。你担心他吃得太少 | 厌食症、其他进食障碍、青少年对饮食和体型过度关注 | 如果青少年的体重、体型和饮食令人担忧，带青少年去看儿科医生 |
| 男孩拒绝和家人一起进餐，因为他为了运动或其他理由，给自己制订了一份食谱。为了体育比赛，他正在减肥或增肥。你担心他营养不良 | 正常行为、个人喜好、追逐饮食潮流 | 在他训练时，去检验一下，确认青少年的选择是合理的。和儿科医生谈谈。只要青少年的饮食是健康的，尊重他的决定 |
| 饭后，青少年长时间待在洗手间。他倾向于用大量的零食、麦片或其他食品替代正餐。他抱怨自己的体重忽上忽下 | 进食障碍(贪食症或不明确的进食障碍患者) | 和儿科医生谈谈，他或许会对青少年进行检查。通过有针对性的提问，儿科医生或许能获得青少年不愿和亲近的人提起的一些信息 |
| 青春期女孩短期内体重显著下降。她看起来骨瘦如柴、头发稀疏。她的手臂和脸上长出绒毛。她试图用肥大的衣服掩盖自己瘦弱的身材 | 厌食症、代谢紊乱、抑郁 | 马上和儿科医生谈谈，她的症状要马上诊断和治疗 |
| 女孩持续几小时进行运动，如果被打断会很不安。她在追逐饮食潮流或严格节食 | 厌食症、强迫运动 | 连续几天评估青少年的饮食，计算出她摄入的热量和营养物质。和儿科医生谈谈 |

## 症状

脑供血突然减少会引起昏迷。引起供血突然减少的原因有很多，都会引起血压急剧下降、大脑短暂缺血缺氧，同时青少年会感到头晕，可能会呕吐，皮肤变得湿冷，甚至失去意识。昏迷在某种程度上说是身体的一种自我保护功能：昏迷者躺下时，血液可以更容易地流到大脑，利于快速恢复意识。几乎在所有情况下，昏迷者在1分钟之内都能清醒过来，虽然他在一段时间内可能还会感到虚弱、双腿无力。

10岁以下的儿童，通常不会昏迷。幼儿屏气发作时昏倒（参看第44页“应对屏气发作”）和昏迷相比，虽然两者潜在的反射机制是类似，但实际上它们是两码事。在青少年群体中，昏迷是普遍现象，尤其对于女孩来说。

偶尔暂时性失去知觉并不意味着青少年得了严重的疾病。压力、兴奋、劳累过度、恐惧、饥饿或处于闷热的环境都会引起昏厥。某些气味也会让人失去意识。很大一部分人，见到血会昏过去。大部分人昏迷后很快就会清醒，即使是这样，如果昏迷的青少年以前从未出现过这种情况，要和儿科医生谈谈。儿科医生会对青少年进行检查，确保失去知觉是昏迷引起的，而不是由更严重更凶险的疾病，如惊厥（参看第134页）或心律不齐（参看第100页）引起的。

**如果青少年昏迷并且有以下症状，马上拨打急救电话**

- 没有呼吸。
- 四肢、脸和身体抽搐。
- 皮肤变紫。
- 呼吸很浅，脉搏很弱。
- 2分钟后还没有恢复意识。

**注意！**

如果青少年感到眩晕，不要用冷水给他洗脸。如果可能，让他脸朝上躺着，稍微抬高四肢。这种姿势能让血液更容易流向大脑和心脏。如果无法躺下，让他低头坐下、解开他过紧的衣物，确保他的呼吸不受阻碍。至少要休息5分钟或到他觉得自己已经恢复正常的时候。

| 父母的疑虑 | 可能的原因 | 应对措施 |
| --- | --- | --- |
| 青少年抱怨突然站起来的时候会头晕。他有时会感到疲惫、脸色苍白 | 直立性低血压（身体姿势突然改变时，血压暂时下降）、缺铁性贫血 | 常见现象，不严重；只是意味着他对血压的反射控制比较慢，多喝水就能解决问题。如果他常常感到疲惫或脸色发白，儿科医生会对他进行检查，看是否需要治疗 |
| 青少年在昏迷之前，呼吸突然加快。事发时他的情绪很低落。他在焦虑时也会出现呼吸急促、过浅 | 换气过度（呼吸急促、过浅）、焦虑（参看第180页） | 和儿科医生谈谈，他会给出应对焦虑情绪的建议，或许会建议咨询心理医生 |

（续表）

| 父母的疑虑 | 可能的原因 | 应对措施 |
| --- | --- | --- |
| 青少年在强烈的阳光下久站后昏迷，或他处于闷热的环境中，例如参加拥挤的学校集会或去教堂。他平时健康活跃 | 中暑、脱水、缺氧 | 让他休息，直到他觉得自己能继续刚才的活动。当他能喝水时，马上给他水或含糖饮料。如果这是他第一次昏迷，儿科医生或许会对他进行检查 |
| 青少年抽血时昏迷。当他情绪不好时，有时也会昏迷 | 血管迷走神经性晕厥 | 如果青少年是第一次昏迷，打电话给儿科医生 |
| 青少年剧烈咳嗽时昏迷。他常常咳嗽、哮鸣，尤其是在夜晚。他曾经被诊断出哮喘 | 哮喘 | 打电话给儿科医生，他会对青少年进行检查和诊断。如果青少年哮喘，儿科医生会调整用药，给出另外的治疗方案或把他推荐给呼吸科专家 |
| 青少年感到虚弱、头晕、皮肤湿冷或发抖。他好几个小时没吃东西了。他向来很健康或被查出1型糖尿病 | 低血糖 | 给他喝含糖饮料，快速补充体能。让他规律饮食保持血糖平稳；他的每一餐饭中都应该含有适量的淀粉、蛋白质还有少量脂肪。如果青少年昏迷并患有1型糖尿病，拨打急救电话。打电话给儿科医生，预约体检。或许要和儿科医生讨论一下对青少年用药的调整。 |
| 青少年突然发病，昏迷。他的嘴巴周围水肿，呼吸困难。他或许被蜜蜂或其他虫子蜇了。他对某种食物过敏，或者他正在服用抗生素这样的药物 | 严重的过敏反应 | 马上拨打急救电话，情况很紧急。如有必要，等待救援的同时对青少年实施心肺复苏术（参看第215~216页） |
| 青少年因为劳累或情绪低落失去知觉。他抱怨心跳过快 | Q-T间期延长综合征（心律不齐的一种，参看第100页）；其他心律问题；其他的节律紊乱，包括预激综合征 | 和儿科医生谈谈，他会对青少年进行体检和进一步评估来决定是否需要治疗 |
| 青春期女孩连续几天头晕、呕吐。她看起来很担忧或害怕。你觉得她也许有过性行为 | 怀孕 | 和她谈谈，如果你有理由确定她是怀孕了，马上告诉儿科医生 |

## 症状

人在疲劳时会感到昏昏欲睡，很疲惫，同时，疲劳也是暂时性能量缺失和肌肉沉重的体现。感到疲劳，即警示着要放松下来，让身体进行自我修复。在体育活动和一段时间高强度学习之后出现疲劳感是十分正常的。它同样也是身体疾病的常见征兆，甚至轻微的感冒也可能暂时性夺取青少年的能量，使他们失去原有的活力。健康的青少年一旦疾病痊愈就能够迅速恢复正常。长时间持续强烈感到疲乏的情况很少见，可能是慢性疾病引起的，例如缺铁性贫血。疲劳还能够反映出情绪问题，如心情沮丧。极少情况下，疲劳感甚至有可能与心脏病毒性感染导致的心脏功能减弱有关。

青春期嗜睡是十分正常的，并且青少年都偏向于在早上犯困，这使他们很难对早上的课程集中精力。这种睡意，一方面是因为青少年时期快速的生长率和激素改变引起的，另一方面是因为他们确实过度缺乏睡眠。从小学升入初中再升入高中，他们起床的时间变得越来越早。与此同时，需要他们保持清醒的时间也越来越久。所以，他们经常使用咖啡因及中枢兴奋药来消除白天的睡意，这令情况越来越糟糕。

青少年突然感到极度困倦可能是需要医学关注的信号，尤其当他同时还伴有其他症状时，如发热、呕吐、意识模糊等。在极少数情况下，在白天出现无法抵抗的困倦伴随其他症状一起出现是发作性睡病引起的，这是一种可以通过药物调节的罕见疾病。如果青春期的青少年感到疲乏，通过休息也无法改善，同时他还抱怨肌肉无力或在他病愈几周后也不能恢复体力，请和儿科医生谈谈。

**如果青少年持续疲乏超过 1 周或 2 周，或伴随着以下症状，咨询儿科医生**

- 发热、持续性的喉咙疼痛、肌肉和关节疼痛、腺体肿胀。
- 经常性口渴和令人难受的饥饿感，频繁排尿，体重减轻，手脚麻木或有刺痛感，视物模糊，心情焦虑。
- 脸色异常、在没有受伤的部位出现瘀青、食欲降低、体重减轻、骨头疼痛、夜间盗汗、腺体肿大和发热。

**注意!**

青少年异常疲劳可能是因为药物滥用引起的，尤其如果她还不愿意参加家庭活动、成绩下降、逃避你问的关于她朋友的问题时，这也有可能是怀孕的症状。

## 慢性疲劳综合征

如果青少年疲劳感很强烈，持续了好几周，且找不出明确的原因，他可能患有慢性疲劳综合征（CFS）。与健康人士不同，健康人士能够通过有规律的、温和的运动或一晚上的优质睡眠来消除疲劳，而患有慢性疲劳综合征的人却总是处于筋疲力尽的状态中。导致 CFS 的原因始终未明确。

慢性疲劳综合征不是传染性疾病，即使发病时可能伴有病毒性感冒。感染者经常有一些非典型症状，例如喉咙痛、发热、淋巴结肿大、肌肉疼痛、持续数周甚至数月腹泻。他们的能量水平逐渐减退，很难集中精力，对过去很感兴趣的活动失去兴趣。然而，没有信号显示他们患有身体疾病，实验研究也表明他们的身体是正常的。

症状必须持续表现6个月及以上，才能确诊CFS。尽管这种疾病在儿童中不常见，但CFS偶尔会侵袭年纪稍大的青少年或年轻的成年人。

应对这种疾病，时间似乎是唯一的良药。安排规律的睡眠、休息、锻炼和就餐时间通常都是有益的。同时可能要依靠药物治疗来解除一些典型症状，例如抑郁和肌肉酸痛，促进疾病痊愈。

| 父母的疑虑 | 可能的原因 | 应对措施 |
| --- | --- | --- |
| 青少年自从喉咙酸痛、腺体肿大或上呼吸道感染后开始感到疲劳 | 传染性单核细胞增多症；其他一些细菌感染；心脏功能减弱 | 和儿科医生交流，他将对青少年进行检查同时给出治疗建议 |
| 青少年总感觉很疲惫，而且很难入睡或保持睡眠状态 | 青少年失眠症；心情低落；焦虑；咖啡因摄入过量；药物滥用 | 尝试消除压力的来源。鼓励青少年健康的饮食和规律运动。如果失眠症持续，和儿科医生谈谈 |
| 青少年自从开始药物治疗过敏或其他疾病起就感觉异常疲惫 | 药物不良反应 | 如果青少年正在服用抗组胺药，让他在晚上服用，有利于他的睡眠和第二天的精神状态。如果他正在使用另一种药物，询问儿科医生关于药物不良反应及是否需要更换药方 |
| 青少年感觉莫名的紧张和焦虑。他的脸色苍白，体重变化显著 | 缺铁性贫血症；甲状腺异常；不健康的饮食；怀孕；其他需要诊断和治疗的情况 | 和儿科医生谈谈，他会对青少年进行检查及必需的诊断性测试。如果孩子需要控制体重，咨询儿科医生，请他推荐一个能够稳定减重的计划 |
| 青少年在工作学习三四小时之后经常感觉疲劳。他经常在夜间打鼾或醒来，在功课上有很大的困难 | 睡眠呼吸暂停；睡眠过度（嗜睡） | 和儿科医生谈谈，他将对青少年进行检查，决定是否进行诊断性测试 |
| 青少年经常在白天睡着而且学业出现问题。他注意力集中的时间很短暂，睡着之后梦见生动的场景，当他心情烦躁时感到很虚弱 | 嗜睡发作 | 和儿科医生谈谈，他将会对青少年进行检查，可能会推荐一种特殊的睡眠研究（即多次睡眠潜伏期实验） |
| 青少年眼睑下垂，疲乏的感觉日渐严重且出现视觉问题 | 重症肌无力（一种神经系统障碍）或其他需要诊断和治疗的疾病 | 和儿科医生谈谈，他将会对青少年进行检查，并安排诊断性测试 |

## 症状

长时间血压过高会对健康产生严重的影响，增大患心脏病、脑卒中及肾衰竭的风险。幸好，如果血压只是稍微偏离正常值，通过治疗能有效降低并发症的风险。及时及早治疗高血压是最好的选择，这也是为何儿科医生经常会定期测量青少年的血压。血压分为高压和低压。高压，是心脏收缩时，动脉送出血液产生的压力。低压，是心脏舒张时，血液流向心脏产生的压力。对于成年人，最佳的状态是高压低于120毫米汞柱，低压高于80毫米汞柱。对于儿童，根据不同的身高、体重及年龄，血压会稍有差异。如果血压高，必须进行妥善治疗，治疗方法包括饮食调整、适当运动或药物控制。

高血压在幼儿中很少见，但有时青少年会发生。如果儿童血压偏高，成年后，他就有非常大的概率成为高血压患者。高血压在非洲裔美国人中发生的概率尤其高。随着年龄增长，如果饮食中盐分含量高，特别容易使病情恶化。

其他因素，如基因、过度肥胖或精神压力等，对高血压的形成有影响。继发性高血压是由疾病引起的，如肾衰竭、肿瘤、主动脉狭窄或内分泌系统受损等。

高血压儿童除非血压极高，否则几乎不会表现出任何症状。高血压通常是在常规体检时发现的。测量血压是发现高血压的唯一方式。

**如果发现青少年有以下任何症状，马上联系儿科医生**

- 严重的头痛。
- 头晕。
- 呼吸急促。
- 视物模糊。
- 乏力。

**注意!**

用调味香料代替盐，能够避免让儿童摄入过量钠。不要把盐放在餐桌上，不要购买任何高盐零食。采购食品时，要选择无盐或低盐产品。试着在食品包装袋的成分表中找出所有含钠的添加剂。首先，所有名称中含有“sodium”或“Na”（钠的化学表达式）的物质中，都含有钠元素，而且，成分表里的苏打、泡打粉、味精（MSG）和盐也含钠。

## 盐分是如何影响血压的

一般食用盐的主要成分是氯化钠，氯和钠这两种元素对健康非常重要，但是身体对它们的需求却很低。事实上，在许多天然食物中都含有这两种元素，并不需要额外添加。有了冰箱后，也无须像从前那样用盐腌渍来保存食物。把盐加到食物中只是因为我们习惯了在食物中放盐，习惯了盐的味道。其实，营养学家推荐成年人每人每天只摄入1500~2300毫克钠，儿童应摄入钠量还要更少。摄入盐过量，血压就很容易升高，特别是那些对钠非常敏感的人来说。

盐分能帮助调节身体里的水分。在健康的人体中，肾脏会吸收血液中的钠，作为有用的营养物质参与新陈代谢。对钠敏感的人，肾脏回收过量的钠，使得身体里的水钠不平衡，造成血液中的含水量增加。这些多余的水分，会以手、腿或脚水肿的形式表现出来；还会使血管对神经刺激过于敏感，引起血管收缩，让血压升高（想象一根水管被堵住，水压变大的情形）。结果，为了让血流流过狭窄的血管，心脏就需要更努力地工作。持续的高血压会令血管壁变硬，这种影响最早在眼睛和肾脏血管中被观察到。减少盐分的摄入能帮助减轻心脏、肾脏的血管负担，从而降低高血压的风险。

如果你有高血压或对钠敏感，请在饮食中减少钠的摄入，这也可以帮助青少年避免将来患上高血压。

| 父母的疑虑 | 可能的原因 | 应对措施 |
|---|---|---|
| 青少年的血压轻度升高。有高血压家族病史 | 原发性高血压（没有明显的身体因素导致的高血压） | 控制青少年的体重和食物摄入。鼓励他规律运动。定期咨询医生并检查青少年的血压。用家庭监测仪持续监测。询问医生是否有进行进一步治疗的建议 |
| 青少年被诊断为高血压。他的尿液中带血。手臂血压高于腿部血压。他睡眠质量很差，感到焦虑、烦躁 | 肾脏疾病（继发肾性高血压）、主动脉缩窄（一种先天性疾病会影响主动脉）、肿瘤、甲状腺功能亢进症 | 医生会对他进行检查并诊断原因，推荐相应治疗 |
| 青少年超重或肥胖 | 肥胖型高血压 | 询问医生关于减肥的建议，只提供生长必需的热量和营养元素。不提倡吃高盐食物 |
| 青少年情绪异常烦躁，此外没有其他明显症状。他突然开始头痛、眩晕或视力改变 | 重症高血压 | 立即打电话给医生。青少年需要立即评估和诊断 |

## 症状

青少年膝关节疼痛，多是由轻微的意外事件、运动损伤或用膝过度造成的。有时，严重的疾病也会引起膝关节疼痛，如关节炎、感染、肿瘤、自身免疫系统疾病和血液疾病。

膝关节和大腿骨是在髌股关节由髌韧带和髌腱连接在一起的。膝关节被肌肉、韧带还有骨骼固定。它的底部是V字形的，嵌在大腿骨的凹槽里。运动时，因为肌肉和肌腱给它施加压力，所以膝关节不是直的，而是稍微有些弯曲。如果附近骨头稍微有点变形或附近肌肉、肌腱和韧带受力稍微不均，就会导致膝关节无法保持正常弯曲，引起膝盖疼痛，做剧烈运动时尤甚。

和成年人相比，儿童的膝关节韧带更不容易受伤，这是因为他们尚未发育完全的膝关节韧带比骨骼更强健。当膝关节承受重负时，骨骼更容易受到损伤，在靠近骨骼生长的地方，尤为明显。然而，随着年龄增长，青少年的骨骼也会日益强壮起来，韧带和骨骼受伤的情况变得和成年人类似。滑板、溜冰、滑雪、篮球、足球等运动特别容易造成膝关节受损，年轻的运动员在比赛和训练时需穿戴合适的护具，以免受伤。

**如果孩子有以下症状，请咨询儿科医生**

- 膝关节痛或肿胀超过3天以上。
- 膝关节受伤后迅速肿胀，感到疼痛。
- 膝关节红肿、压痛、发热，无论有无外伤。
- 青少年抱怨膝关节使不上力。

**注意!**

虽然膝关节疼痛通常都是直接因素导致的，但某些间接因素也会导致膝关节疼痛，如髋关节病变。

## 预防膝关节受伤

引起膝关节疼痛最普遍的原因，是过度使用膝关节，这些反反复复的轻度损伤会导致整条小腿逐渐丧失力量。适当运动有助于帮助青少年预防关节或肌肉受损。教练或体育老师要提醒青少年运动前热身和拉伸的重要性。

大多数轻微的急性肌肉损伤，可以通过及时进行冰敷协助缓解，然后服用对乙酰氨基酚或布洛芬镇痛，并休息一两天。如果运动引起持续的剧烈疼痛，或疼痛发生在骨骼或膝关节上特定的区域，一定要联系儿科医生进行医学评估，或去看运动医学专家、骨科专家。损伤评定后，医生会建议通过复健训练来增强受伤部位的力量和功能。如若医生没有明确指示，不宜再运动。

| 父母的疑虑 | 可能的原因 | 应对措施 |
| --- | --- | --- |
| 青少年膝盖出现红、肿、热、痛 | 感染、创伤、关节炎 | 致电儿科医生，他会对孩子进行检查并推荐专家 |
| 青少年胫骨上方出现柔软、有痛感的肿胀。症状是在他参加运动完之后出现的 | 擦伤、肌肉拉伤、胫骨粗隆骨软骨病 | 请医生对青少年进行检查，如果确诊为胫骨粗隆骨软骨病，治疗通常涉及休息、减少活动。如果需要，可以服用镇痛药 |
| 青少年抱怨他的膝盖“脱臼”。这种感觉在受伤之后出现 | 髌骨脱位、韧带撕裂、髌骨软化症 | 致电医生，他会查看青少年的膝盖是否受伤。治疗可能包括休息之后的等长运动。很少需要动手术 |
| 青春期男孩在剧烈运动之后脚崴了。他抱怨关节僵硬、变形、膝盖压痛且水肿 | 剥脱性骨软骨炎(可能是由于创伤引起的，在男生中更常见)，盘状软骨(膝关节软骨畸形) | 医生将对青少年进行检查并针对这种常见情况给出治疗方案。可能会通过骨科专家进行评估 |
| 青少年抱怨膝关节隐隐作痛，尤其在剧烈活动之后。他的膝关节看起来很正常，似乎没有动不了或腿软的情况 | 髌骨轨迹不良、不明原因引起的疼痛、股骨头骨骺滑脱、(股骨头错位) | 告知医生，他将对青少年进行检查排除引起膝关节疼痛的严重原因，同时推荐等长运动来改善膝关节力量和灵活性。用冷敷来消除不适。随着时间推移疼痛常会消失。股骨头骨骺滑脱是紧急医疗事件，可能需要手术。股骨头骨骺滑脱可能会导致早期的关节炎，需要进行早期关节置换 |
| 青少年膝盖背面肿胀 | 腘窝囊肿、一种学龄儿童的良性症状 | 请医生对青少年进行检查。大多数腘窝囊肿可以不用理会，因为这些良性肿胀通常不需要治疗就会消失。如果有强烈的不适感或肿胀程度加剧则需要手术 |
| 青少年醒来时感到膝关节疼痛 | 膝关节过度使用、肿瘤、血液疾病(例如白血病)、关节炎或其他全身性疾病 | 致电医生，如果青少年出现白天疼痛、跛脚或疼痛持续多天 |
| 青少年膝关节疼痛且轻微肿胀。膝关节弯曲时会发出响亮的声音 | 先天性盘状半月板(一种罕见疾病，半月板的形状是圆形的) | 告知医生，他将推荐咨询骨科医生 |

## 症状

大多数青少年都是在充斥着电子产品的环境中长大的。小时候，他们玩电脑游戏、看 DVD 或用妈妈的手机给外婆打电话。现在，青少年使用电子产品的时间和频率更是呈指数增长。他们在 Instagram 上传照片，在 Facebook 上和朋友交流，在 Twitter 上发一些日常简讯。他们整天都在发短信、看视频或玩各式各样的游戏。

毫无疑问，电子产品爆炸是有正面影响的，例如提供了许多自由便捷的交流渠道；很多学生使用社交网站交流学业功课或小组任务；并且为青少年和成年人提供了无穷无尽的娱乐和新闻。

但是，像大多数的好东西一样，一旦使用过度，就会引发一些问题，电子产品也不例外。如果花太多时间盯着屏幕，户外活动或健身时间就会相对减少。长期观看暴力视频的人，也会渐渐变得暴躁，对于暴力的敏感性降低。另外，儿童能够在电子产品上接触到大量涉及色情、吸毒或饮酒的影像。女孩尤其容易受电子产品中时尚人士的形象影响，努力追求过瘦的身材，过度减肥或节食。

过度使用电子产品也会引起睡眠问题。青少年夜间过多观看电视节目，会较晚入眠。研究表明，如果对青少年使用手机不加限制，会严重影响他们的正常休息。青少年常常被短信和电话吵醒，会造成第二天困倦和注意力无法集中。

虽然我们已经无法避免媒体，但教育青少年如何正确合理地使用电子产品是很重要的。

**注意!**

研究发现，每 5 名青少年中就有 1 人，曾在短信中发送过第三方的裸照或自己的半裸照片。这种短信叫作性短信，是传播色情的非法行为。发送性短信在美国 50 个州内都是犯罪行为，发送者会被指控为性犯罪。这使照片中的人物备受羞辱，是一种骚扰和网络暴力。如果孩子的手机有短信功能，请务必让他们知道发送“性短信”的严重后果。

## 了解自己的电子足迹

每次在搜索引擎上发表评论或创建档案，都会被记录在电子足迹中。电子足迹是你在数码世界（如 Internet 网络）里的数据跟踪。注册一个账户、写一篇博文、上传一张照片或一段视频都会被记录在电子足迹里，造成持久而深远的影响。记录和储存个人信息的网站，也会成为电子记录的一部分。

通过电子记录不但能让人找到你，也能让人认识你。研究表明，大多数成年人并不在乎这样的风险，所以他们不会用心教育孩子，电子足迹到底意味着什么。实际上，青少年比他们的父母更注重个人隐私，更在意自己在社交媒体上上传的内容和浏览这些内容的人。

然而，让青少年了解自己的电子记录存在深远影响，是非常重要的。讨论政治、人身攻击和低俗笑话这样的内容，最好不要发布在网络上。

帮助青少年区分什么内容适合发布在网络上，什么内容不适合，让他在发表网络内容之前先思考一下，是否愿意让父母看到相关内容，发布这样的内容是否会让大学面试官或将来的雇主留下好印象。

让他牢记 RITE 原则，这四个字母代表的意思是：

- R（reread，反复阅读）——反复阅读你写的信息，确保言辞妥当。
- I（imagine，想象）——想象一下，如果是你收到这样的信息，会感到受伤或愤怒吗？
- T（think，思考）——思考一下，这条信息应该马上发送还是暂时不发送。
- E（enter，发送）——如果信息没有问题、不会造成伤害、可以马上发送，按下发送键。

还有一样东西要记住：在网络空间发生的事会永远被记录在网络空间里。

| 父母的疑虑 | 可能的原因 | 应对措施 |
| --- | --- | --- |
| 你怀疑青少年参与了性活动。她常常穿着暴露的衣服并和男孩过分亲密 | 过度接触媒体中的性意象 | 和她聊一聊她观看的电视和电影。鼓励她发展其他兴趣爱好。如果你怀疑她参与了性活动，和儿科医生谈谈 |
| 青少年很孤僻，常常感到悲伤。他沉迷于短信，与同学相处出现问题 | 网络暴力 | 和他交流他收到的邮件、短信和帖子。在社交媒体上关注并加他为好友。咨询学校的建议。如果青少年受到人身威胁，及时报警。如果他出现失眠（参看第 142 页“睡眠问题”）、食欲缺乏（参看第 28 页）或抑郁（参看第 182 页）等症状，和儿科医生谈谈 |
| 青少年不再喜欢和朋友或者家人相处，不参加活动，沉迷于手机短信或电子游戏。他很容易情绪化。当你问及他的社交媒体活动时，他会变得防备。你发现他沉迷于高危行为，例如药物滥用 | 过度使用社交媒体或沉迷游戏 | 让儿科医生推荐一位心理医生。告诉孩子你感到担忧。在他的电脑、手机或其他电子设备中，检查他的短信、浏览的网页、朋友列表和邮件。想办法让他减少使用社交媒体 |
| 青少年沉迷于打斗，有时和人打架。他的心情烦躁，好斗 | 过度接触媒体暴力 | 设置媒体使用限制。告诉他你对于暴力型电影和游戏的担忧。如果需要，让儿科医生推荐一位心理医生 |
| 青少年体重增加。在锻炼时容易受伤 | 因为过度使用媒体而缺乏运动 | 想办法减少青少年使用社交媒体的时间。鼓励通过散步或骑车这样的运动，锻炼身体、降低体重 |
| 青少年心事重重而且经常抱怨长胖，但事实却不是这样。他经常暴饮暴食，然后待在洗手间里许久 | 由于过度使用媒体导致的厌食症或暴食症（参看第 184 页“进食障碍”） | 和医生交流关于治疗的建议和指导。限制青少年看时尚杂志、电影和电视 |

## 症状

儿童在即将进入下一个年龄段时，容易出现情绪波动。在“糟糕的 2 岁”期间，儿童对父母产生了复杂的情感：爱、嫉妒、沮丧、害怕父母不高兴和被遗弃。学龄前儿童的情绪或许能在几分钟内完成类似晴天——打雷——晴天这样的转变。随着他年龄增长，能更好地表达自己，才不会再用失控的情绪来发泄愤怒、沮丧的情绪（参看第 156 页“发脾气”）。引起青少年情绪失控的原因，一方面是因为身体激素的改变，另一方面是因为面临的青春期挑战、日益增加的责任感和对青少年时期的不确定性（参看第 180 页“焦虑”）。

患有慢性疾病的儿童普遍存在情绪波动的问题。存在内分泌失调或激素紊乱的青少年，例如糖尿病或甲状腺疾病，尤其容易情绪波动。行动不便的青少年可能会感到无助和压抑。进行心理咨询或加入同龄人互助小组，能让他看到同龄人也存在类似的问题，帮助他找出解决问题的方法。

情绪出现极大波动，可能意味着青少年存在严重的心理疾病、无法抑制的冲动、被虐待、有潜在的性格障碍，或滥用药物和酒精。在某些青少年身上这可能是精神疾病的发病信号。青少年极大的、令人难以捉摸的情绪波动至少会让他难以和家人、同学、老师、长辈好好相处。这时，青少年通常需要专业人士的帮助。

情绪问题，有可能跟体重变化有关（参看第 182 页“抑郁”，第 184 页“进食障碍”）。家长应该警惕某些问题行为，如不修边幅、不讲卫生、不和朋友来往或成绩下降。如果青少年情绪变化影响了家庭生活、社会关系和学业表现，和儿科医生谈谈。儿科医生会推荐心理健康专家对他进行评估。

除了专业人士的帮助之外，鼓励青少年规律运动也很重要。一个长期保持运动的人，大脑会持续分泌一定量的内啡肽——一种天然的情绪促进剂，能够帮助维持情绪稳定。

**如果青少年有以下症状，告诉儿科医生**

- 因为饮食习惯的变化引起体重急剧变化。
- 对一些平时喜欢的东西，突然失去兴趣。
- 睡眠的时间急剧变化。
- 表达出无价值感或负罪感。
- 精力急剧变化，无精打采或精力过剩。

**注意!**

不要忽略青少年剧烈的情绪波动，尤其在他们有抑郁和狂躁倾向时。仅仅希望青少年自己解决问题，是远远不够的。他们可能需要药物治疗，需要进行医学评估来决定是否需要进行心理咨询。

## 气质和情绪

青少年的气质通常分为三大类，平易型、中间型和困难型。平易型的青少年有着积极的人生观，对变化和新环境能淡然处之，能用幽默感应对挑战，很少感到焦虑。中间型青少年对新环境的适应更慢一些，也没那么开朗，面对陌生人或新环境时更加焦虑。困难型青少年处于这些场景中时可能会出现情绪失控和调节障碍。这三种气质类型是通过青少年的活跃程度、行为习惯、敏感性、家庭背景、

情境和情绪(待人接物时让人感到愉快的程度)来划分的。父母们不要忙着给孩子下定论,可能他只是因为压力暂时影响了行为,并且有时看起来是困难型的青少年,在父母和老师面前的个性和行为是截然相反的。

要注意青少年在解决矛盾事件时的情绪和情感构成。尽量帮助他形成最好的基础性格。儿科医生也能提供相关的建议。

| 父母的疑虑 | 可能的原因 | 应对措施 |
| --- | --- | --- |
| 青少年有时很情绪化。前一分钟情绪高昂,后一分钟情绪低落。但是总的来说还是心情愉悦的 | 正常的青少年行为 | 努力保持幽默来处理青少年情绪问题。在某个阶段,这种行为是正常的 |
| 你的女儿变得爱哭、过度敏感、每个月都会有几天特别情绪化 | 经前期综合征、(PMS 或经前期焦虑) | 向她解释,这些难受的感觉是体内激素变化引起的。经前期综合征不是身体障碍。可以预测出生理周期,以便妥善安排活动。如果这些症状对她的生活产生了不利影响,和儿科医生谈谈 |
| 自从最近的病毒性疾病之后,青少年变得急躁且情绪化 | 逐渐从病毒性疾病中恢复 | 病毒性疾病之后急躁易怒是常见现象。如果青少年在 1~2 周后还没有恢复正常,和儿科医生谈谈 |
| 青少年心情低落已经持续了几天或一段时间。他爱哭、急躁、孤僻。情绪变化有明确的原因 | 反应性抑郁症(一种以悲伤情绪为特征的正常反应,参看第 182 页“抑郁”) | 和青少年讨论这些令他感到悲伤的事情及其解决方法。如果这种情绪持续了 3 周以上或变得更糟,请告知医生,他可能会推荐咨询或药物治疗 |
| 青少年每次情绪低落都要持续几周,然后恢复正常情绪。有家庭抑郁史 | 轻度慢性抑郁症(恶劣心境障碍) | 如果情绪低落干扰了家庭生活、功课或他欢乐的心态,告知儿科医生。青少年需要进一步的诊断和治疗 |
| 青少年患有慢性疾病。你担心他可能忘了服药或进行监测试验 | 焦虑、抑郁、愤懑、否认与慢性疾病相关;药物或疾病的影响 | 和儿科医生谈谈,他可能会推荐心理咨询师或青少年互助小组 |
| 青少年情绪变化反复无常,好动、好辩、睡眠不足 | 双相情感障碍(躁狂抑郁症) | 告知医生,青少年可能需要药物稳定情绪并进行心理咨询 |

## 症状

青少年时期是一个过渡期，意味着改变、成长、独立，由儿童成长为成人。然而大多数家长认为这是一个尝试期，在此期间，及早地得到足够的支持、帮助和引导的青少年，能更好地掌握如成年人般处理问题的技巧和方法，在人际关系、身体健康、教育、工作和娱乐方面不会或很少出问题。但是对于另外一些青少年来说，这种转变被心理或生理的健康问题阻碍。

有的青少年因为无法有效地处理和调整生活中出现的不同形式的压力（包括典型的青春期压力和异常或持续的不良重压）而拥有一个惨淡的青春期，这或许会诱发抑郁症。甚至还有一部分青少年用自我毁灭的行为来逃避或掩盖自己的心理问题（参看第 198 页“情绪波动”）。对于大多数家长来说，性情剧烈变化是青少年需要心理健康专家帮助的第一个暗示。不能把青少年性情的剧烈变化简单地看成情绪化，这和普通的青少年情绪起伏是不一样的。然而，他们的这种行为和态度的改变却常常被忽视。有时，在重大事故中头部受伤或得了罕见的疾病，如代谢疾病和脑瘤，也会引起青少年的性情改变。对于许多青少年来说，性情发生显著变化暗示他们参与了高风险的行为，如药物滥用和其他自我毁灭的行为。过早、高危和无安全措施的性行为也可能会导致性情改变；这种改变也可能是因为意外怀孕引起的，也可能是因为传染了包括艾滋病在内的性传播疾病引起的，还有可能是慢性心理疾病引起的。

由于危险行为的结果可能是非常悲剧的，父母应警惕青少年的性情改变，这意味着他们需要心理健康专家的帮助。无论性情的变化是因为抑郁症、行为失常（参看第 38 页“行为问题”）、身体疾病还是早期精神疾病引起的，都需要对青少年进行医学评估。儿科医生会指导你选择合适的疗法并可能会向你推荐家庭援助组织。

**如果青少年的个性发生变化并出现以下状况，和儿科医生联络**

- 经常旷课，学业退步。
- 你怀疑他滥用酒精或药物。
- 沉默寡言，自我封闭，不善交流。
- 有敌意和攻击性。
- 行为模式对身体健康和生命安全构成威胁，甚至是犯罪行为。
- 身体疾病。

**注意！**

如果青少年无意间提到自杀，不要忽略他们。这说明他们想谈谈自己的问题。他必须立刻接受医学评估。

## 青少年自杀

在美国，自杀仅次于他杀和意外死亡，是排名第三的青少年死亡原因。尽管女生尝试自杀的次数更多，但是男生自杀的死亡人数却超过女生，因为他们更倾向于选择更加决绝的自杀方式。

青少年选择自杀的原因很多，如抑郁症没被诊断出来或没有得到及时治疗；和朋友、家人的严重冲突或虐待、性侵，还有对性取向和性别认知感到矛盾和受到歧视，或对法律系统和学校产生分歧。许多青少年在药物和（或）酒精的作用下尝试自杀。很难在意外事故和自杀尝试中

划分一条明确的界限，因为许多致命的意外事件是在青少年滥用酒精或药物后发生的。药物使青少年的神经松弛，让他们更加冲动，不顾后果地进行自我毁灭行为，例如醉驾或大胆地挑战危险动作。

专家统计表明，尝试自杀的人中，只有 1/3 的人真的想杀死自己；其他的都是在寻求关注、爱、认同或逃避他们无法有效处理的事件和情感。疾病预防和控制中心最近的一份报告《2005—2011 年美国儿童心理健康监测》中指出，在尝试自杀的青少年中，将近 30% 会在死亡之前通知他人，21% 在之前就尝试过自杀。青少年无法妥善处理来自家庭、学校和（或）团队的长期压力和抑郁、愤怒的情绪，可能会孕育自杀的倾向，至少他很可能会在冲动行为的支配下，自残或伤害他人。儿科医生应该尽快对他进行评估以排除生理疾病，并决定他是否要咨询心理医生或心理健康专家。

| 父母的疑虑 | 可能的原因 | 应对措施 |
|---|---|---|
| 青少年怀有敌意且好斗。在学校遇到麻烦 | 学习问题、行为问题 | 告知医生，他会对青少年进行评估，可能会建议进行治疗。如果青少年敌意水平使人感到害怕，需要立即转诊 |
| 青少年对如何打发时间保密。他的金钱或财物来路不明 | 药物滥用，包括非法毒品交易 | 告知医生你的担忧，他可能给出如何和青少年交流的建议或方法 |
| 青少年逃学。他的成绩一落千丈 | 逃学、学习障碍、药物滥用、佯装、怀孕 | 和他的老师谈谈，找出问题的根源并获取建议。让儿科医生对他进行评估，并尽快安排心理咨询 |
| 青少年反复无常的行为干扰了家庭生活。他的情绪长时间起伏不定，在学校也遇到困难 | 情绪障碍、心理疾病 | 立即告知医生并进行评估 |
| 青少年一阵阵发抖。他感到气短、恐慌。他心跳剧烈，很难集中注意力 | 焦虑发作、糖尿病早期征兆 | 告知医生，他会通过检查来排除身体疾病，会给出治疗方案，包括咨询或转诊心理健康专家 |
| 青少年变得好斗和健忘。他躺着的时候头痛剧烈，视物出现重影，肌肉乏力，或恶心反胃 | 肿瘤或其他需要诊断和治疗的情况 | 尽快告知医生 |

## 症状

青少年在性激素的作用下出现了第二性征。女孩8~13岁时胸部开始发育，这是性成熟的第一个特征。通常，男孩青春期发育会比女孩迟1年或以上，所以男孩的睾丸和阴茎是在10~14岁开始发育的。通常在生理发育特征出现之前，父母就能发现儿童需要大量的食物来维持身体的快速生长。在最早的生理发育特征出现2年后，青少年将迎来青春期快速生长期，在这段时间内儿童的身高可以增长25%，体重会增加到原来的两倍。

女童月经初潮的平均年龄是12~13岁。有人对芭蕾舞演员、运动员和有进食障碍（参看第184页）的女孩们进行了研究，结果表明体重过轻或体脂过低者，第一次月经的时间晚于平均年龄。女孩刚刚来月经的2~3年，常常会出现月经不调。之后，大多数青春期女孩的排卵周期才会更加规律。

虽然男孩在8~17岁第一次遗精都被认为是正常的，但是实际上男孩第一次遗精的年龄通常是11~15岁。青春期男孩喉结变大、声音变低沉、长胡须、长高、肌肉增加（图3-2）。

女孩在月经初潮后的1年左右会停止长高。而男孩，一直到十七八岁，身高才会停止增长。有些年轻男子或许能持续长高直到21岁，并且一直到20出头身上的肌肉还会持续增多。

**如果你注意到青少年有以下症状，和儿科医生谈谈**

- 8岁以下的女孩或9岁以下的男孩有性发育的迹象。

**注意!**

性成熟的时间个体差异巨大并且受到一系列因素的影响，包括遗传基因、营养情况及体重。但如果13岁以上的女孩或14岁以上的男孩还没有性发育的迹象，和儿科医生谈谈。

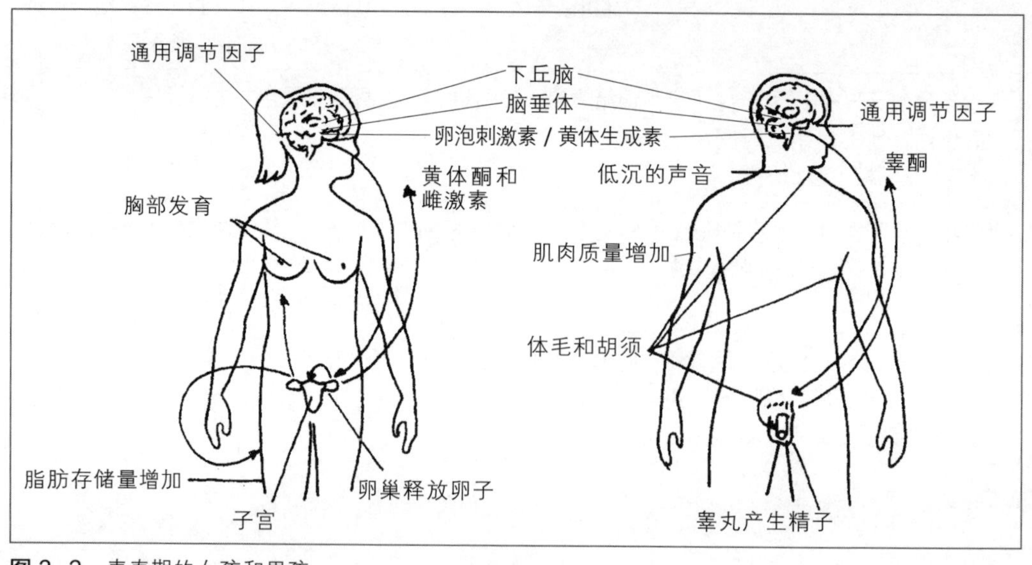


图3-2　青春期的女孩和男孩

## 青春期激素的作用

无论是男孩还是女孩，青春期都是从大脑中的下丘脑（图 3-2）分泌促性腺激素释放激素开始的。这种激素能促进周围的性腺分泌卵泡刺激素和黄体生成素。

卵泡刺激素和黄体生成素在女孩体内，作用于卵巢，促进黄体酮和雌激素生成，这些雌激素对月经的规律性和每个月的排卵起着重要作用。

女性的第二性特征，包括乳房发育、阴毛和腋毛生长及脂肪增多，也是在激素作用下产生的。雌性激素增多使女孩在青春期到来之前出现阴道分泌物（参看第 164 页）。

青春期激素在男孩体内，作用于睾丸，产生的睾酮能促进精子的生成。在睾酮的作用下，出现的男性第二性征包括长出胡须和体毛、喉结变大、声音变低沉，以及肌肉增加。

| 父母的疑虑 | 可能的原因 | 应对措施 |
|---|---|---|
| 青春期女孩乳房肿胀、疼痛 | 正常发育 | 她正在经历正常的乳房发育；疼痛会随着时间消失 |
| 13 岁的女孩还没有生理成熟的迹象，如乳房发育、长阴毛或长高 | 青春期延迟 | 和儿科医生谈谈。这种现象也许是遗传因素造成的，但儿科医生会根据具体的情况进行分析，以决定是否要做进一步的医学评估 |
| 14 岁的男孩没有发育的迹象 | 青春期延迟 | 儿科医生会对他进行检查，以判断是否存在问题，是否要进行治疗 |
| 学龄儿童（8 岁以下）一侧或双侧乳房开始增大或长阴毛 | 性早熟、肾上腺功能早现或单纯性乳房发育（参看第 48 页“乳房肿大”） | 和儿科医生谈谈，他会决定儿童是否需要测试和看专科医生 |
| 青春期男孩正常发育，但是他的胸部在变大，令他担忧 | 乳房变大、脂肪组织 | 乳房变大是正常的、暂时的，通常会消失。如果症状一直持续或这让他感到很尴尬，带他去看儿科医生。儿科医生会对他进行检查，必要时会向他保证，这是正常现象。极少数情况下，需要进行外科会诊 |
| 女孩两侧乳房大小不一，除此之外，她发育正常 | 正常的乳房发育不对称 | 向她保证，许多女性的乳房都存在一定程度不对称。两侧乳房的差异会越来越小，但是如果发育完全后，差异还是很明显，等她长大后也可以进行手术修正 |

## 症状

青少年普遍存在皮肤问题，其中最常见的是粉刺。大约有 85% 的青少年都会长粉刺。其中 75% 的幸运儿，只是因为皮脂腺堵塞，长几个白头，也就是我们平时说的闭口粉刺。皮脂腺附属于毛囊，会分泌出一种油性物质——皮脂，可以起到润滑和保护皮肤、毛发的作用。轻度粉刺，只要不去挤压，以免受到感染，会慢慢消失，几乎不会留下瘢痕。如果情况很严重，发炎的脓疱或囊肿会在脸上、背上和胸前留下瘢痕。这种叫结节囊肿性痤疮，在男孩中比较常见，通常要找皮肤科医生治疗。在美国，除了结节囊肿性痤疮之外的大多数其他类型的粉刺，都可以找儿科医生诊治。

长粉刺倾向具有家族性，但是这种皮肤问题通常是因为雄性激素水平升高引起的，不论是青春期的男孩还是女孩，体内都有雄性激素。在雄性激素的作用下，皮肤皮脂腺增大，分泌物增多。女孩通常在月经之前或体内激素水平突然升高时暴发粉刺。

因为青少年强烈的自我意识并且对外表十分关注，粉刺问题深深困扰着他们。有时候，父母甚至比他们还要在意。其实大可不必担心，因为有许多方法可以安全有效地治疗粉刺。对于轻度或中度粉刺，儿科医生会建议使用非处方乳液或药膏进行治疗。许多青少年发现，如果避免使用具有刺激性的碱性洗面奶，每天使用易冲洗的偏酸性无刺激的洗面奶或肥皂 1~2 次，情况会改善很多。但一定要注意，要避免过度清洁和大力摩擦，以免刺激皮肤，加重粉刺。对于更严重的情况，治疗时或许还要用到皮肤科医生开的药。长粉刺的青少年要避免使用油性面霜和化妆品。

**如果孩子有以下症状，和儿科医生谈谈**

- 青少年长了几个疼痛、发热、发红、顶部有脓的肿块（可能是疖子）。
- 青少年不断挤压粉刺（咨询情感问题，或许能帮助到他们）。
- 你自己很在意他长青春痘。

**注意!**

挤压粉刺会让皮肤变得脆弱，易受感染，或许会导致留下永久性的瘢痕。不要管它们，大多数粉刺会自愈并且不会留下瘢痕。

## 粉刺和饮食

长粉刺是因为吃了大量巧克力、糖果或油炸食品，这种说法纯属无稽之谈，并没有证据表明长粉刺和这些食物相关。长粉刺也不是因为皮肤不干净、性行为或便秘。虽然有些人发现，吃了某种食物常常会长粉刺，但研究表明，在这种情况下，长粉刺并不是食物引起的，相反，研究人员怀疑压力才是罪魁祸首。众所周知，压力会引起或加重粉刺，或许是因为压力使激素水平发生变化。对于一些人来说，激素的改变会激起对食物的渴望，尤其是巧克力和其他糖果。所以人们错怪了糖果，压力才是始作俑者。运动结合营养均衡，包含大量蔬菜和水果的饮食，对身体有益，会让皮肤变好。

有些人吃了高碘食物后，会暴发像粉刺一样的皮疹，这是唯一已知的食物对粉刺的影响。许多药物会引起粉刺，尤其是

类固醇和其他激素制剂、抗惊厥药和含锂的药物。在保健品商店里出售的海藻补充剂也与粉刺相关。但是要记住一点，鱼类或贝类中的碘含量不足以让青少年长粉刺。

| 父母的疑虑 | 可能的原因 | 应对措施 |
| --- | --- | --- |
| 青少年偶尔会长白头和小脓疱 | 青少年粉刺 | 为了减少脸部的油脂，鼓励他用温和的无皂基洗面奶洗脸。如果脓疱让人困扰，儿科医生会建议使用非处方过氧化苯甲酰洗面奶或乳液。儿科医生能够处理大多数粉刺问题 |
| 青少年的脸上、肩膀、胸前或背上长满了像囊肿和肿块一样的粉刺 | 重度粉刺、囊肿性痤疮 | 和儿科医生谈谈，他会对青少年进行检查，或许会把他推荐给皮肤科医生进行治疗。如果不治疗，这种粉刺会发展成疼痛的囊肿，留下瘢痕，令青少年十分痛苦 |
| 青少年感到脚上发痒、灼痛，脚趾之间的皮肤发白、潮湿。趾甲看起来或许是黄色的 | 香港脚、真菌感染（脚癣） | 和儿科医生谈谈，他会建议进行抗真菌治疗。鼓励青少年洗完澡后把身体完全擦干，穿棉质袜子，勤换洗运动鞋 |
| 青少年抱怨胯部发痒 | 股癣、间擦疹（皮肤皱褶处发炎）、阴虱寄生病（一种性传播疾病） | 和儿科医生谈谈，他会对青少年的症状进行评估并推荐合理的治疗方式。让青少年穿宽松的棉质内裤，避免穿紧身裤，洗完澡后要把身体彻底擦干。如果是长阴毛的部位发痒，可能是阴虱病，这是一种通过亲密性接触传染的疾病。可以用含有特殊化学物质的洗液、药膏和乳液除去这些寄生虫。和儿科医生谈谈，如何选用药物 |
| 青少年的躯干和上臂长了淡粉色的皮疹 | 玫瑰糠疹 | 玫瑰糠疹是青少年中常见的皮肤病，常常在6~12周会消失。引起的原因尚未明确。疹子发痒但不会对身体造成伤害，不会留下瘢痕。请儿科医生确认一下，疹子不是因为真菌感染引起的 |

## 症状

和许多其他群体一样，青少年也常常忽视优质睡眠的重要性，而且实际上，青少年很难形成良好的睡眠习惯。到了青春期，孩子们对睡眠的需求和他们童年时期一样多，但事实却是，青春期的孩子，睡眠时间却在减少。

睡眠成为青少年的难题，是由许多因素导致的。首先，青春期的到来（不是实际年龄）和下降的睡眠驱动力引起生物钟延迟，让青少年睡觉的时间越来越晚。此外，大量的活动，包括家庭作业、运动、兼职、约会、社交和使用电子产品（如电视、网络、发短信、游戏）或只是出去走走，对于青春期的孩子来说，都比睡眠更加重要，要优先完成，这更进一步延迟了睡眠时间。

同时，许多中学上课的时间很早，这就要求青少年起床的时间要比上小学时早得多。就这样晚睡早起，青少年的平均睡眠时间远远达不到他们所需的每天9小时。大多数青少年每天的睡眠时间只有7小时，随着他们的年龄增长，这个数字还会逐渐减小。因为正常的生物钟发生了变化，青少年在周末补充睡眠，对身体是有害的。如果太晚起床，他们就像经历了时差一样。许多饮料、补充剂，甚至唇膏上都含有咖啡因，或许能帮助青少年暂时减轻困倦，但是也会让睡眠问题更加严重。

睡眠不充足会影响青少年的注意力，妨害他们的学业和运动表现（更容易受伤）；降低他们的机敏度，影响他们的情绪。青少年开车时，睡眠不足会成为安全隐患，酿成车祸。最近的研究表明，睡眠的时间过短甚至还会引起青少年抑郁症，甚至自杀。

**如果青少年有以下症状，马上打电话给儿科医生**

- 睡眠习惯发生了巨大变化。
- 睡觉时鼾声很大。
- 情绪波动的同时存在睡眠问题。

**注意!**

如果青少年睡觉鼾声很大，即使睡了一整晚，醒来还是感到很疲惫。他或许有睡眠呼吸暂停综合征（一种在睡眠时无法恰当换气的疾病），打鼾暂停时，就会醒过来。睡眠呼吸暂停综合征会影响学业。如果你怀疑青少年得了睡眠呼吸暂停综合征，打电话给儿科医生。

### 青少年的睡眠难题

青少年每天仍然需要9小时的睡眠，但是在他们这个年龄段真的很难达到。生物钟的变化、忙碌的时间安排和早起上学让青少年很难获得充足的睡眠。

结果就是，许多青少年在周末时睡到上午九十点钟甚至是下午一两点钟。虽然他们是想通过这种方式把这一周缺乏的睡眠都补回来，但是睡懒觉只会让问题更加严重。如果青少年周末起床的时间比上学时推迟2~3小时，就会产生像有时差一样的感觉，这让他在平日更难起床。

重新规划青少年的作息时间，周末也要让他在晚上10点前睡觉；让他早上自觉起床不要依赖别人。在他房间里放一个收音机闹钟，再在远离床的地方放一个闹钟，让他起床关闹钟。把这个计划和孩子商量一下，甚至可以让他签订契约。在孩子起床2小时后，尽量带他出去晒太阳，这能够帮助他调节体内的生物钟。如果这些办法都没有效果，和儿科医生讨论一下是否需要带孩子去看睡眠专家。

| 父母的疑虑 | 可能的原因 | 应对措施 |
| --- | --- | --- |
| 青少年脾气暴躁，在学校无法集中注意力学习。他几乎一整天都很疲惫 | 慢性睡眠不足 | 帮助青少年建立固定的睡眠时间。让他每天睡足 9 小时。通过限制咖啡因，避免灯光过亮，关掉电脑、电视、手机，让他在睡觉之前充分放松，创建良好的睡眠环境 |
| 青少年夜晚无法入睡，早上起床很困难，周末睡到很迟 | 失眠、焦虑 | 采用和慢性睡眠不足一样的方法。周末不要让青少年比平时晚起床 2 小时或以上 |
| 青少年每天夜里 2 点或以后才睡得着 | 睡眠延迟障碍、焦虑 | 让青少年即使在周末也要每天都在固定的时间睡觉和起床。灯光会抑制褪黑素（一种睡眠需要的激素），所以夜晚要熄灭所有灯光，包括发光的电脑和平板电脑。让儿科医生推荐一名睡眠专家 |
| 睡着时，青少年会起来四处走动。第二天问他的时候，他完全没印象 | 梦游 | 青少年睡眠不足更容易梦游。当他梦游时，不要吵醒他，轻轻地把他带回床上 |
| 青少年的睡眠时间显著增加或减少。他越来越孤单、孤僻。他常常很早醒来 | 抑郁 | 打电话给儿科医生，进行检查，可能要转诊心理健康专家 |
| 青少年抱怨睡不好，即使睡了一整晚，白天常常感到疲惫。他的鼾声很大。他体重超重、过敏或哮喘 | 阻塞性睡眠呼吸暂停综合征 | 和儿科医生谈谈，他会建议青少年接受整夜睡眠研究来进行诊断。如果情况很严重，青少年可能要切除肿大的扁桃体、淋巴组织或进行鼻腔持续正压通气 |
| 青少年睡眠的时间比以前长很多。他常常半夜醒来，无法继续入睡。他有时情绪低落过度睡眠，有时又活跃、好争辩且不怎么睡觉 | 情绪或心理健康问题、药物滥用 | 和儿科医生谈谈，他会把青少年推荐给心理健康专家 |
| 青少年吃饭或谈话时会睡着。他腿部肌肉有时会很无力。在他刚刚入睡或快要醒来时会做奇怪的梦 | 嗜睡症 | 和儿科医生谈谈，他会建议进行整夜睡眠研究。如果青少年常常发生嗜睡症，需要终身治疗 |

## 症状

青少年药物滥用是一个重要的公共健康问题。饮酒和使用药物的青少年通常在学校的表现都不好，更容易得性传播疾病和怀孕，自杀和犯谋杀罪的风险也更大。对青少年进行药物滥用筛查十分必要，有关部门要引起足够的重视。据调查，大概有 10% 的青少年会有药物滥用的情况，其中有 50% 需要进行治疗。

以下几种青少年药物滥用的风险较大，第一种是性情冲动、具有攻击性和破坏性的青少年；第二种是患有注意缺陷多动障碍（参看第 30 页）的青少年，但是如果疾病得到妥善治疗风险就会降低；第三种是缺乏父母监管或家中有人滥用药物和酒精的青少年。值得注意的是，12~14 岁就开始吸烟的青少年，可能会形成终身吸烟的习惯。报道表明，那些常常受到父母表扬，并且父母明确表示强烈反对吸毒的青少年，药物滥用的风险较低。

如果你怀疑青少年滥用药物，要相信自己的直觉，密切地观察他。在他情绪平静时，和他谈谈让你担忧的事。不要直接指责他，但是问话一定要详尽。跟他说："我们很爱你，也很担心你。希望你能告诉我们实情。"明确地告诉他，你反对滥用任何药物。把你所担心的事详细地和儿科医生谈谈。记住，孩子近来在学业上的表现、交的朋友、外表的变化、暴躁的脾气都是药物滥用或其他心理健康问题的非特异性特征。物质滥用越早被发现并治疗，青少年所要承担的不良后果就越小。

**如果孩子有以下症状，马上打电话给儿科医生**

- 青少年药物或酒精滥用，并产生了不良后果。
- 青少年滥用药物或酒精，并有危险的行为，如自残、威胁要自杀、谋杀或吸毒、饮酒的反应还没退去就开车。

**注意!**

不要把青少年药物或酒精滥用当成短期行为。在美国，药物或酒精滥用是导致死亡，包括意外事故（如车祸）、自杀和谋杀的最主要原因之一。30% 以上意外死亡事件都与饮酒有关。药物或酒精滥用还会导致许多健康问题，如记忆力衰退、维生素缺乏、平衡能力降低和高危性行为。

## 青少年、药物、媒体

在这样的一个社会里，我们一方面告诉孩子要拒绝滥用药物，另一方面，我们每年在电视、电影和其他媒体上对香烟、酒和处方药的广告投入却高达 200 亿美元。在美国，每个青少年平均每年会在媒体上看到多达2000次香烟和啤酒的广告，这些广告大多数出现在体育频道。同时在黄金时段的电视节目里，71% 的节目都和饮酒相关。

很难让儿童不接触到这些不健康的广告。作为家长，首先要做的是，限制儿童每天接触媒体的时间。美国儿科学会建议，儿童每天接触媒体的时间不应该超过 2 小时。最好不要把电视、电脑、手机这些电子产品或其他任何有上网功能的设备放在青少年的房间里。

| 父母的疑虑 | 可能的原因 | 应对措施 |
|---|---|---|
| 青少年身上有烟味，牙齿上有烟渍，呼气时烟味很重 | 抽烟 | 明确让孩子知道你反对吸烟和使用药物。让儿科医生和他谈谈吸烟的害处。教他如何处理来自伙伴的压力。帮助他戒烟 |
| 青少年参加聚会回家后恶心、反胃。你觉得他身上有酒味 | 饮酒 | 告诉孩子你无法容忍喝酒的行为。和他讨论一下喝酒和滥用药物的危害。找准时机教育他，告诉他喝酒引起的悲剧。教会他如何处理来自伙伴的压力。和儿科医生谈谈，让他给点建议 |
| 青少年经常满身酒味地回家，口齿不清，状态很不好。他喜欢和人打架，最近遭遇过车祸 | 酒精或药物滥用、饮酒引起的更严重的问题 | 和儿科医生联系，对孩子进行进一步评估。在进行治疗之前，不要让他开车 |
| 青少年常常情绪低落且脾气暴躁。他不像以前那样在乎自己在学校的表现，不参加学校的活动。他回到家时双眼发红，话很多，一直笑个不停 | 吸食大麻 | 和孩子讨论一下大麻的危害性。帮他处理来自伙伴的压力，帮他发展积极的兴趣爱好。家长要在处理压力这方面给孩子树立一个好榜样。和儿科医生谈谈，以获取更多建议 |
| 青少年常常看起来精神恍惚。他的呼吸中带有化学品的味道。他的食欲很差，看起来很焦虑。他抱怨感到恶心。你在他房间里发现喷壶和被化学溶剂浸泡的布片。他穿了唇环或鼻环 | 吸入药剂，如一氧化氮和空气清新剂中含有的挥发性亚硝酸盐 | 告诉他，你不能容忍药物滥用。和他谈谈健康生活方式的重要性。帮助他发展其他的兴趣爱好。打电话求助儿科医生 |
| 青少年常常烦躁不安、精力旺盛、喋喋不休。他非常兴奋，说自己的心跳在加速 | 使用中枢兴奋药，如治疗注意缺陷多动障碍的药物、冰毒或可卡因 | 明确地告知他你无法容忍药物滥用。和他谈谈健康生活方式的重要性。帮助他发展其他的兴趣爱好。打电话求助儿科医生 |
| 青少年偏执、昏昏欲睡、口齿不清。你在他的房间发现不属于他的药片，或是医生开给家里其他人的药片不见了 | 服用镇痛处方药 | 打电话给儿科医生寻求帮助。儿童可能在滥用从朋友那里得到或家里药品柜里的处方药。和他讨论一下滥用处方药的危害 |

## 症状

在整个童年和青少年时期，都应该简单直白地告诉孩子他们身体正在发生的变化以及与性发育相关的行为、情感方面的问题。他们需要了解勃起、梦遗、月经、月经周期、性行为及其感受，以及怀孕、禁欲、避孕和包括艾滋病在内的性传播疾病等方面的知识。有些学校会有性生理知识课程，但父母要让孩子知道性和爱、责任及建立在双方价值观上的道德选择是一体的。青少年的性和性行为受到文化和宗教信仰，以及同伴和媒体宣传的影响。

青少年过早的性经历常常导致其他高风险行为，如多个性伴侣、不安全性行为、酒精和药物滥用、荒废学业和少年犯罪。要指导青少年形成良好的自制力、责任心和负责的性态度。许多父母和青少年讨论和性相关的话题时会感到尴尬，可以让儿科医生帮助提出合理的建议，推荐适合他们的阅读材料。如果有必要，儿科医生会建议青少年进一步咨询。

如果你强烈反对青少年性行为，一定要让他明确地知道你的容忍底线和理由。虽然你能对他进行教育，但不可以一直强制实行你的规则。如果孩子有不同的看法，让他知道你时刻准备倾听，并且你对任何会影响他身体健康的事情都很关心。

**如果你和青少年之间很难沟通，并且你担心他有以下行为，和儿科医生谈谈**

- 进行了无安全措施的性行为。
- 参与了高风险的行为，包括不安全的性行为、酒精和药物滥用、旷课。
- 因为发育障碍，不分场合自慰。

**注意！**

如果青少年的性伴侣是地位相对权威的成年人，必须问清楚这种关系是不是被迫的。正面交锋会破坏你和孩子之间的关系。儿科医生也许会建议咨询家庭咨询师。

## 性别认同和性取向

由于种种原因，青少年时期是很难熬的，对于性少数群体［女同性恋者、男同性恋者、双性恋者、跨性别者和性别认同疑惑者（LGBTQ）］或性取向不明确者来说更是极其痛苦。性别认同混乱并不是男孩不爱运动或女孩喜欢踢足球不喜欢洋娃娃这么简单，实际上性别认同混乱的孩子把自己当成了异性，他们或许会喜欢穿着异性的衣物，喜欢充当异性的角色。他们通常无法接受自己的生理性别，喜欢和另一性别的伙伴一起玩耍。不幸的是，青少年性少数群体常常在学校里遭到同学的欺凌或孤立，这会引起心理健康疾病，加大药物滥用和进行高危性行为的风险。

儿童和青少年表现出对同性的兴趣并不一定说明他是同性恋或双性恋，他也有可能是性取向正常的异性恋。虽然你可能想过自己是否可以影响儿童的性取向，但是个体对同性、异性或两者产生的生理和情感上的吸引是基因和环境共同作用的结果，是无法改变的。对于性少数群体来说，来自假装自己是异性恋的压力，还有常常受到的歧视和迫害，往往使他们感到孤独并会导致严重的精神问题，还会影响他们的自尊和自信。

作为家长，最重要的就是对他们表示理解、尊重和支持。用无偏见的态度获得

青少年的信任，更好地帮助他们度过这些难熬的时光。如果青少年是女同性恋、男同性恋、双性恋或跨性别者，或对自己的性取向感到疑惑，和儿科医生谈谈。他会把青少年推荐给心理健康专家，在那里青少年能得到帮助。此外还有一些组织也可以提供信息和帮助。

| 父母的疑虑 | 可能的原因 | 应对措施 |
| --- | --- | --- |
| 在青少年的房间、书包或他的社交媒体上发现他有性行为 | 正常的青少年性活动、探索和好奇心、高风险性行为 | 让青少年知道你对责任感和尊重的看法。让他明白避孕和预防性传播疾病的重要性。如果你觉得很难和他沟通，和儿科医生约个时间见面 |
| 青春期女孩尿痛、尿频或者有时会尿血。她的性活动活跃 | 膀胱发炎、性传播疾病 | 和儿科医生谈谈。她可能需要用抗生素治疗。或许要给她一些关于避孕和预防性病的建议 |
| 女孩抱怨经期大量出血。她经常抽筋、头痛、感到无力。偶尔，她在两次月经之间也会出血 | 月经过多、功能失调性子宫出血、宫颈炎、怀孕 | 和儿科医生谈谈，他会对青少年进行血液测试。青少年也许需要服用药物缓解症状或用激素治疗来控制出血。如果她贫血，还要补充铁剂 |
| 青少年询问如何避孕 | 性活动 | 如果你反对孩子的性行为，明确地告诉他。但是如果你觉得即使你不同意，他也会继续，为他安排一次和儿科医生的谈话。儿科医生会给他客观的建议并和他一起讨论如何有效避孕 |
| 青少年表现出被同性身体所吸引 | 正常的同性之间的吸引；同性恋；女同性恋、男同性恋、双性恋、跨性别者或对自身性别疑惑者 | 青少年质疑自己的性取向并不少见。图书馆里应该会有合适的关于这个话题的图书。如果青少年想进一步讨论这个话题，可以找儿科医生谈谈，在 http://pflag.org 网站上也有相关资源 |
| 有性行为的青春期女孩，1 个月没来月经了。她感到恶心和头晕 | 怀孕 | 把担忧的事和她谈谈。如果你有理由认为她怀孕了，马上告诉儿科医生 |
| 有发育障碍的女孩，为她换内裤的时候大哭，平时不会出现这种情况 | 性侵 | 有发育障碍的儿童受到性侵的概率是普通儿童的 2 倍。和儿科医生谈谈，对她进行进一步评估 |

（续表）

| 父母的疑虑 | 可能的原因 | 应对措施 |
| --- | --- | --- |
| 自从女孩约会回来或搭乘了别人的车后，就变得异常惊恐不安或孤僻，或她突然和男朋友分手了 | 被迫性行为、约会强暴、被强奸 | 在不会引起她过度焦躁的情况下，尽量多问出一些事实。告诉她如何对抗压力；告诉她你支持她，只要需要用车都可以打电话给你。如果她被迫进行了性行为，马上打电话给儿科或妇科医生进行检查。必要的话，对潜在的性传播疾病进行治疗；紧急避孕。告诉她如何用法律手段保护自己 |
| 青少年抱怨阴道或阴茎分泌物异常、下腹部疼痛、排尿困难或生殖区发痒不适。他同时还发热或疲倦无力 | 性传播疾病，包括并发症，如盆腔炎 | 如果你怀疑青少年感染了性传播疾病，尽快给儿科医生打电话。儿科医生会做医学评估和诊断性测试，必要时会开药 |
| 青少年持续发热，经常腹泻，腺体肿大，感觉疲惫。近来体重减轻，没有胃口。身上可能出现各种感染，口腔有白点。你怀疑他存在高危性行为 | HIV 病毒感染或艾滋病 | 打电话给儿科医生，他会进行血液测试来做诊断和治疗参考。和青少年讨论一下安全性行为和其他预防艾滋病的方法。及早治疗是非常关键的 |
| 青少年相信自己是另一种性别，他表达过想通过手术来改变自己的身体，这个想法从他幼年时期就存在 | 跨性别者、性别焦虑 | 和儿科医生谈谈。在这种情况下，人们认为自己的生理性别和思想上的性别不相同，有些会选择使用激素或进行变性手术 |

# 第二部分 急救手册和安全指南

## 第四章

# 基础急救

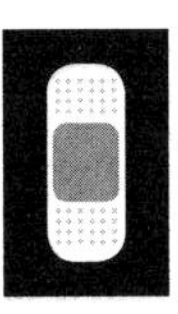

### 实施急救

急救是在儿童受伤或突然发病时进行及时的、能够挽回生命的救助和护理。救助者需要及时思考、采取行动来提供必要的救助，直到获得医学援助。训练自己在面临紧急情况时保持冷静：慢慢地数数、做深呼吸能让你平静下来。这样，思路会变得更清晰，儿童也不会感到那么不安。反复阅读本章的内容，有紧急情况发生时你才能迅速反应并采取正确的处理方式。把这本书放在容易找到的位置，以便及时查阅。

把急救电话、儿科医生、牙医、最近的急救中心还有邻居的电话存在手机里。在家中也要妥善记录和保管这些电话号码，并及时更新。把孩子可能会用到的所有药物都做记录（如药品的名称和孩子的过敏反应），给保姆提供参考。在记录电话号码的单子上，应该把急救电话放在最前面，单子上还要记录你自己的电话号码和地址，以免面临紧急情况时你的脑子一片空白。

### 救生技能

所有的家长和看护者都应该掌握两种重要的救生技能：窒息急救和心肺复苏术。本章提供的指导无法替代基础急救、心肺复苏术和预防紧急事件的课程。与当地美国红十字会办公室或美国心脏病协会联系，询问所在区域是否提供相关课程。大多数课程都包含基础急救、心肺复苏术、预防紧急事件，还有如何应对婴幼儿室息这些方面的内容。

### 预防的重要性

每年都有成千上万的美国儿童因为意外受伤接受救治。根据美国疾病预防控制中心的数据，每年约有 900 万儿童因为意外伤害被送到急救中心，其中有 12 000 名儿童失去生命。实际上，意外伤害是导致儿童和 19 岁以下青少年死亡的最重要原因。虽然交通事故会引起大量伤亡，但是许多意外事件是在家里发生的，或许和家具有关，或许和运动场上的儿童运动设施有关。时刻做好准备，即使儿童一受伤就马上处理也是不够的。为了更好地保护儿童，还要警惕日常用具、家庭环境和儿童自身的风险因素。第五章“安全和预防”（从第 229 页开始），可以帮助你意识到家中存在的潜在危险。常常翻阅第五章，随着儿童的成长，他会面临新的风险，要不断调整安全策略。

## 急救包

如果你准备了一些重要的工具，就能更容易地处理紧急情况。所有的急救包都应包含以下物品：

- 对乙酰氨基酚或非甾体抗炎药（如布洛芬）。
- 防过敏胶布。
- 消毒纱布片。
- 凡士林或其他润滑油。
- 镊子。
- 抗生素霜或软膏。
- 肥皂或其他清洁剂。
- 医用湿纸巾。
- 温度计。

急救包可以自己搭配，也可以去药店里买现成的，在家里和每个家庭成员的车上都应该放上一个。急救包里的物品应该储存在做了记号的容器里，放在孩子拿不到的地方。要定时检查急救包，及时更换和补充过期及消耗掉的物品。

## 窒息

每年都有许多儿童死于窒息，其中大多数年龄都在5岁以下。食物或小物件卡在儿童的咽喉，堵塞气管，使氧气无法进入肺部、大脑，引起窒息，这是严重的紧急事件。发生窒息时孩子无法说话、哭泣或咳嗽，脸色很快会变红，然后发紫。

### 预防

儿童尝试新食物时，父母或看护者要特别注意，食物最容易引起窒息。

- 把食物切成合适的大小再给儿童。对于婴儿来说，食物的大小不要超过0.25英寸（0.6厘米）。对于幼儿来说，不要超过0.5英寸（1.2厘米）。教会他们慢慢地咀嚼食物。
- 婴幼儿吃饭的时候，要在一旁监督。
- 小玩具常常会引起窒息。
- 按照玩具包装上的年龄建议给儿童选择玩具。参考年龄反映出玩具存在的窒息风险及不同年龄段儿童的动手和认知能力。
- 记住，气球对8岁或以下的儿童存在窒息风险。

更多关于安全和预防的内容，参看第五章（第229页）。

### 你能做些什么

请花时间仔细阅读第215~216页针对不同年龄段儿童的两幅“窒息急救和心肺复苏术”图示。如果婴儿或儿童窒息、无法呼吸、无法咳嗽或说话、脸色发紫，就要马上进行急救。大声呼叫求助，并根据儿童的年龄用不同的方法进行急救。如果可能的话，让附近的人拨打急救电话。当呼吸道里的物体被咳出来，或儿童开始呼吸时，停止人工呼吸并拨打急救电话。如果儿童失去意识或没有反应，就要根据儿童的年龄进行相应的心肺复苏术。以下是分别针对1岁以内的婴儿和1~8岁儿童的窒息急救和心肺复苏术的指导方法。关于如何给8岁以上儿童进行窒息急救和心肺复苏术，请咨询儿科医生。另外，你所在社区也有急救和心肺复苏术的课程。

### 应对方法

一旦清除堵塞气管的物体，大多数儿童会很快恢复正常。儿童在2~3分钟开始自主呼吸，通常不会对身体造成远期损伤。如果在救援人员到达时，儿童呼吸还没有恢复，紧急医疗队会尝试移除堵塞物。同时，他们会做好准备，把儿童送到医院进行进一步治疗，如插入呼吸管。

# 窒息急救和心肺复苏术

学习并练习心肺复苏术
如果儿童发生窒息的时候，只有你独自一人在场，请
①大声呼救；②开始进行急救；③拨打急救电话。

| 如果有以下症状，请开始进行窒息急救 | 如果有以下症状，请不要进行窒息急救 |
|---|---|
| • 孩子完全无法呼吸（胸膛没有起伏）。<br>• 孩子无法说话或咳嗽，或脸色发紫。<br>• 孩子失去意识或没有反应（实施心肺复苏术）。 | • 孩子可以呼吸、会哭、能说话。<br>• 孩子可以咳嗽、急切地说话或能够换气。孩子的正常反射功能可以清除气管里的异物。 |

## 1岁以内的婴儿

### 婴儿窒息急救

如果婴儿窒息，无法呼吸、咳嗽、哭泣或说话，按照下面的步骤做。让他人拨打急救电话

1.猛拍背部5下（注意力度）

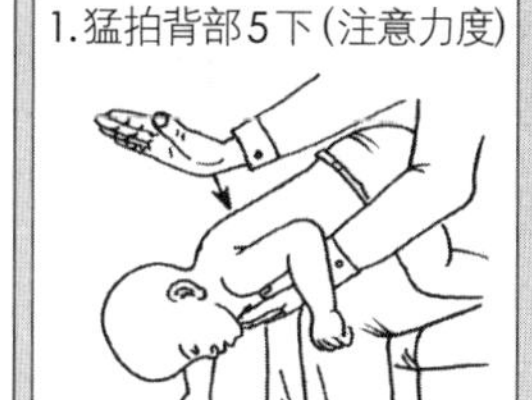

两者交替进行

2.按压胸部中心5次

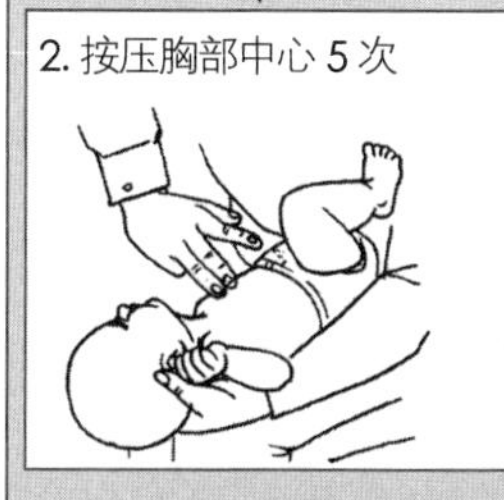

- 交替进行背部拍打和胸部按压，直到异物被清除或婴儿失去意识
- 如果婴儿无反应、失去意识，要进行心肺复苏术

### 婴儿心肺复苏术

- 在婴儿无反应、无呼吸、无意识的情况下，实施心肺复苏术
- 把婴儿平放在平坦、坚硬的表面上

1. 开始按压胸部
- 把一只手上的两根手指放在两乳头连线与胸骨正中线交界点下一横指处
- 按压胸部，深度至少要达到胸腔厚度的1/3，或1.5英寸（4厘米）
- 每次按压后都要让胸廓复原。按压的速度要达到至少100次/分钟
- 按压30次

2. 打开呼吸道
- 打开呼吸道（仰头抬颏法）
- 如果看见异物，用手指把它取出来

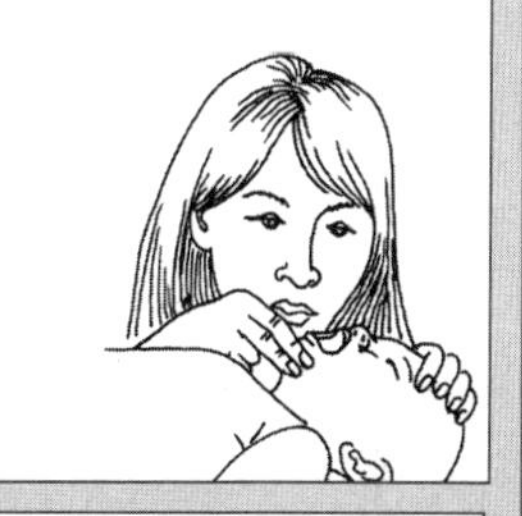

3. 开始人工呼吸
- 正常吸一口气
- 用你的嘴覆住婴儿的口鼻
- 人工呼吸2次，每次1秒钟。注意每次都要让孩子的胸廓起伏

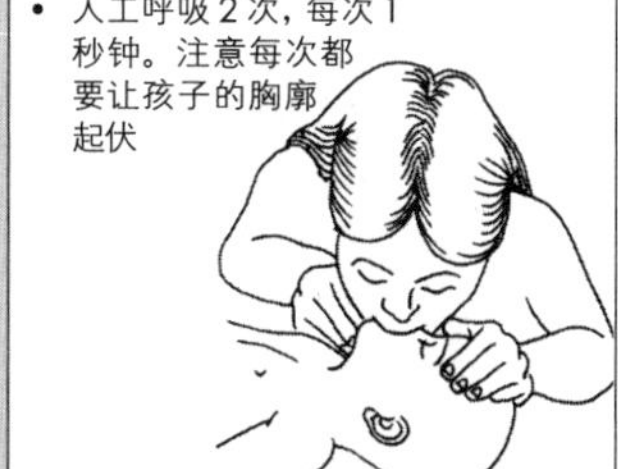

4. 重新按压胸部
- 每按压胸部30次进行2次人工呼吸，循环这个过程
- 循环5次之后（大概2分钟），如果还没有人拨打急救电话，自己拨打急救电话

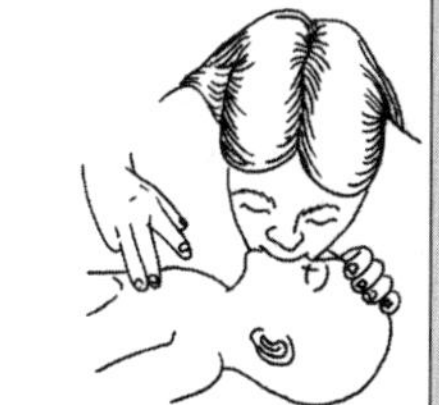

- 任何时候如果异物出来了或婴儿/儿童开始呼吸，停止人工呼吸并拨打急救电话
- 关于如何给8岁以上儿童进行窒息急救和心肺复苏术，请咨询儿科医生。另外，你所在的社区也有急救和心肺复苏术的课程

# 窒息急救和心肺复苏术

学习并练习心肺复苏术

如果儿童发生窒息的时候，只有你独自一人在场，请

①大声呼救；②开始进行急救；③拨打急救电话。

| 如果有以下症状，请开始进行窒息急救 | 如果有以下症状，请不要进行窒息急救 |
| --- | --- |
| • 孩子完全无法呼吸（胸膛没有起伏）。<br>• 孩子无法说话或咳嗽，或脸色发紫。<br>• 孩子失去意识或没有反应（实施心肺复苏术）。 | • 孩子可以呼吸、会哭、能说话。<br>• 孩子可以咳嗽、急切地说话或能够换气。孩子的正常反射功能清除气管里的异物。 |

## 1~8 岁儿童

### 儿童窒息急救（海姆利希急救法 Heimlich maneuver）

让他人拨打急救电话。如果儿童窒息，无法呼吸、咳嗽、哭泣或说话，按照下面的步骤做

1. 施行海姆利希急救法
   - 一只手握拳，另一只手在肚脐上方，两手握成拳头，双手位于胸骨下端和肋骨下缘
   - 每次都要用力挤压，人为诱发儿童咳嗽，将堵在气管的异物冲出
   - 重复以上手法直到异物排出或儿童失去意识，没有反应
2. 如果儿童无意识，无反应，开始施行心肺复苏术

### 儿童心肺复苏术

- 在儿童无反应、无呼吸、无意识的情况下，实施心肺复苏术
- 把儿童平放在平坦、坚硬的表面上

1. 开始按压胸部
   - 把一只或两只手掌放在胸骨下部
   - 按压胸部，深度至少要到胸腔厚度的1/3，或大约2英寸（5厘米）
   - 每次按压后，都要让胸廓复原。按压的速度至少要达到100次/分钟
   - 按压30次

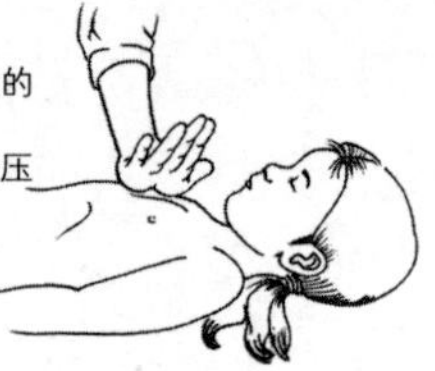

一只手手法　　两只手手法

2. 打开气管
   - 打开呼吸道（仰头抬颏法）
   - 如果看见异物，用手指把它取出来。千万不要把手指盲目地伸到气管中去

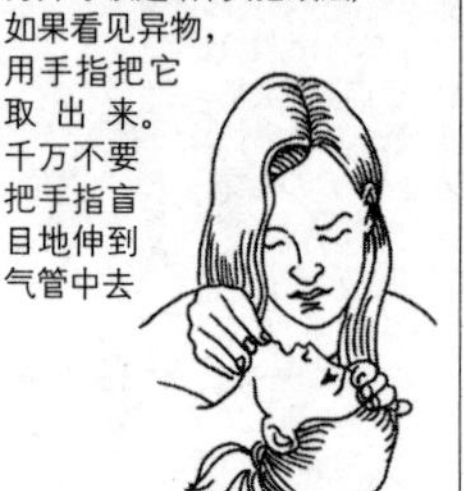

3. 开始人工呼吸
   - 正常吸一口气
   - 捏住儿童的鼻子，用嘴覆住儿童的嘴巴
   - 人工呼吸2次，每次1秒钟。注意，每次都要让孩子的胸廓起伏

4. 重新按压胸部
   - 每按压胸部30次进行2次人工呼吸，循环这个过程，直到异物排出
   - 循环5次之后（大概2分钟），如果还没有人拨打急救电话，自己拨打急救电话

- 任何时候如果异物出来了或婴儿/儿童开始呼吸，停止人工呼吸并拨打急救电话
- 关于如何给8岁以上儿童进行窒息急救和心肺复苏术，请咨询儿科医生。另外，你所在的社区也有急救和心肺复苏术的课程

- 如果窒息事件后儿童持续咳嗽、呕吐、流口水或吞咽和呼吸困难，也许说明异物仍然堵塞着部分气管。要把他送到急救中心去做进一步治疗。

## 溺水

溺水是造成儿童，包括婴幼儿死亡的首要原因。无论是湖泊、浴缸、洗手间还是盛满水的水桶，即使水深只有几英寸也会引起儿童溺水。儿童冒险走进太深的水里，如池塘、河流或湖泊；或者被困在水深刚好能淹没脸部的地方，都会让儿童溺水。当儿童把水吸进肺部就会引起窒息。

如果溺水儿童在死亡之前得救了，这种意外事故称为非致命性溺水，溺水时造成的损伤是否可以恢复取决于儿童缺氧的时间长短。如果窒息的时间很短，儿童很可能会完全恢复。每个遭受非致命性溺水的儿童，都应接受儿科医生的检查，即使他看起来完全没有生病的迹象。如果儿童停止呼吸，肺部进水或失去意识，应该医学观察 24 小时，以免他的呼吸和神经系统受到损伤。

### 在溺水事件中该怎么做

如果看到儿童溺水，尽快把他从水里救出，并确认一下他是否还有自主呼吸。如果他已经停止呼吸，马上根据儿童的年龄施行心肺复苏术（参看第 215~216 页）。如果身边还有别人，让他立刻帮忙拨打急救电话。如果身边没有人，不要浪费时间去找人，相反，你应该立刻给儿童施行心肺复苏术，直到他恢复自主呼吸。进行急救时，儿童会把吸进去的水吐出来。只有当儿童恢复呼吸，才可以停止急救并寻求帮助。救援人员到达后，会给儿童输氧，必要的话会继续做心肺复苏术。

遭受非致命性溺水的儿童，身体的损伤能否恢复，取决于溺水时间的长短。如果他在水下的时间很短，那么极有可能完全恢复。如果缺氧时间过长则可能会对他的肺部、心脏及大脑造成损伤。如果儿童没能对心肺复苏术迅速做出反应，可能损伤会更加严重。持续的心肺复苏术是很重要的，它曾经挽救过长时间沉入寒冷水中、生命垂危的儿童。

### 预防

当婴幼儿或低龄儿童在浴缸、泳池、水池、温泉或其他水体中时，一刻也不要离开他。对他施行“触摸监护”，意思是监护人在任何时候都不能让儿童离开手臂能够控制的范围。在这个距离中，家长的注意力全都在儿童身上，不会因为使用手机、交谈或做家务分心。

家庭用泳池四周要用栅栏围起来，把泳池完全和房子隔开，可防止儿童离开家到泳池中去。泳池栅栏至少要 4 英尺（1.2 米）高、无法攀爬，可以把泳池四周都围住；栅栏门能自动关闭、上锁。父母双方、看护者及泳池主人，都要学会心肺复苏术。泳池边上要放置电话和经过美国海岸警卫队认定的救生器材（如救生圈、救生衣和救生杆）。

发育迟缓的幼儿和儿童，以及患癫痫的儿童尤其容易溺水，但是如果在水里或水边时无人监护，所有的儿童都容易溺水。即使是会游泳的儿童也会因为水深超过安全深度几英尺而溺水。一定要记住，不论何时，儿童都应该有人监护。要学会游泳无法杜绝儿童溺水，但是对于水中安全来说是非常重要的。

儿童必须学会游泳。美国儿科学会支持让所有4岁以上的儿童都学会游泳，让1~4岁儿童要做好学游泳的准备。要记住一点，儿童的发育情况各不相同，所以每个孩子准备好学游泳的时间也是不一样的。在儿童开始上游泳课之前，家长还要考虑一些因素，如儿童是否常常接触到水、是否做好思想准备、是否有身体方面的限制和泳池是否会引起健康问题（如吞水、感染和泳池里的化学物质）。不论儿童的年龄多大，游泳课程都无法保证儿童不溺水，所以即使儿童掌握了游泳技术，安全监护和其他方面的防护措施也是非常必要的。

## 中毒

每年都有200多万人误食和接触有毒物质，其中超过50%是6岁以下的儿童。误食有毒物质后，大多数情况下对孩子的身体不会有远期损伤，尤其在救治及时的情况下。如果你认为儿童中毒了，请保持镇定，迅速采取措施。如果你发现儿童在玩打开的装着有毒物质的罐子或空罐子，而且他的行为还很奇怪，就要怀疑，他中毒了。警惕以下这些可能是中毒的迹象。

- 衣服上有不明污渍。
- 嘴唇或舌头灼伤。
- 流大量口水或呼吸中有异味。
- 不明原因地反胃、恶心。
- 腹部绞痛，没有发热。
- 呼吸困难。
- 行为方式突然改变，如睡眠异常、易怒、神经质。
- 抽搐或失去意识（只在很严重的情况下发生）。

### 预防

把所有的药品和危险品都锁起来，放在儿童拿不到的地方。把所有的药物都用容器装起来，盖上防儿童开启的盖子。注意，有时也会出现儿童打开安全瓶盖的意外情况，所以一定要把药物锁起来。病愈后，把剩下的处方药小心处理掉，也可以拿回药店，让他们丢弃。给儿童喂药之前仔细读一下药品标签，每次都要按照说明书规定的药量喂药。关于更多详细的指导，可以参看第五章。

### 采取措施

任何时候，孩子误食了任何有毒物质都要通知儿科医生；当然，区域中毒救援中心也能及时提供解毒信息和指导。拨打美国境内免费中毒援助电话1-800-222-1222，他们能全天候免费快捷地把中毒者送到区域中毒救援中心进行治疗。如果紧急事件发生时，你忘了电话号码，可以拨打急救电话或打给查号台查询。

孩子中毒后，要立刻根据中毒的类型采取相应的措施。如果你知道儿童误食的具体物质，拨打中毒援助电话，能够获得具体的指导。除非中毒救援中心的人建议你这么做，否则不要尝试给儿童催吐，因为这样做有时有害无益。

### 治疗

- 根据引起中毒的物质还有儿童的状况，有可能要把他送到医院接受治疗或观察，大多数情况下，孩子都不需要住院。

日常生活中会危害到儿童的物品包括

- 洗涤剂。
- 管道疏通液。
- 家具和金属制品光亮剂。
- 汽油、煤油和灯油。

- 有毒的室内盆栽（如翡翠木、非洲紫罗兰）。
- 杀虫剂或防虫剂。
- 漱口水。
- 洗甲水。
- 油漆、稀释剂。
- 外用乙醇。
- 去污剂。
- 烟草制品。
- 维生素片，包括孕妇维生素片。

# 常用急救方法

在多种情况下都会用到急救，下面介绍的是生活中比较常见的情况。因为当紧急事件发生时，往往来不及查阅图书，所以常常翻阅下面介绍的急救步骤，有需要时自然就知道该怎么做。

## 动物咬伤

夏季到儿科急救中心治疗的儿童中多达 1% 是因为被人或动物咬伤。大多数儿童都是被狗咬伤，也有的是被猫、蛇，甚至他人咬伤的。

周围有动物，包括家庭宠物时，要保护好儿童。大多数儿童是被熟悉的动物咬伤的，虽然通常伤势不重，但是咬伤有时确实会造成重伤、毁容及情感创伤。与被家养宠物咬伤相比，被野生动物（如臭鼬、蝙蝠、浣熊和狐狸）咬伤后，感染狂犬病的风险要高得多，因为家养宠物都做过动物防疫。

### 预防

- 和宠物玩耍时避免粗野动作，以免被抓到或咬到。
- 禁止儿童亲吻宠物的嘴巴，而且，让他们触摸过宠物后不要把手放进口中。
- 保持宠物健康，常常带它去宠物医院体验。不要让宠物身上长跳蚤或蜱虫。
- 遵守拴狗法，任何时候都要控制好宠物。

更多细节，参看第 240 页“防止动物伤害”。

### 采取措施

- 如果伤口在流血，持续有力地按压伤口 5 分钟或直到止血。
- 用肥皂和大量清水清洗伤口并打电话给儿科医生。
- 如果皮肤被咬破，一定要给儿科医生打电话。儿科医生会决定儿童是否能充分抵御破伤风，有没有得狂犬病的风险。
- 在不伤及自己和他人的情况下，抓住或控制住咬人的动物，并把动物交给警察处理。如果动物已经被杀了，打电话给当地动物控制中心或宠物医院，为狂犬病病毒化验保存样本。
- 在被动物咬后的几天，如果出现下列任何一项细菌感染症状，打电话给儿科医生。
  ——伤口流脓或水。
  ——被咬伤 8~12 小时后，伤口周围持续水肿、压痛。
  ——伤口四周出现红色条纹或不断扩大的红色区域。
  ——腺体肿大。
- 儿童被蛇咬伤，如果你不确定是哪种蛇或不知道是否有毒，马上带他去急救中心。让儿童休息，不要乱动。不要用冰敷。把咬伤部位用夹板轻轻固定住，避免活动，放置于心脏水平或稍微往下的位置。可以的话，认出蛇的种类。如果你把蛇杀死了，小心地把它放在容器里，带到急救中心去辨认一下。
- 要警惕创伤后应激障碍，这种症状在受伤后会出现，包括被咬伤。在生理的创伤痊愈很久之后，这些儿童还会存在和被咬有关的心理障碍。他们会害怕再次被咬；或会变得胆小或爱黏着父母；或不敢再出门玩耍；或出现睡眠问题、做噩梦或尿床。帮助他克服这种心理，父母要给予更多关爱。有些出现创伤后应激障碍的儿童，需要心理健康专家的干预。

**治疗**

- 如果伤口很大，或无法止血，持续按压伤口。打电话给儿科医生，询问要带儿童去哪里治疗。如果伤口很大，以至于边缘无法闭合，或许需要缝针。虽然缝针能帮助减少瘢痕，但如果是被动物咬伤，也许会增加感染的风险，所以儿科医生会开抗生素。
- 如果是中度或重度开放性伤口，或被咬破了皮肤、骨骼、肌腱和关节，儿科医生可能会开抗生素预防感染。如果脸部、手部、腿部、生殖区被咬伤，治疗时会用到抗生素。如果儿童的免疫力很差，或者脾脏缺失，医生同样会用到抗生素来治疗。
- 如果孩子有感染狂犬病的风险，儿科医生会告诉你该怎么做。狂犬病是一种罕见的病毒感染，会导致高热、吞咽困难、抽搐及死亡。儿科医生会判断儿童感染狂犬病的风险。如果可能的话，把咬人的动物抓起来检验。如果在儿童睡觉或玩耍的房间里发现蝙蝠，无论儿童身上是否有被咬的迹象，都要向儿科医生报告。

## 烧伤

烧伤按照严重程度分为 4 个等级。一度烧伤是最轻微的，烧伤部位会发红或有轻微水肿（就像被太阳灼伤一样）。二度烧伤，烧伤部位长水疱并有一定程度水肿。三度烧伤，烧伤部位变白或烧焦，表皮和真皮层都严重受伤。四度烧伤，烧伤深及肌肉、骨骼，甚至内脏器官。滚烫的液体，包括饮料和水，最容易引起儿童烧伤。太阳和家庭用具，如熨斗、电吹风、清洁用品还有烧烤炉，也会导致儿童烫伤。烫伤非常疼痛，还有很高的感染风险。严重的烫伤，会危及生命，遗留永久伤残和瘢痕。

**预防**

大多数烧伤发生在家里。以下是防止儿童烫伤的建议。

- 把火柴、打火机、烟灰缸放在儿童拿不到的地方。
- 把所有不用的电源插座插上防护塞。
- 不要让儿童靠近壁炉、散热器和取暖器。
- 更换所有磨损、老化的电线。
- 教育儿童熨斗、卷发棒、烧烤炉、散热器和烤箱这些物品温度会变得非常高，触摸或在它们周围玩耍都是很危险的。没有大人在的时候，不要使用这些物品。用完后，拔下插头，把这些物品放好。
- 如果儿童拖拽电线或咬电线，把这些地方的电线挂高。咀嚼电线延长线或绝缘性不好的电线，会烧伤口腔。

参看第 242 页“防止火灾伤害”。

**采取措施**

- 马上用凉水浸泡受伤部位。用凉水长时间冲洗烧伤部位，可以降低温度、减轻疼痛。不可以用冰敷，否则会造成伤处痊愈延迟。也不要去摩擦烧伤部位，以免长水疱。
- 迅速把烧着的衣服泡到凉水里，然后把烧伤部位的衣物除去，除非它和烧伤部位紧紧地粘在一起。这种情况下，尽可能把衣服剪下来。
- 如果伤处没有液体渗出，用无菌纱布或

干净干燥的布覆盖受伤部位。

- 如果伤口有液体渗出，轻轻地用消毒纱布覆盖伤处，并马上寻求治疗。如果没有消毒纱布，用干净的床单或毛巾覆盖伤口。
- 不要使用药膏或药物，除非征得儿科医生的同意。
- 不要在烧伤处涂抹奶油、油脂或粉末，这些家庭疗法会使情况更严重。
- 在家里护理烧伤时，如果伤处出现发炎迹象，如红肿加深、有分泌物或难闻的气味，打电话给儿科医生。

### 治疗

- 如果出现比表皮烧伤、发红更严重的情况或是烧伤部位疼痛持续几小时，和儿科医生谈谈。所有触电烧伤，还有手、口、生殖区烧伤，都应立刻治疗。被化学物质灼伤后，因为化学物质也可能被皮肤吸收，还会引起其他问题。把身上的化学物质彻底冲洗干净后，拨打美国境内中毒救援中心电话 1-800-222-1222，或打电话给儿科医生。
- 如果烧伤的面积很大，儿童的情况很不好，拨打急救电话。
- 如果儿科医生认为，伤情能够在家里处理，他会告诉你如何用药和包扎。

发生以下情况时，大多数儿科医生会建议带孩子去医院。

- 烧伤程度达到三度烧伤。
- 儿童身上 10% 以上的皮肤被烧伤。
- 脸、手、足、生殖区或关节烧伤。
- 6 个月以下的婴儿，不断哭闹，伤情无法在家里处理。

## 冻伤

儿童暴露在寒冷的温度中会引起低体温和冻伤。因为寒冷，体温降到正常体温以下，就出现了低体温。如果儿童在极冷的户外玩耍，又没做好防寒措施，就会出现这种情况。体温过低时，儿童会出现发抖、困倦、反应迟钝、说话含糊不清等症状。

冻伤是因为皮肤或外部组织冰冻引起的，通常发生在身体末端，如手指、脚趾、耳朵和鼻子等处，冻伤部位会变得苍白、发灰，还有长水疱。同时，孩子抱怨皮肤灼烧或麻木。

### 预防

- 确保儿童参加冬季运动时穿着合适的服装。
- 给儿童穿上好几件薄衣服，这样更保暖。给他戴上帽子和护耳。
- 冬天温度过低、风太大时，限制儿童户外活动的时间。
- 冬天户外活动后让孩子喝一杯热饮。
- 当他觉得冷时，把他带到温暖的室内。

### 采取措施

- 如果你怀疑儿童体温过低或冻伤，马上把他带回室内。脱下湿衣服，换上干爽的衣服或用毯子把他裹起来。
- 在户外，先用衣物或布块包住儿童冻伤的部位。在带他回室内的路上，把他冻伤的手夹在你腋下取暖。
- 先把儿童冻伤的身体泡在温水中（不是热水），然后把他的口、鼻、耳用温热的布覆盖起来。不要摩擦冻伤部位。几分钟后把他抱起来擦干，穿上干爽的衣服或用毯子把他裹起来。给他喝一些热的东西。如果孩子麻木的感觉持续几分钟，打电话给儿科医生。
- 如果没有水，用毯子或其他保暖的衣物把儿童包裹起来。不要用热灯、热敷垫或热水瓶取暖。当儿童感到温暖时，问他是否能活动手指或脚趾。

- 如果儿童出现抽搐、反应迟钝或说话含糊不清等症状，马上拨打急救电话。儿童体温或许过低。
- 用无菌纱布包扎冻伤的手指或脚趾。
- 不要把儿童留在热烤炉或散热器旁；冻伤部位在恢复之前会被烫伤。
- 不要弄破水疱。
- 当儿童的皮肤变红、开始恢复知觉时，停止增温。
- 马上寻求医学关注。

### 治疗

- 如果孩子经历了冻伤或低体温，要带他去看儿科医生。

## 惊厥

体温急剧升高会导致小儿抽搐或惊厥。大多数情况下，抽搐持续的时间很短，最多1分钟，但却有可能很凶险。高热惊厥通常发生在6个月至5岁的儿童身上，其中当儿童12~18个月时，发病最为集中。大多数儿童高热惊厥一次后，惊厥的情况会自行消失，不会再有第二次，因此，高热惊厥不是紧急的医疗事件。一小部分儿童会发展成癫痫或非发热性惊厥（参看第134页“惊厥”）。

### 预防

- 可以考虑给儿童服用对乙酰氨基酚或布洛芬来缓解不适，但是这些药物不能防止惊厥。
- 抗惊厥药通常可以很好地控制由癫痫这样的慢性疾病引起的抽搐，要长期服用不可以突然停药。
- 如果儿童患有癫痫，确保他的朋友、老师及看护者，知道发病时如何应对。

### 采取措施

- 儿童抽搐时，让他臀部高于头部侧卧着，防止呕吐的时候发生窒息。不要给他吃任何东西。
- 如果抽搐持续5分钟后还没有停止，或情况异常严重（如出现呼吸困难、窒息、皮肤发紫、连续多次抽搐等情况），请拨打急救电话，寻求医学援助。要有人一直陪在孩子身边。
- 儿童抽搐停止时，马上打电话给儿科医生，带他去看儿科医生，或安排儿童到最近的急救中心进行检查。如果儿童正在服用抗惊厥药，告诉儿科医生，这意味着要调整药量。

### 治疗

- 如果儿童发热，儿科医生可能会对他进行检查，找出发热的原因并治疗。
- 如果儿童没有发热，而且这是他第一次抽搐，儿科医生会通过询问家族抽搐史或儿童最近是否有受到头部创伤，来试着找出别的可能原因。
- 如果儿童有抽搐史，正在服用抗惊厥药，儿科医生可能会调整药量。

## 割伤和刮伤

护理大多数轻微割伤和刮伤都可以先用清水和肥皂彻底轻柔地清洗伤口，然后涂上抗菌药膏。

及时给儿童进行免疫接种，包括注射破伤风疫苗。如果儿童没有完成破伤风免疫接种或距离上次接种已近5年多了，询问儿科医生是否要进行强化免疫。

### 割伤

割伤时，利器划破表皮，伤到皮下组织。因为深度比刮伤更深，出血的可能性更大，可能会对神经和肌腱造成损伤。

### 预防

活泼、充满好奇心的儿童，常常在探险时被轻微割伤或刮伤。父母不要指望能够杜绝意外的发生，但可以采取有效措施来减少孩子受伤次数，降低好奇心带来的风险。

- 把有潜在危险的物品（如锋利的小刀）和易碎物品（如玻璃制品）放在儿童拿不到的地方。当他年纪渐长，可以使用小刀和剪刀时，教他如何合理、安全地使用。警告他奔跑时不能拿着尖锐或易碎的物品，如钢笔、铅笔和剪刀。
- 维护好秋千、攀登架等玩具和户外设施。丢弃或拆除无法维修的玩具和设施。不要让儿童在无人监管的情况下玩危险的项目，如荡秋千和爬杆。
- 确保儿童参加有危险运动时，如滑滑板、骑车和滑轮滑时，穿戴好防护用具。

### 采取措施

- 用干净的纱布或布片有力地按住伤口，持续 5~10 分钟或直到止血（图 4-1）。不要过早打开纱布看伤口的情况，这样不利于止血。
- 如果持续按压伤口 5 分钟后，还没有止血，再重复一次，并拨打电话给儿科医生。不要使用止血带，除非你经过专门训练，否则会造成严重伤害。

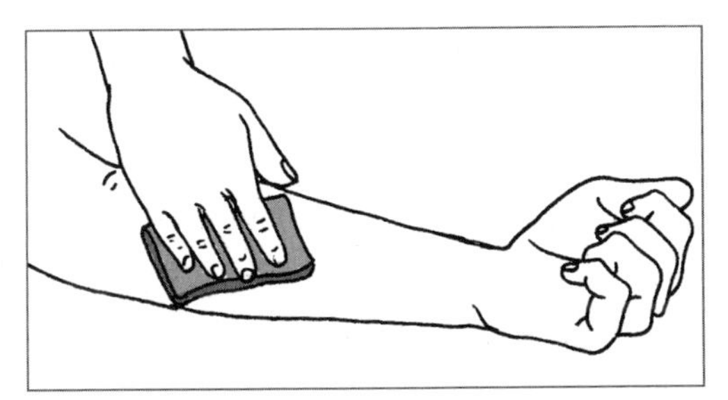

图 4-1　压按止血

- 保持冷静，即使是稍微流一点血也会让很多人觉得可怕，但是在关键时刻请保持镇静。这有助于你做出正确的判断，儿童也不会过于不安。

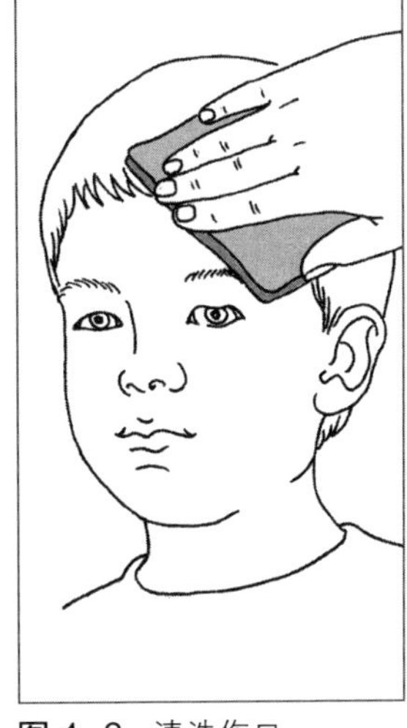

图 4-2　清洗伤口

- 止血后，用清水轻柔地清洗伤口，认真地查看，确保伤口洁净（图 4-2）。
- 只要伤口边缘能够闭合，轻微割伤可以在家里处理。
- 在伤口涂抗生素软膏，如枯草杆菌抗生素，然后用干净的纱布包扎或贴上创可贴。
- 24 小时后，可以用清水和肥皂清洁伤口。清洗完后轻轻地、彻底地把伤口擦干。不要反复使用过氧化氢和乙醇清洁伤口，因为它们不利于伤口愈合。
- 在伤口愈合的过程中，要观察伤口红肿是否加深，是否有脓液流出，这些症状可能是伤口发炎的信号。如果出现这些症状，打电话给儿科医生。

### 治疗

- 如果伤口的宽度或深度超过 0.5 英寸（1.3 厘米），即使血流得不多也要打电话给儿科医生，因为可能会伤及神经或肌腱。如果伤口过深，只有通过治疗，皮肤才能愈合。
- 如果割伤脸、胸部、颈部或伤口的长度很长，要带孩子去看儿科医生。伤口必须在8小时内缝合，才能达到最好效果。

- 如果可能有异物（如玻璃碴或泥土）进入伤口，最好让儿科医生查看一下，因为这些东西可能会卡在伤口深处，并让儿童感到非常不安，甚至有时候他不愿意让你仔细地检查伤口。儿科医生会对儿童进行局部麻醉，让检查、清洁和治疗容易些。
- 对于任何你无法处理的伤口，都应该尽快把儿童送到儿科医生那里或急救中心进行治疗，使伤口能够最大限度的愈合。

### 刮伤

刮伤是指皮肤表层受伤，是孩子身上最常见的轻伤。即使刮伤的面积很大，看起来血淋淋一片，但实际上，流血量却很小，面对这种情况，家长不必过于担心。恰当护理后，刮伤处会形成保护痂，不需要进一步治疗，伤口就能自愈。要注意保持伤口卫生以防止感染。

### 采取措施

- 先用凉水冲走伤口上的污染物和碎片。然后用肥皂和温水轻轻地清洗伤口，最后用干净的镊子除去残留的碎片。
- 如果刮伤的面积很大或刮伤处很潮湿，可以在伤口上涂抹抗生素软膏，如枯草杆菌抗生素。抗生素软膏能防止伤口和衣物粘连。
- 刮伤的手指或脚趾上的胶带和纱布不宜包扎得过紧，以免影响空气自由流通。
- 当纱布脏了、湿了的时候，重新包扎伤口。如果纱布和伤口粘连，可以用温水化开。大多数刮伤只需要包扎伤口2~3天，但是儿童可能不愿意这么快把纱布去掉，年龄较小的儿童常常会把伤口的包扎当成徽章或奖牌。只要保持包扎物干爽、卫生，每天都检查一下伤口的情况，可以稍微把刮伤部位包扎一下。
- 如果不处理，大多数刮伤都会很快结痂。这曾经被当作最好的自然疗法，但是结痂常常会减慢治愈的进程，而且会留下瘢痕。如果结痂了，不要去揭它。可以使用抗生素软膏，如枯草杆菌抗生素，保持痂皮湿润。
- 如果伤口出现脓水、红肿程度加深或发烫，一定要警惕，这可能意味着伤口感染。如果感染加重，和儿科医生联系。
- 如果需要清洁伤口或伤口污染很严重，打电话给儿科医生。

## 牙科急症

不论是脸撞到台面还是踢足球时，孩子都可能会弄伤牙齿。牙齿松动时，牙龈最初可能会出一点血，但是牙齿通常都会自己长好。如果牙齿受伤时，发生了移位，通常移位的牙齿会因为受到周围牙齿的挤压，向内生长。

有时候，牙齿可能会碎开或裂开，甚至整个掉下来，如果受伤的是恒牙，就需要紧急处理。

### 预防

- 儿童进行身体接触式运动，如冰球、曲棍球和足球时，让他戴上大小合适、能够保护脸部和牙齿的头盔。
- 做好家里的安全防范措施：在上下楼梯的地方装上门，清理掉可能会让人绊倒的电线和地毯，考虑在坚硬的地方铺上垫子（如咖啡桌和壁炉）。

### 采取措施

- 如果婴儿的乳牙掉了或坏了，用干净的纱布止血，并打电话给儿科医生或牙医。
- 如果孩子的恒牙掉了，用手拿着牙齿顶部，不要触摸牙根（牙齿长在牙龈里的部分）。保持牙齿湿润，把牙齿浸泡在装着牛奶的塑料袋中，然后把袋子也泡在牛奶里。打电话并直接带孩子去看儿科医生或牙医，或去急救中心，记得带上掉下来的牙齿。
- 让儿童紧紧咬住纱布或棉球止血。
- 让儿童闭紧嘴巴，固定住止血棉球。
- 在他的嘴唇上覆盖冷布块或冰块来缓解疼痛和消肿。
- 如果他感到疼痛，给他服用对乙酰氨基酚或布洛芬。
- 如果牙齿破裂，把掉下来的碎片放入牛奶中，马上给儿科医生或牙医打电话。

### 治疗

- 如果儿童的脸部或下巴受到重击，应该进行X线测试，检查一下牙齿受损的程度。
- 如果有可能，牙科医生会重新为孩子种植牙齿。

## 触电

当人的身体直接接触电源时，电流穿过身体，引起触电。根据电压大小和触电时间的长短，触电可能会让人感到不舒服或受重伤（甚至死亡）。

低龄儿童，尤其是幼儿，是最容易触电的群体。他们会咬电线或将尖锐的金属物品，如刀叉，插入插座或家用电器里；玩电动玩具，使用家用电器或工具时操作不当；或电流导入时，儿童正好在水里，这些情况都会引起触电。圣诞季来临，圣诞树和上面挂的灯饰也是一种威胁，可能会引起触电。

### 预防

最好的预防触电的方法就是把插座都保护起来，确保没有电线漏电，把电线藏到儿童找不到的地方。只要存在触电的危险，大人就一定要在孩子身边。要注意的是，小家电特别容易在浴缸或游泳池中引起触电危险。更多关于预防触电的细节，请参看第231页“布置一个安全的家”。

### 采取措施

- 在触碰触电的儿童之前，先关闭电源，关掉开关或总闸。
- 不要赤手触碰裸露的电线。请用干燥的棍子、卷起来的报纸、厚衣服或其他坚固、干燥的非金属或不会导电的物品把裸露的电线从儿童身上移开。
- 如果无法关闭电源，想办法把儿童移开，但是切记要用橡胶或任何不会导电的物品来移动孩子，防止电流从孩子身上流到你身上，再次引起触电。
- 一旦电流被切断，马上查看儿童的呼吸、心搏、肤色，还有意识状况。如果他已经停止呼吸或心搏，马上进行心肺复苏术（参看第215~216页）。
- 一旦儿童被安全转移，查看一下他身上的烧伤程度并立刻拨打急救电话或打电话给儿科医生。

### 治疗

- 因为只有通过医学检查才能发现触电造成的内部损伤，所以孩子触电后，一定要带他去看儿科医生。
- 儿科医生会对外部灼伤进行消毒和包扎，并且预约测试查看内脏受伤的情况。

- 口腔灼伤（如咬电线引起的）的程度往往会比看起来严重。初步治疗后，儿童可能需要动手术。父母要警惕，口腔受伤后，可能会持续出血几小时或几天，一旦发现口腔出血，要用干净的纱布帮他止血，并立刻给儿科医生打电话。
- 如果儿童严重烧伤，或有脑部、心脏受伤的迹象，必须住院治疗。

## 骨折

虽然“骨折”听起来很严重，但是却是儿童的常见伤。对于儿童来说，摔倒是导致骨折最主要的原因，而车祸中发生的骨折则往往是最严重的。因为儿童的骨骼柔韧性好，并且相对于成年人来说骨骼外的覆盖层更厚，可以更好地缓冲冲击，骨折痊愈的速度也更快，所以儿童骨折往往不需要进行手术修复，通常只要打上石膏，保持骨折部位固定不动就可以了。

有时候，孩子骨折的情况很难察觉，尤其当他年龄太小不会表达时，骨折部位通常会发生水肿，孩子感觉到明显的疼痛并无法或不愿意移动肢体。然而，即使儿童的骨骼可以活动，也不能排除骨折的可能性。只要你怀疑儿童骨折，就应该马上通知儿科医生。

### 预防

- 确保儿童的鞋子、头盔及运动护具尺码合适。
- 乘车时，学龄前儿童应坐在符合安全标准的安全座椅上。所有的儿童都必须做在汽车后座，系好安全带或坐在安全座椅上。使用背向式安全座椅的安全系数最大，孩子最不容易骨折和受伤；如果儿童还没有超过背向式安全座椅年龄体重限定，坐在背向式安全座椅上，在行车时，是最安全的。许多儿童过了2岁生日后还可以使用背向式安全座椅。

### 采取措施

- 如果儿童背部或脖子受伤，马上拨打急救电话。不要移动他，因为这也许会对他的脊柱产生严重伤害。
- 如果你怀疑儿童骨折，马上打电话给儿科医生。骨折是很难辨认出来的，尤其对于婴幼儿来说。查看孩子是否有水肿、疼痛、跛脚或无法活动的迹象。要好好保护他，不要再碰触到受伤的部位。即使儿童可以活动四肢，也可能存在骨折的风险。
- 如果儿童腿骨骨折，打电话叫救护车并且等待医护人员来移动他，不要尝试自己动手。
- 如果孩子受伤的手、脚发紫或变冷，立刻拨打急救电话。
- 如果孩子受伤的肢体疼痛、水肿、变形或活动时会疼痛，用毛巾或软布把它包起来，并用纸板或其他结实的物品把它固定住。不要试图让孩子伸直受伤的肢体。用薄布包裹冰块冷敷受伤部位，不要超过20分钟。如果受伤处发生变形，寻求急救护理。
- 如果骨折附近的皮肤破损，或能看到骨头，用干净的绷带包扎伤口（图4-3）并寻求急救护理。不要试图把骨骼恢复原位。
- 没有征得儿科医生的同意，不要给儿童饮料和镇痛药。如果儿童需要马上手术或进行其他治疗，液体会增加麻醉的风险系数，镇痛药可能会和其他必需的药物产生反应。
- 对于年龄大一些的儿童来说，可以用包裹住的冰块或冷毛巾冷敷伤口来缓解疼痛，冷敷时间不要超过20分钟。婴幼儿不宜使用冰块，温度太低会引起进一

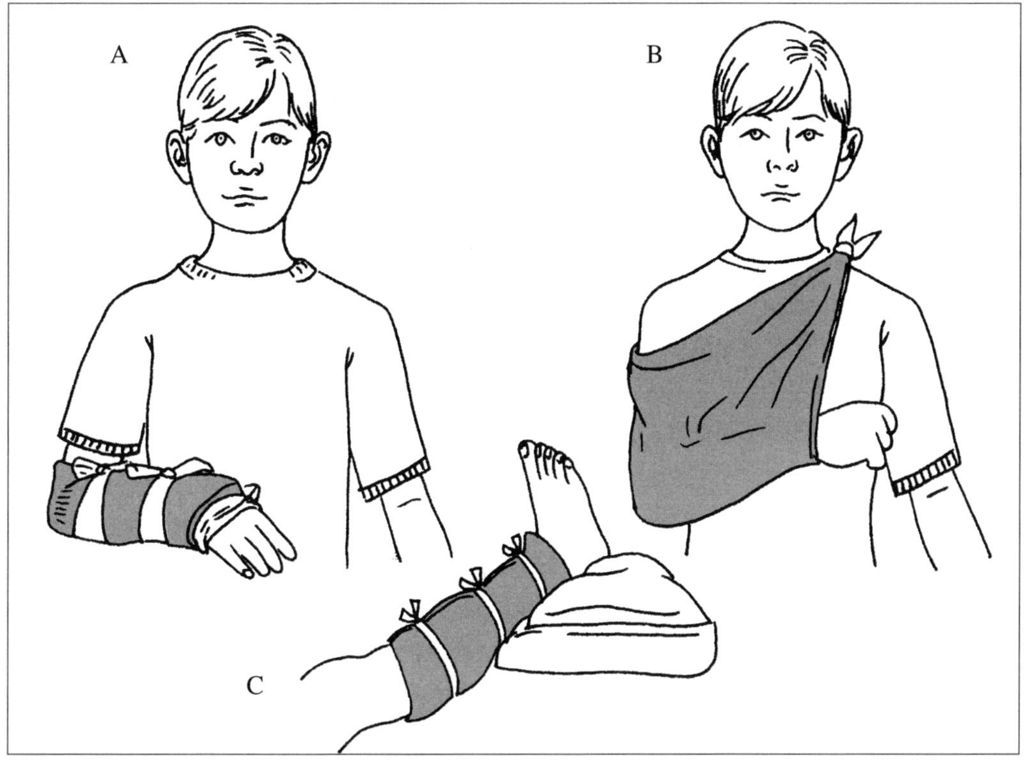


图 4–3　A. 用卷起来的报纸、杂志或类似的物品做一个夹板，固定伤肢，以免不必要的移动；B. 用围巾、旧床单或其他物品打成绷带；C. 必须固定和抬高受伤的腿，直到医生到来

步的损伤。

- 治疗骨折后的 1 天内，观察儿童是否有发热的迹象，发热意味着感染。
- 如果儿童包裹石膏的肢体感到疼痛、麻木，手指或脚趾苍白、发紫，也许意味着石膏下的受伤肢体严重水肿，需要更多空间。如果不调整，水肿可能会压迫神经、肌肉和血管，造成永久性损伤。儿科医生可能会在石膏模上开一个口或更换一个大的石膏模来解除压力。
- 如果石膏模破裂或松弛，给儿科医生打电话。

### 治疗

- 儿科医生会预约 X 线照射，来查看儿童的受伤情况，会建议咨询骨科医生。
- 在伤处打上石膏来固定骨骼；如果骨折的情况非常复杂，可能需要做手术。
- 如果折断的骨头刺穿皮肤，可能需要用抗生素进行治疗。

## 头部受伤

儿童，尤其是幼儿，头部受伤，几乎是无法避免的。这可能会让你很不安，但头部受伤程度往往没有你担心的那么严重。大多数情况下，头部受的都是轻伤不会有严重问题。即便这样，也要弄清楚儿童受伤的情况是需要医学关注还是只需大人的安抚。

如果儿童的头部遭到严重撞击，就需

要进行医学评估。头部受伤后，即使儿童意识清醒，但只要出现记忆力严重丧失、无法辨认方向、语音改变、视力变化或恶心、反胃，就要拨打急救电话或打电话给儿科医生。大脑受伤，暂时性或永久性影响大脑的正常功能，叫作脑震荡，需要儿科医生仔细评估和监测，确保在儿童恢复所有活动（包括上学和体育活动）之前，症状完全消除。

### 预防

- 使用婴儿设施，如背带、推车或高脚椅时，系好安全带。
- 婴儿在更衣台上时，要用一只手托着他的后脑勺。不要把婴儿独自留在更衣台、床、沙发或椅子上。当你没办法一直抱着他时，把他留在安全的地方，如婴儿床里。
- 不要把弹跳椅或婴儿椅放在高台上（如台面、桌子或其他家具上）。
- 不要使用婴儿学步车，如果附近有楼梯，学步车极其危险。
- 用软垫子包裹壁炉膛，让刚刚学走路的幼儿能在家里自由行走，不会被绊倒。
- 在窗户上装防护栏，在所有上下台阶的地方都装上门，直到孩子能在你的指导下熟练地上下楼梯。
- 把衣柜、落地灯和书架安全地固定在墙上或地板上。把电视嵌进墙里或放置在低矮牢固的电视支架上。
- 确保儿童打垒球或进行其他球类运动时戴上合适的头盔。
- 如果儿童没有带着符合美国安全标准的头盔，不要让他骑车。为儿童树立一个榜样，大人骑车时也要戴头盔。
- 乘车时，让儿童坐在安全座椅里。所有的儿童都必须坐在汽车后座，系好安全带或坐在安全座椅上。

### 采取措施

- 如果儿童的头部、脖子、肩膀可能遭到严重创伤，不要移动他，否则会造成进一步的伤害。
- 对外伤进行消毒、包扎。用冷敷缓解水肿。在24~48小时仔细观察儿童，确保没有迹象表明还有更严重的创伤。如果儿童抱怨头痛，给他服用对乙酰氨基酚或布洛芬。

拨打急救电话，如果儿童

- 失去意识。
- 抽搐。
- 肌肉无力、反应迟钝或无法移动某个部位。
- 耳朵或鼻腔有分泌物或流血。
- 言行异常。
- 打电话给儿科医生，如果儿童头部受伤，并且出现以下症状之一：
  ——困倦。
  ——很难唤醒。
  ——持续头痛或呕吐。

### 治疗

- 如果你觉得儿童的头部、背部严重受伤，不要移动他。叫救护车把儿童送去医院。

# 第二部分 急救手册和安全指南

## 第五章

# 安全和预防

## 概述

可以用预防措施避免的伤害是1岁以上儿童致死的主要原因。意外伤害通常发生在父母或看护者没注意和家庭压力大的时候(如家里有人生病、离世、怀孕、出生或刚刚搬家)。暑假，也是儿童意外高发期。

发生意外时，孩子们受伤的严重程度是不一样的。他们通过触觉、味觉、嗅觉、听觉和视觉来探索及认知这个世界，常常忽略身边潜在的危险，或者根本就不知道危险的存在。因此，在他们探索和学习的过程中，受伤和流血事件在所难免。

低龄儿童分辨不出锋利和粗钝、冷和热、安全和危险，每样东西对于他们来说都是新奇有趣的。类似发烫的烤箱、锋利的刀子，这些成年人能够自然避免的危险事物，对孩子来说却可能构成巨大的威胁。作为家长，只能通过改造周围的环境，让孩子处于一个尽可能安全的环境中，降低孩子受伤的概率。

### 通用安全指南

在婴儿出生前，父母就该把家布置成一个安全的港湾。婴儿出生后，逐渐长大，可以在家里活动时，为了宝宝的安全，父母常常会养成满地找小物件，收拾起家中所有的易碎品和随手关门的习惯，等到宝宝可以自己坐起来，用双手探索世界的时候(大概6个月大)，家对于他来说应该是一个完全安全的地方。随着孩子的成长，因为他行走的速度加快，距离变长，可以达到的高度变得更高，加之家中的物品对他的吸引力发生了变化，这时应该重新评估家里的安全性。对于处于相同年龄段的孩子来说，有一些安全措施是通用的。

- 在婴儿刚出生的最初几个月，婴儿通过把手塞进嘴里来认知这个世界。他的玩具应该足够大，无法被整个放进口中。婴儿玩具应该是无毒的、耐用的，没有小的或尖锐的部件，没有带子或绳子。玩具的标签或包装袋上有参考年龄，核对一下，选择适合儿童年龄的玩具。千万不要把安抚奶嘴或其他东西挂在婴儿的脖子上。绳子或带子会缠绕到别的物体上，勒住婴儿的脖子。
- 6~18个月的婴儿，身体协调性提高了，可以独自坐起来，他的灵活性快速发展，需要更加密切的看护。在这个年龄段，父母常常需要一个一个房间查看是否有危险物品。婴儿对于眼前这个世界的好奇心迅速扩张，他探索周边世界的能力也在一天天增强。一定要注意给他创造一个安全的环境，让他尽情玩耍。如果你不放心让儿童自己拿着某样东西，认为会造成危险，就不要把这样东西给他。当儿童去拿危险物品，如你的钱包时，给他一样能玩的东西，如一本书，来分散他的注意力。

- 幼儿。这个年龄段的孩子，充满好奇心，并且能够自由走动，加上一些其他特征，决定了他们能够咽下最难吃的东西，所以他们很容易因为误食而中毒(参看本页“防止中毒”)。如果你发现任何危险的情况，尽可能把危险物品移走或带儿童离开。对于任何危险的事情，如触摸温度很高的散热器，要和儿童坚决地说“不”，并解释原因(“不！散热器很烫”)，同时，拿走危险物品或带儿童离开，并和他强调危险的事情不能做。
- 学龄前儿童，对其制定安全规则并不断重复，常常运用。向他解释为什么一定要遵守这些规则。家长一定要保持警惕，防范任何危险情况。

## 防止中毒

每天都有 300 名 1~19 岁的儿童因为中毒在急救中心接受治疗，其中有 2 名死亡。非处方药是导致儿童中毒最主要的因素，个人护理用品、化妆品及家居清洁用品也是导致儿童中毒的常见原因。虽然很多非处方药对成年人是安全的，但是维生素、矿物质补充素(尤其是含铁的)、阿司匹林、对乙酰氨基酚和缓泻药会对儿童造成严重的影响，甚至威胁生命。因为儿童的体格很小，而且往往会把一整瓶药物都吞下去。下面介绍的是为了保证儿童远离危险品，我们应该采取的措施。

- 所有的药品和维生素都要安全地锁在儿童看不到、够不着的地方。一用完马上收起来。不要把药品放在钱包或包里，也不要让儿童去翻别人的包或钱包。儿童找东西的能力常常令人感到不可思议，即使把有潜在危险的物品放在不寻常的地方，他也能找到。
- 买带有儿童安全的瓶盖的药品，并把药品装在原来的容器里。记住，儿童有时候能够打开安全瓶盖，所以，要把药品锁在柜子里。
- 不要在低龄儿童面前吃药，他们会尝试模仿。给儿童吃维生素时，不要把维生素称为“糖果”。每次给儿童服药之前，都核对一下药品标签，确保吃的是正确的药，正确的药量。
- 购买家庭用品时先阅读标签，尽量选择成分最安全的，只买马上就要用的。
- 许多化妆品和个人护理用品都有潜在的毒性。把它们储藏在儿童无法打开的柜子里。
- 把酒储存在上锁的高柜里。聚会后，及时倒掉玻璃杯中剩余的酒，并冲洗干净。
- 不论是在家里、车上还是餐厅里，不要在儿童身旁吸烟。二手烟会增加儿童患中耳炎、哮喘、头痛和其他健康问题的风险。吸烟还可能引起火灾或烧伤儿童和其他人。记住，你是儿童的榜样。如果儿童看到你吸烟，也会想尝试。如果非吸烟不可，确保把香烟和其他烟草制品放在儿童拿不到的地方。如果儿童吃下烟草，不论量多量少，都会中毒。含有烟草的物品包括香烟、雪茄、烟头、烟管、咀嚼型烟草、鼻烟，以及尼古丁口香糖、贴片和喷雾。
- 不要把清洁用品放在厨房或洗手间的水池下面，除非柜子装有安全锁，每次关柜门时都会自动上锁。在很多商店都能买到这种锁。应该把洗衣液存放在高处或上锁的柜子里，不要放在洗衣机或干衣机上。虽然安全锁能够有效阻止儿童接触有潜在危险的物品，但也不是完美无缺的，还是父母的用心监管最重要。

- 确保车库里的油漆、清漆、稀释剂、杀虫剂、石油产品和化肥都放在高处上锁的柜子里。用原来带标签的容器储存这些物品。把工具放在安全的、儿童拿不到的地方并上锁。不用的时候，一定要断开电动工具电源并锁在柜子里。不要让儿童在车库附近玩耍。使用电动车库门要注意安全。
- 在家里的每个座机旁边都贴上急救电话和美国境内中毒援助电话号码(1-800-222-1222)，并把这些电话存在手机里。确保儿童的看护者知道如何使用这些电话。

## 布置一个安全的家

趴在地上，用儿童的视角来看这个世界，寻找家中是否有小物件、晃荡的绳索、电源插座、易碎物品和危险的角落。这样，你对于可能会令儿童受伤的潜在危险，会有更好的认识。为儿童布置一个安全的家，可以让他更加自由地探索、玩耍。你可以这么做：

- 在每层楼和每间房间外都装上烟雾和一氧化碳感应器。每个月都测试一下，保证它们功能正常。最好是选用电池寿命长的烟雾感应器，或每年固定在一个容易记住的日子更换电池。制订火灾逃生计划并加以演练，当紧急事件发生时就有充分准备。
- 把每个不用的电源插孔都插上防止儿童吞咽的安全塞，防止孩子把手指或玩具伸到插孔里去。如果无法阻止儿童在插座附近玩耍，用家具把它们遮挡起来。在儿童视线范围内或够得着的地方，不能有电线。
- 在楼梯上铺地毯防滑。确保牢牢地固定地毯边缘。当儿童学习爬行或走路时，在上下楼梯的地方装上安全门。不要用折叠门。
- 在厨房和每层楼都放一个灭火器。每隔几个月就演练一下火灾逃生计划。让儿童练习“停止、躺下和滚动”，以防他的衣服着火。
- 某些室内植物，如喜林芋、和平百合，带有毒性。拨打美国境内中毒援助电话 (1-800-222-1222) 询问，如果家里有小朋友，哪些植物是安全的。盆栽里的土壤，也可能包含有毒的化肥。教育儿童，除非大人告诉他是安全的，否则不要去采摘野生的莓类或其他植物。有了孩子后，你要在一段时间内放弃室内植物，或至少把它们放在儿童接触不到的地方。
- 常常检查一下地板上是否有会被儿童吞下去的小物件，如硬币、纽扣、珠子、磁铁、电池或螺丝钉。如果家里有人喜欢收集这些东西或家里的大孩子有这类物品，做到这一点尤其重要。
- 如果家里用硬木地板，小心，不要让儿童穿着袜子在上面跑。袜子会让光滑的地板更加危险。
- 测试一下，落地灯、书架或电视柜等大件家具的稳固性。把落地灯放在其他家具后面，把衣柜、书架和电视柜固定在墙上。若儿童攀爬大件家具，跌下来或扳倒家具会造成伤亡。电视必须固定在墙上或放在低矮坚固的台子上。固定电视或其他家具的织带价格不贵，可以在婴儿用品商店买到。
- 把窗帘绳子紧紧地固定在地板支架上，或把它们卷在墙体支架上，以免被儿童拿到。把窗帘绳上的金属环取下来，换成安全的穗子，低垂的窗帘绳或许会勒住孩子的脖子，引起窒息。美国消费品安全委员会推荐有儿童的家庭使用无绳窗帘。

- 注意家里的门。玻璃门非常危险，因为儿童常常会撞上去，所以尽可能打开它们。可以向两面打开的门常常会把儿童撞到，折叠门会夹到他们的手指。如果家里有这两种门，考虑拆掉，等儿童长大，知道它们的原理时再使用。
- 检查一下家里的家具是不是有硬边和尖角，儿童摔跤时如果撞上去，可能会受伤（咖啡桌尤其危险）。如果家里有学步期儿童，最好把这些家具从行走区域移开。也可以在家具上装防撞条和防撞角垫，避免孩子撞上时受伤。
- 把电脑放在孩子碰不到的地方，防止他们扳倒电脑，砸伤自己。电脑电源线也要放好，不要让他们看到、拿到。
- 开窗时，尽可能只开最上方的窗户，如果一定要开底部的窗户，要安装只有大人或年龄较大的儿童才能打开的防护栏。为了防止儿童爬上窗户掉下来摔伤，不要把椅子、沙发、矮茶几或儿童可能会爬上去的任何东西放在窗户旁。许多商店都有卖的金属网眼防护栏，也可以预防摔伤。
- 永远不要把塑料袋随意丢放，也不要用塑料袋存放儿童的衣服或玩具。塑料衣物整理袋尤其危险，丢弃之前，把它们打结，儿童就不可能爬进去或把头伸进去，引起窒息。
- 要考虑到放入垃圾桶里的东西是否有潜在危险。任何丢弃的危险品（如坏掉的食物、废弃的刀片等）的垃圾桶都应该有安全盖，或放在儿童接触不到的地方。
- 检查热源，防止烧伤。用东西把散热器、灶、煤炉围起来，使儿童无法靠近。检查用电的暖器、散热器，甚至热风炉出气孔通电后的温度，这些或许也需要被围起来。壁炉前面的玻璃挡板可以达到非常高的温度，一定要围起来，以防儿童不小心碰到。
- 不在家里存放枪支，是所有安全措施的重中之重。如果一定要放枪在家里，把枪和子弹分开存放并锁起来可以降低伤亡的风险。如果儿童在别人家玩耍，问一下家里是不是有枪，是否存放在安全的地方。
- 把所有酒类都锁起来，并且记得一定要立刻把酒杯里没喝完的酒倒掉。酒精对儿童的危害非常大。
- 在每个座机旁都贴上紧急救援电话，包括儿科医生、美国境内中毒救援（1-800-222-1222）、急救中心、邻居和紧急联系人的电话。确保其他看护者可能会用到的电话都在上面，如工作电话或你的手机号码。

## 预防窒息

- 低龄儿童吃饭时，让他坐好并密切监督。把食物弄成适合儿童的小块，鼓励他充分咀嚼。儿童奔跑或玩耍时不要让他吃东西。教育他嚼烂、吞下食物后才可以说话和笑。
- 任何坚硬的或带一点弹性的食物，如热狗、坚果或葡萄和其他水果蔬菜，都应切成小块；花生酱必须涂成薄层，再给儿童食用，因为大块的食物和大团花生酱可能会堵塞气管，引起窒息。鼓励儿童吃东西时细嚼慢咽。
- 不要给 4 岁以下的孩子表面光滑的坚硬食物，如坚果和生的蔬菜，因为这类食物要用牙齿磨碎，而儿童差不多到 4 岁时才会这种咀嚼方式。4 岁以前的儿童会试着把这类食物吞下去。
- 仔细地为儿童挑选玩具。美国政府法规规定，3 岁以下儿童的玩具不能有宽度小于 1.25 英寸（3.17 厘米）、长度小于 2.25 英寸（5.7 厘米）的小部件。如果家里有年龄较大的儿童，确保有小部件的玩具（如建筑套装）放在幼儿拿不到的地方。根据包装袋上的年龄建议给儿童选玩具。
- 不要让儿童接触容易引起窒息的玩具或食物，包括乳胶气球、婴儿爽身粉、安全别针、硬币、弹珠和小球状的磁铁、硬质糖果、维生素、葡萄和爆米花。
- 如果你不确定物品或食物是否有危险，在儿童安全用品商店购买一个标准的小部件圆筒，看看物品或食物是否能够进入圆筒中，如果可以，说明它们是不安全的。

## 婴儿房

婴儿在婴儿房中玩耍、睡觉，所以婴儿房必须要更加安全。最好买一个符合最新安全标准的婴儿床（参看第233页“婴儿床”）。如果一定要用旧的，确认一下，这个型号是否被美国消费品安全委员会召回过。测试一下婴儿房中家具的结构和稳固性，定期查找是否有因为家具磨损造成的安全隐患。婴儿房里的所有织物——睡袍、床单和窗帘——都应该是由阻燃的材料制成的。

### 婴儿床

挑选婴儿床的时候要特别谨慎。
- 板条之间的缝隙不应超过2.735英寸（6.95厘米）。
- 床垫应紧紧地固定在婴儿床里。婴儿躺在上面时，床垫不能下凹。婴儿床护栏顶端到床垫上表面至少要有26英寸（66.04厘米）的距离；随着婴儿的成长，要把床垫往下移。
- 新款的婴儿床不会再有一边护栏是可以放下来的，如果你的婴儿床有这样的一个护栏，不要把它放下来。常常检查可以活动的那侧护栏是否固定好，会不会意外掉下来。当有一侧护栏放下来时，不要把婴儿独自留在婴儿床里。
- 婴儿床的床头和床脚板都应该是整片板，而不是板条做的。拿掉会挂到衣服的角柱。
- 把婴儿床放在远离窗户的地方，阳光和气流会让婴儿感到不舒服。窗帘和窗帘上的绳索有窒息的危险。
- 当婴儿在婴儿床上时，不要把安抚毯、毛绒玩具、毯子、防撞垫或枕头也放在上面。这些物品会引起窒息。
- 一旦婴儿能够用手撑着跪起来，就要把床铃和婴儿健身护栏都拿掉。
- 随着婴儿逐渐长大，不要把大的玩具和毛绒玩具放在婴儿床里，因为它们会让婴儿更容易从婴儿床爬出来。
- 一旦婴儿的身高达到3英尺（91厘米），就不能再睡在婴儿床里了。

### 尿布台

- 选择坚固稳定、四周围有2英寸（5厘米）高护栏的尿布台。尿布台的顶部最好是凹型的，中间比四周略低。
- 换尿布时为宝宝系好安全带，但是不能只靠安全带保护婴儿。永远都不要把婴儿独自留在尿布台上，一会儿也不行，即使系着安全带也不行。
- 为宝宝换尿布时，把换尿布要用到的物品放在大人能拿到而宝宝拿不到的地方，这样换尿布时就不必离开去取它们。千万不要让宝宝玩爽身粉的容器，他很可能会吸入爽身粉，对肺部造成伤害。
- 如果用的是纸尿裤，把它们放在宝宝拿不到的地方。穿上纸尿裤后，还要用衣物把纸尿裤包裹起来。

### 双层床

虽然双层床非常流行，但是却很危险。睡上层的儿童可能会掉下来，睡下层的儿童可能会被上层掉下来的床板砸到。如果双层床没有组装好，可能会有危险的结构缺陷。类似地，如果床垫和床不吻合，儿童就可能被卡住。如果还是坚持要用双层床，请注意以下事项。

- 不要让6岁以下的儿童睡在上层。他的身体协调性还不足以安全地爬上爬下，或保证让自己不掉下来。
- 好好检查，确保床很稳固，安装得很好，上层床被强有力地支撑着。床垫两端要固定起来。
- 把床放在房间的墙角，这样它就有两面靠墙，可以让床更稳固，降低儿童掉下床的概率。不要把双层床放在窗户边。
- 给上层床安上防护栏。床的侧栏和防护栏之间的距离应该在3.5英寸(8.75厘米)以内。儿童躺在床上时，床垫会下榻，确保儿童不会从防护栏下滚出去。如果他的头被防护栏卡住，可能会发生窒息。为了防止这样的事故发生，应该选用厚一些的床垫。

### 婴儿游戏围栏

- 使用符合当前安全标准的游戏围栏。旧款的游戏围栏在设计上有不安全因素或已经被召回了。
- 确保围栏四条边任何时候都是垂直、闭合的。围栏网上的孔足够小，婴儿的手指、脚趾或纽扣不会被卡进去。确保围栏网没有破损。
- 如果围栏上有板条，板条之间的间隔应该小于2.375英寸(6.03厘米)，以免宝宝的头被卡住。
- 如果游戏围栏没有闭合，不要离开婴儿。
- 当婴儿可以自己站起来的时候，不要在围栏里放箱子或大玩具，以免婴儿踩着它们爬出来。
- 婴儿在游戏围栏里时，把上面的尿布台拆下来，以免宝宝被尿布台和围栏的护边卡住。
- 不要用可折叠的婴儿游戏围栏。儿童的头可能会被卡在围栏开口的地方。

### 浴室

浴室是令儿童着迷的地方，也是极其危险的所在。避免在浴室受伤，最简单的办法就是不要让儿童进入浴室。在浴室门上成年人身高处，安装弹簧锁，防止儿童在大人不注意的时候进入浴室。如果没办法安装弹簧锁，就需要采取预防措施，保证儿童在浴室的安全。

- 不要让儿童独自在浴室或浴缸里。即使水只有几英寸深，1~2分钟内也可能发生溺水。
- 在浴缸底装防滑条。用保撞垫覆盖水龙头，以免儿童撞伤头部。
- 把马桶盖盖上，并用盖锁上锁。充满好奇心的幼儿玩马桶里的水时也许会失去平衡而掉进马桶。
- 设置水温，让水龙头的热水不要超过120℉(48.9℃)，以免烫伤儿童。当儿童长大，能够自己开水龙头时，教他洗澡时先开冷水再开热水。
- 把药品、化妆品、刮刀和其他锋利的物体，还有盥洗用品放进上锁的箱子里。把洗发水、护发素和其他液态物品放在儿童够不到的地方。
- 如果在浴室使用电吹风或电刮刀这类电器，不用的时候一定要把电源拔下来，放进上锁的柜子里。最好不要在浴室里用这些东西，到干燥的地方去用。电工可以帮你安装特殊的墙壁插座(接地故障断路器)，当电吹风掉进水里时，可以减少触电事故。

### 厨房

对于大多数家庭来说，厨房是主要的

家庭活动的场所，儿童会想和你一起待在厨房。但是厨房里到处都是专家限制儿童靠近的危险物品和电器。为了保证孩子的安全，可以让他系好安全带坐在高脚椅上或待在游戏围栏里，这样，既保障了安全性，他又能看到家里的其他人。一定要让儿童在你的视线范围内。可以把厨房里对儿童不会构成威胁的东西给他玩，这样会令他很开心。做到以下几点，就可以避免大多数的意外情况。

- 把危险物品，包括清洁用品、塑料袋和锋利的厨具，收到儿童看不到够不着的地方，并上锁。如果必须把这些东西放在水池下，用能够自动上锁的儿童安全锁锁起来（多数五金店和商场都有售）。不要把危险品放在看起来像装着食物的容器里，儿童可能会想要尝一尝里面的东西。
- 把刀叉、剪刀和其他锋利的物品和安全的厨房用品分开来放，并上锁。把带有锋利刀片的电器，如食物料理机，放在儿童拿不到的地方，并上锁。
- 尽可能用靠内侧的炉子做饭。把锅把手朝里，以免它们伸出炉子的边缘，儿童可能会去抓。
- 购买灶具时，选择隔热性能好的，即使儿童触摸烤箱的门，也不会被烫到。
- 如果用的是燃气灶，不用时关好燃气阀门。
- 在电器不工作时，把插头拔掉，收起来。把电线固定在儿童看不到、够不着的地方，防止拖拽。
- 拿着高温液体时，注意儿童所处的位置。一定不要一只手抱着孩子，另一只手拿高温液体，以免烫伤孩子。
- 不要把婴儿奶瓶放在微波炉里加热，微波炉加热的液体受热不均，会烫伤婴儿。并且，经过微波炉加热后某些奶瓶会爆炸。
- 如果儿童表现出对打开冰箱门的兴趣，考虑购买一个能上锁的冰箱。低龄儿童打开冰箱后会被冰箱里的物体砸到，甚至会被卡在冰箱里。
- 在厨房放一个灭火器（如果房子有好多层，在每层显眼的地方都放一个灭火器）。
- 不要在儿童够得着的地方贴小片冰箱贴。儿童可能会把它们吞下去，引起窒息。

## 预防摔伤

### 高脚椅

高脚椅可能也会带来危险。外出就餐时，餐厅里的高脚椅通常都没有合适的安全带，要格外注意。

- 选择底部很宽的高脚椅，不容易翻。
- 如果是折叠椅，确定每次打开时锁定装置是安全的。
- 儿童坐在高脚椅里时，要把裆部和腰部的安全带都系上。
- 不要把婴儿独自留在高脚椅上。
- 在婴儿能够坐稳，开始吃辅食后，才开始用高脚椅。
- 不要把高脚椅放在靠墙和靠近桌子的地方，以免幼儿伸手去抓桌子或用脚蹬墙壁。避免把高脚椅放在幼儿能够碰到热水或其他危险物品的地方。
- 如果你打算用能够接在餐桌上的可移动高脚椅，选择带固定锁的那种。确认餐桌够重，可以承受儿童的重量，不会翻倒。确认一下儿童的双腿是否能踢到餐桌的支架，如果可以，他也许能把椅子和桌子蹬开。
- 确保高脚椅上所有的螺丝钉、螺帽都是紧紧固定住的，无法拔出，否则会有窒息的危险。

### 学步车

美国儿科学会不建议使用婴儿学步车。儿童使用学步车，更容易掉下楼梯，导致头部受伤。学步车还与增加儿童烫伤和中毒的风险有关，因为学步车会把宝宝带到原来遥不可及的有危险的地方去。学步车已被证实对儿童学习走路完全没有帮助，实际上还有研究表明学步车会使正常动作发育延迟。然而，对于在学习走路的孩子来说，固定的活动中心是个更好的选择，它们没有轮子但有可以旋转和弹跳的椅子。当然，你也可以选择结实的四轮小车或儿童手推车。不论你选择哪一种，一定要确保这些玩具车上有可以推动的把手，可以承载一定的重量，宝宝爬上去的时候，不会翻倒。

## 地下室、洗衣房和杂物间

- 把电熨斗的电源拔下来，把电线收起来放在儿童拿不到的地方。
- 在平稳的台子上熨衣服。
- 不要离开正在工作的电熨斗。把电熨斗放在坚硬的表面上。
- 把清洁工具和用品放在高处，锁起来。
- 如果家里有儿童，不要把衣服泡在桶里或盆里。
- 洗完衣服后，把所有容器里的水都清空。不要离开装满水的水桶。
- 不要用装化学品的容器洗衣服。
- 把洗衣液、清洁用品、漂白剂和其他洗衣用品放在安全的地方。

## 避免铅中毒

美国约有 100 万儿童严重血铅超标。如果不及早治疗，会造成学习、语言、注意力、记忆力、攻击性、反社会和行为方面的问题。低龄儿童血铅超标的原因是，他们喜欢把东西放进嘴里，物体上的灰尘、旧油漆、泥土都含铅。他们也有可能吸进空气中的铅。常见含铅的物品包括

- 旧房子（建于 1978 年之前）的油漆。
- 房子周围的土壤可能含有剥落的小块油漆，还有汽油（从前铅常常被加入汽油中）。
- 供水管道的水管或焊接处含有铅。
- 进口陶瓷餐具。
- 1997 年 7 月之前美国以外的地方生产的迷你百叶窗。
- 彩色玻璃、颜料、士兵模型、钓鱼铅坠。
- 儿童玩具首饰。

1978 年以前，房屋用漆中含铅是合法的，所以旧房子的墙、门框和窗棂上都可能有铅。房子旧了以后，油漆剥落。即使房子重新刷漆，也无法除去残留的铅。

如果你怀疑家里有铅污染，可以用安全探测器测试一下。如果房子是租来的，房东要支付所有的维护费用，包括重新刷漆。不要自己动手去除旧漆，如果操作不当，去掉旧漆有时候比维持现状还可怕。请专业人士来做这项工作，期间，把儿童和孕妇安顿到安全的地方去。去除含铅油漆的改造工程要请受过这方面训练的专业人士来做，可以通过当地或州卫生部门找到他们。为了防止儿童铅中毒，可以马上采取以下安全预防措施。

- 用废旧衣服或纸巾、水。清洁剂清理油漆碎片或粉尘。打扫时戴上手套，把所有的垃圾都用垃圾袋装起来。打扫时候不要让儿童靠近。
- 让儿童常常洗手，尤其是在吃东西和午睡之前。
- 保持地板、窗台、玩具、安抚奶嘴、毛绒玩具及家具表面的清洁。
- 不要用吸尘器吸油漆碎片，因为吸尘器的

排气孔会把灰尘排出来弄得到处都是。

- 进门之前，把鞋子脱下来，以免把含铅的泥土带回家。

如果你怀疑儿童铅中毒，和儿科医生谈谈，他会为儿童预约血液测试。铅中毒的儿童必须搬离铅暴露的家庭环境。他们可能需要服用一种可以去除血铅的药物进行治疗。在极少数情况下，需要住院治疗。在长达几年的时间内，他们的健康、行为和学业表现都将受到监测。更多关于铅中毒和治疗详情请联系美国铅中毒中心，拨打电话 800/424-LEAD（5323）或登录网址 www.epa.gov/lead/forms/lead-hotline-national-lead-information-center

## 家庭之外

在家以外的地方，更加无法保障儿童所处环境的安全性，必须密切监护，来保证他们的安全。

进行户外活动时，提前 15~30 分钟给儿童涂抹防晒指数至少 30 倍的防晒霜。出门后每隔一段时间要再涂一次。给儿童穿上舒适、轻便的可以把身体遮盖严实的衣物，包括可以遮住脸和耳朵的宽边遮阳帽、防紫外线的太阳镜。

### 庭院

从孩子可以到户外玩耍开始，就要把庭院布置得像家里一样安全。

- 如果庭院里没有篱笆，告诉儿童玩耍时不该超过的界限。时时刻刻都要让有责任心的人监管儿童。
- 在户外烧烤时，把烧烤架围起来，不要让儿童碰到，向他解释，烧烤架像炉灶和烤箱一样，都是很烫的。妥善存放烧烤架，以免儿童打开烧烤按钮。倒掉木炭前，确保木炭已经彻底冷却。
- 检查一下庭院里是否有有毒植物。一发现蘑菇、毒藤和其他危险植物，就把它们除掉。教育儿童在花园里发现的任何东西都不能吃，除非大人告诉他是安全的。在花园和庭院中常见的有毒物质有毛茛、水仙花球茎、英格兰常春藤、冬青、槲寄生、番茄叶、番薯藤、杜鹃花和大黄叶子。颜色鲜艳的各种莓类对儿童的吸引力很大，但是许多都是有毒的，要小心。
- 教儿童识别毒藤、橡树和漆树，并且远离它们。
- 如果要在花园里用杀虫剂或除草剂，仔细阅读说明书。你或邻居用这些东西时，让儿童待在家里。喷药后的 48 小时内都不要让儿童去草地上。
- 有儿童在附近时，不要用强力割草机修剪草坪。千万不要让儿童和你一起坐在割草机上。修建草坪时让儿童待在家里比较安全。
- 千万不要让儿童一个人在道路边上玩耍。不要让他独自一人过马路，即使是去等校车也不行。

### 运动场或户外活动设施

- 5 岁以下的儿童不要和比他年龄大的儿童共用设施。
- 确保秋千、跷跷板和攀登架下面铺着足够深、维护良好的沙子、碎木屑或橡胶垫子。
- 木结构设施的材料必须经过特殊处理，防止开裂。隔一段时间就检查一下，确保木头表面是光滑的。金属结构的设施在夏季会非常烫手。
- 确保你的孩子在运动场上玩的时候是穿着鞋子的。
- 隔一段时间就要检查一下设施，看看有没有接头松动、裸露的链条松弛、开口销生锈。确保没有会把儿童衣服勾住的突起部分。

把生锈和突起的螺栓用橡胶盖起来。如果公共设施损毁严重，请向相关机构反映。
- 确保秋千轻盈、结实。秋千椅必须是由塑料或橡胶制成的。秋千周围应该围着篱笆，不要让低龄儿童靠近秋千。
- 在无人监管的情况下，不要让4岁以下的儿童玩攀登设施。
- 不要让儿童从滑梯上往上爬，让他们从楼梯那侧上去。教育儿童一滑下来就马上离开。
- 不要让3~5岁的儿童玩跷跷板，除非是和年龄体重相当的小朋友一起玩。
- 不要让儿童玩蹦床。每年都有约10万儿童玩蹦床时受伤，包括骨折、头部受伤、脊柱受伤和韧带拉伤。儿童只能在参加竞技体育，如体操和跳水训练时才使能用蹦床，而且必须有专业人士的监管。

## 在车上

每年因车祸死亡的儿童人数大概有5000人，因车祸受伤的儿童人数则更多。据统计，每死亡1名儿童，对应18名儿童住院，400名儿童需要接受治疗。如果提前做好预防措施，很多不必要的伤害是可以避免的。这就要求家长必须提高安全意识，再加上必要的防范措施，如儿童安全座椅、加装儿童锁等。

从宝宝出生，把他从医院带回家的那一刻起，在车上安装符合当前安全标准的安全座椅就是非常重要的。为了保障乘车儿童的安全，记住以下几点。

- 让13岁以下的儿童坐在车后座。对于他来说，这是车上最安全的地方。
- 在安装安全座椅时，必须同时参考汽车使用说明书和安全座椅使用说明书。安全座椅安装好后，确认一下它的稳固性。如果安全座椅可以左右或上下移动1英寸（2.45厘米），说明安装得还不够牢固。每次出行前都要检查安全座椅是否被牢牢地固定在安全带或LATCH系统（儿童拴带下扣系统）上。如果把安全座椅的说明书弄丢了或想查看这款安全座椅是否被召回，可以和厂家联系。在许多情况下，可以从安全座椅生产厂家的网页上下载到安装视频。
- 乘车时，每个孩子都应被妥善安置在安全座椅、加高安全椅，或系上适合儿童年龄和体重的安全带。
- 2岁前的婴幼儿应使用背向式安全座椅，除非他们的身高或体重超出了背向式座椅要求，但是这种情况通常发生在幼儿过完2岁生日后。行车中，背向式安全座椅的安全系数是最高的，所以应该尽可能让宝宝反向乘坐。当宝宝长大，不再适合坐单一背向式安全座椅后，通常还可以坐在反向安装的婴幼儿两用型座椅中。
- 体重或身高超出后向式安全座椅设计要求的所有孩子，均应开始使用带有安全绑带的前向式安全座椅，使用的时间也是越长越好，直到孩子的身高、体重超出了前向式安全座椅的设计要求。你可以从可转换式座椅、三合一式座椅、整合式座椅或是单一向前式座椅中为孩子挑选安全座椅。儿科医生或儿童乘客安全技术员（CPST）会根据孩子和车辆的情况，帮你做出最好的选择。可以登录 http://cert.safekids.org 找到所在社区的儿童乘客安全技术员（CPST）。
- 任何身高或体重超出前向式安全座椅的设计要求的孩子，都应该使用加高安全椅，直到孩子的体型适合膝肩式安全带。“适合”的标准是，安全肩带刚好能够绕过孩子的肩膀而不是脖子，安全腰带能够扣住他的大腿而不是腹部。安全带适合8~12

岁、身高大约在4英尺9英寸（144.78厘米）的大多数儿童。

- 开车的时候，要系好安全带。为儿童树立一个好榜样能帮他养成终身都系安全带的好习惯。
- 永远都不要把新生儿、婴儿或儿童单独留在车上。只需片刻孩子就会把自己锁在车上、被点烟器烫伤、发动汽车、使汽车加速行驶或体温过高。如果你看到儿童独自在车上，打电话报警。即使车外的气温适宜，儿童在车上也很容易体温过高，死于脱水。

## 推车

一个稳固的儿童推车物有所值。先看看儿童推车该有的安全特征，如底部很宽，防止儿童推车倾斜和可以保证儿童安全的5点式安全带，然后可以参考以下预防措施，防止使用推车时发生意外。

- 推车停止时，用刹车把它固定住。确保宝宝够不着刹车开关。可以同时控制两个轮子的刹车能够增加推车的安全性。
- 当你打开或收起推车时，让宝宝待在安全的地方。当宝宝坐上推车时，确保推车处于完全打开的安全状态，如果这时推车收缩，可能会夹伤宝宝。
- 把包挂在推车的把手上，可能会造成推车侧翻。
- 购买双胞胎推车时，一定要选择共用搁脚架的款式，分开的搁脚架会卡住宝宝的小脚。
- 如果推车后侧有可供较大孩子坐或站的地方，要注意推车能承受的最大重量，不要让后面的孩子过于活跃，以免弄翻推车。

## 泳池和水上安全

水让儿童面临着更大的危险。溺水是导致美国1~14岁儿童意外伤害死亡的第二大杀手，其中1~4岁儿童的溺亡风险最大。非致命性溺水可能导致儿童住院或大脑永久性损伤。

儿童溺水突然且悄无声息，因此，要在水边尤其要做好防范措施，保证儿童安全。每个人都应该学会游泳，并且遵守最基本的泳池安全公约。

因为水如此危险，美国儿科学会强烈要求父母绝对不能把儿童单独留在湖泊、泳池这样的户外水域附近或家里的浴缸、院子里的池塘旁边。当儿童在水边或水里时，成人应对他进行“触摸监督”，即一伸手就能触摸到儿童，这才是负责任的做法。家长还应该学会心肺复苏术（CPR）并在泳池附近放置救生衣或电话等救生设备，以下是其他安全建议。

- 不要被儿童会游泳这种虚假的安全意识欺骗。
- 儿童乘船时，即使在睡觉也要穿上符合安全标准的救生衣。
- 在婴儿能控制自己头部之前，不要把他带到游泳池里去，不要把他放进水里。把宝宝放进水里，会让他喝下大量水，引起水中毒，造成抽搐、休克，甚至死亡。
- 儿童必须学会游泳。美国儿科学会支持4岁或上的儿童接受正规的游泳课程，1~3岁儿童做好学游泳的准备。儿童的发展存在个体差异，所以父母决定让儿童学游泳时要考虑他接触水的频率、思想成熟度、身体协调性和与游泳相关的健康问题（如喝下泳池的水和泳池里的化学物质）。虽然有一些游泳课程宣称可以训练12个月以下婴儿的水中求生技能，但是证据表明这些无法有效预防儿童溺水。对于任何年龄段的儿童来说，任何游泳课程都无法提供“不会溺水”的技能。所以儿童在水里时，密切监护或做好其他层面的保护是非常必要的。
- 要警惕像喷泉、水桶和雨水桶这样的小

型水体，因为幼儿的头又大又沉，他们会因失去平衡而掉进水中，之后又无法从水中把头抬起来。为了保证儿童的安全，用完后马上把容器里的水清空。

- 确保儿童游泳时一直有监护人在身边，最好是懂得心肺复苏术的人。
- 不允许儿童在泳池旁奔跑、打闹或骑车。不要把玻璃杯或易碎的餐盘带到泳池附近去。
- 确保儿童游泳的泳池，深水区和浅水区的交界处有明显标记。不要让他在靠近深水区一侧潜水。
- 不要让儿童做水疗或泡温泉。
- 确保儿童游泳或乘船时穿着救生衣。给5岁或以下的儿童穿上安全环状浮袋，以保持他头部竖直，脸部离开水面。
- 成年人在监督儿童游泳时，尽量不要分心，不要饮酒、打电话或使用电脑。

## 家庭泳池

- 在家庭泳池四周围上至少4英尺（122厘米）高的栅栏，把泳池完全与房子隔绝。安装能够自动关闭和上锁的安全门，任何时候都要把门锁起来，冬天也不例外。
- 考虑到多方位的预防措施，如安装泳池盖或泳池警报。这些都不能替代泳池栅栏的作用，但能够提供额外的保护。
- 在泳池边上时随身带着手机或移动电话。
- 任何时候都要在泳池旁放置绑着绳子的游泳圈，安装一根不接电的电线杆。
- 不用的时候排空浅水池或盖上安全盖。
- 学会心肺复苏术（参看第215~216页）。研究表明在泳池旁做心肺复苏术，可以挽救生命，即使你的手法不是十分到位。
- 只在泳池旁使用电池供电的收音机和其他电器，在泳池边使用插电电器特别危险。

## 防止动物伤害

儿童比成人更有可能被动物咬伤。当你带着新生儿回到养宠物的家中时要格外谨慎。在最初的2~3周不要让婴儿和宠物单独相处。仔细观察你的宠物——当它适应了家里添加了一个小宝宝的情况，害怕或嫉妒的情绪应该会消退。如果家里的孩子还小，同时你还准备养只宠物，等儿童足够成熟能够处理和照顾宠物时再考虑（通常在5~6岁）。

- 寻找一只性情温和的宠物。年龄大的动物通常是很好的选择，但请不要选择喂养在没有儿童的家庭里的年长动物。幼小的猫、狗更可能发狂咬人。
- 告诉儿童轻轻抚摸小狗和小猫的背部，不要抚摸面部、头部或者尾巴。不允许儿童挑逗宠物时拉它的尾巴或者拿走它的玩具、骨头。
- 制订硬性规定：决不能在宠物吃饭或睡觉的时候进行干扰。
- 不要让儿童和宠物单独相处。他们可能无法分辨宠物的情绪，是不安还是兴奋。
- 让所有宠物都注射狂犬病及预防其他疾病的疫苗。
- 遵守拴狗法，确保你的宠物时刻处于受控制范围内。
- 告诉儿童不要接近除了自己家宠物以外的其他动物。即使是宠物的主人允许了，小动物也可能不喜欢陌生人抚摸它。
- 告诉儿童当他接近一只陌生的或正在吠的狗时，不要跑、不要骑车、不要踢或做出其他具有攻击性的动作，而应该面对小狗慢慢地退后直到小狗追不上为止。
- 教育儿童在安全距离观察野生动物。野生动物可以携带能够传染给人类的严重疾病。

如果你发现野生动物受伤了、病了、行为异常或过度友好，请不要靠近它。相反，应该致电当地动物管理中心或健康部门。

## 和孩子一起旅行

儿童是旅行的好同伴，但提前做好旅行计划是非常重要的。确保事先安排好交通和住宿还有目的地。可以尝试规划适合儿童年龄的郊游，如背包徒步旅行对于 3 岁儿童来说不是最好的选择。如果你带着新生儿或婴儿，尝试按他的作息时间来规划活动。在他平时睡觉的时间段安排观光活动是很不明智的。青少年在旅行中有同伴同行会很开心。

- 做好住处的安全防范措施，不管是住亲朋好友的家里、酒店还是野营地。
- 确认一下酒店是否能提供儿童需要的所有服务。一些酒店有值得信赖的保姆服务，允许儿童免费待在父母的房里，或有专门为儿童打造的安全房，配有婴儿床和尿布台。在使用前，确认一下婴儿床的安全性。
- 在酒店房间里，确保房间里小酒吧已安全上锁，同时将钥匙放在房间里儿童拿不到的地方。
- 在家里试用所有新增设备，比如推车。
- 在出国旅行前，和儿科医生确认儿童的疫苗的效力，是否有强化免疫的需要。时刻谨记，国外酒店的情况可能没有美国的安全，交通工具上可能没有足够的安全带，游泳池可能没有安全的现代排水系统。做好准备采取措施或制订自己的计划来防止伤害。
- 儿童在长途旅行中时常变得焦躁或易怒。用沿途的美景和各色零食来吸引他，给他柔软轻巧的玩具，和他一起唱他最喜欢的歌曲。
- 定时停车，每隔 2 小时休息一下。
- 同意儿童在海里游泳之前，检查水温和水体受污染的程度。向当地权威部门核对有危险暗流的海滩（水面下的暗流）。确保水下没有水母或其他有害的海洋生物。
- 鼓励儿童穿着沙滩鞋，避免被石子、珊瑚或贝类划伤。

### 飞机旅行

- 准备充足的时间过安检。让儿童先了解安检程序。
- 对儿童最好的保护是把他固定在合适的安全座椅上。直到他的体重超过 40 磅（约 18 千克），才能使用飞机上的安全带。孩子使用的安全座椅应该带有美国联邦航空管理局（FAA）的认证标签。在飞机上不能使用加高安全椅，但是这种安全座椅可以携带登机或托运（通常不需要行李费），到达目的地后在出租车或租来的车上使用。
- 尽管美国联邦航空管理局（FAA）允许 2 岁以下的儿童坐在大人的膝上，但还是推荐搭乘飞机时家庭选择让每个儿童都有自己的座位。如果为两岁以下的孩子购买一张儿童票不切实际的话，尽量选择可能有较多空位的航班。
- 在飞机下降过程中，让婴儿用奶瓶吸奶，可以减轻耳部疼痛。大一些的儿童可以通过嚼口香糖或吮吸吸管来缓解。

### 骑行

对于儿童来说，骑行是一种很好的户外活动，可以加强身体协调性、建立自信和独立性。然而，骑行也是很危险的。每年因为骑行引起的 14 岁以下儿童和青少年受伤事故，高达 5000 000 次。许多事故都可以通过恰当的安全措施避免。

- 喜欢骑行的父母常常会考虑购买一辆可以安装在自行车后面的婴儿车。但是即使是在最好的婴儿车里，戴上最安全的头盔，儿童还是容易受到严重伤害。当骑行在崎岖不平的道路上失去控制或与另一辆车相撞时，儿童也会受伤。永远都不要把1岁以下的儿童放在自行车后座上，让孩子坐在自行车拖车上是个更好的选择。但是不要骑着拖车到马路上，因为这种车太低了，汽车司机可能看不到，引起意外事故。

- 绝不要让儿童骑在车把上或在那里安装座椅。
- 等到儿童能够控制三轮车的时候再给他买。同时，他还应足够成熟能够听从关于骑车的时间和地点的指示。买一辆离地高度很低的有大轮子的三轮车。这种类型的车子很安全且更不容易翻车。
- 让家里的每个人在骑行时都戴上合适的头盔，教育儿童每次骑车时都必须带着。
- 7岁以下的儿童大多都不具备骑自行车的平衡感和协调性。
- 绝不让儿童在骑车时戴着耳机，这样会分心而且会阻挡汽车声。大人骑车时也不要戴，为他们树立一个良好的榜样。
- 确保儿童的自行车车况良好。
- 教育儿童交通规则。教育他遵守交通指示和规则。不逆行。骑在最右边或自行车道里。集体骑行时，独自骑一条道。

### 防止火灾伤害

可以通过制订一些计划来保护家庭免遭火灾。这里有一些防范措施可以帮助保护你和家人。

- 永远不要让儿童独自在家，哪怕是1分钟。
- 在火炉上和卧室里安装烟雾报警器。1个月检查一次电池的情况。
- 规划几条逃生路线。规定一个离开家后的会和地点。进行家庭消防演习。考虑把逃生梯放在2楼或3楼的卧室。
- 不要在床上吸烟。小心处理烟蒂、火柴和烟灰。
- 让儿童远离火柴和打火机。
- 在浴室和厨房使用漏电保护开关。安装这种开关的成本很低廉。
- 确保燃气热水器远离地面。指示灯能引燃热水器工作时溅出的易燃液体。
- 不要用易燃液体清洗衣物。
- 在明火四周设置屏障阻隔。
- 在火炉、壁炉或供暖器旁时，不要穿宽松的衣物。
- 每年对加热系统进行检查和清洁。如果是租来的房子，让房东每年进行检查。
- 定期检查电气设备和电线的磨损或接头松动的情况。
- 照明电路只使用15安培的熔断器。不要使用保险丝替代。
- 在家里火灾威胁最大的地方——厨房里，壁炉房和火炉旁放置灭火器。
- 如果已经着火了，让每个人迅速撤离。不要停下来穿衣服或灭火。从邻居家致电消防部门。

## 儿童看护

现代家庭通常是单亲家庭或双职工家庭，所以寻找值得信赖的儿童看护者是非常必要的。这个过程常常让父母感到疲惫不堪。可以让亲朋好友推荐儿童看护机构或值得信赖的保姆。以下建议能够帮助保证儿童安全，让父母安心。

### 保姆

温情的看护者能够帮助儿童学习、交流、解决难题，指导他们做出正确的选择来避免伤害，将他们呵护在安全、健康的环境中，让他们茁壮成长。以下是当家里要雇用幼儿看护师时，你应该做的。

- 要求提供前雇主的推荐信和姓名、电话。如果可能的话，进行背景调查。要求证明工作经历（最好是最近 5 年的）。

- 问保姆一些具体的问题。例如，管教方式、时间安排、喂养、安抚和活动安排。看看你是否认同她的抚养方法，她的方法是否适合儿童。确保保姆与你关于如何应对过度哭泣、事故或不愿意睡觉等方面有相同的理念。
- 强调关于惩罚的看法。解释你对在儿童面前抽烟、喝酒和是否欢迎访客等原则性问题的看法。
- 花时间和保姆还有儿童一起相处，看看他们是如何互动的。
- 告知保姆安全出口的位置和放置急救包、手电筒、紧急电话号码的地方。确保她知道如何进行心肺复苏术及窒息急救。
- 告诉保姆存放所有婴儿用品的地方。重温喂养、抱起、更换衣物、尿布和安抚宝宝的正确方法，同时描述儿童的作息安排和特殊喜好，比如在小憩前听故事。
- 准备在家 1 周，让保姆在你的监督下工作。
- 监督保姆的工作表现。可以考虑安排突袭检查，尤其是如果儿童还不会说话。
- 像对待专业人士一样对待保姆。起草一份合同，合同里详细列出岗位描述、工作时间、薪酬及加班费（如果有的话）。

## 育儿中心

育儿中心通常是一个有教室的非住宅式建筑，是为不同年龄段儿童提供看护的机构。美国约有 1200 万儿童在育儿中心，其中，约有 900 万在获得许可的育儿中心，剩下的在未得到许可的非正规育儿中心。通过认证的育儿中心更加可靠。

- 确保育儿中心是获得许可的。询问育儿中心是否对所有雇员都进行过背景调查。向社会服务机构求证育儿中心是否有任何负面报道或投诉被登记在案。确认是否需要提供儿童健康和免疫报告。
- 调查育儿中心。育儿中心的卫生情况如何，安全状况如何，能否提供足够的玩具和书籍，是否配有洗手设施和换尿布区域，在何处处理尿布。确认本章提到的儿童安全保护措施在育儿中心都有涉及。
- 询问饮食服务。如果允许自带食物，检查是否有合适存放处或冰箱。如果是现场制作食物，确认食物准备区域是否干净卫生，是否不用当心儿童进出引起危险。
- 询问课程目标。有些机构的课程设置的目标是为了教授新技能，有些则更多是为了放松，同时让儿童自学技能。还有一些是介于两者之间。
- 查看雇员与儿童的比例。儿童年龄越小，团队里就应该有越多成年人。在美国每个州规定的比例都不同。
- 询问员工守则。是否禁止员工吸烟，即使在教室外面，员工入职是否需要免疫报告。
- 看看一天的典型活动安排。理论上说，应该是体育活动与静态活动相结合，团体活动和个人活动相结合。如何安排就餐和点心时间。此外，还应该有空余的教室进行自由活动和特殊活动。
- 花时间待在育儿中心，观察孩子们是否开心及受到的待遇。如果育儿中心禁止家长进入则需要谨慎选择。
- 确保育儿中心员工能够做到：让婴儿脸朝上睡在坚固的床垫上，确保婴儿床上没有放置床围、毯子或其他柔软物件。这样能够降低婴儿猝死综合征的风险。
- 收集育儿中心有关疾病、费用、三餐和点心的规定。你同样应该了解育儿中心医疗和急救管理、如何安排小憩、外出郊游时的交通安排及父母如何联系工作人员。另外，还需要了解安保程序。

- 儿童看护组织能为父母提供附近育儿中心的信息和网址（www.childcareaware.org）。

## 独自在家

根据儿童的年龄和他的成熟程度决定是否将儿童独自留在家里。在美国大多数州并没有制定法律，规定多大的儿童可以被独自留在家里。总体来说，大多数四、五年级的儿童就已经可以被短时间独自留在家里了，不过在这之前你需要确保他们不会因为独自一人而感到害怕。

在将儿童独自留在家里之前，最好先预先演练一下。向他描述独自在家的情形，以及当电话铃声响起或停电时应怎么做。让他告诉你他遇到这些情况时的处理方法。确保他们知道怎么使用电话（包括座机和移动电话），怎样关掉警报系统及家里的手电筒放在哪里。

确保他知道自己的姓名和家庭住址，以及什么时候可以把这些信息告诉别人，什么时候不可以。当儿童做好准备，可以独自待在家里时，家长可以先短时间外出，比如去杂货店或银行，然后逐渐增加和儿童分离的时间。以下是几条很好的指导建议。

- 让儿童到家时给家长打电话、发邮件或发短信。这会成为日常生活中的一部分，可以为家长和儿童带来安全感。
- 建立规则，规定当家长不在时什么可以做，什么不可以做。随着儿童年龄的增长，“能做的事”，成为越来越重要的规则，比如可以邀请别的儿童来家里玩及可以邀请的人数。
- 限制儿童看电视的时间。
- 在电话旁边贴上紧急号码、邻居的号码和全家人的电话号码及你工作地点的电话号码。确保儿童知道如何拨打报警电话或当地急救电话。
- 提醒儿童在接电话时不能说大人不在家，提前和他排练接电话时可以说的内容。向他解释当你不在家时不能让来访者进家门。

## 保护儿童免遭绑架

许多家长担心儿童遭到绑架。幸运的是，虽然每当绑架案发生时都会引起大量媒体关注，但是儿童绑架案极少发生。虽然每年都会发生几起陌生人绑架案，但是多数绑架案的受害者是被失去儿童监护权的父母带走的。这里有几个建议可以帮助保护儿童。

- 带儿童购物时，眼睛要一直关注着他，因为他会在你不注意的一瞬间离开你的视线。
- 选择幼儿园时，要询问他们的安保措施。确保他们的措施能保证儿童只被父母或父母指定的人接走。
- 尽管孩子应该一直处于可靠的成年人的监护下，教育他们不要随便上陌生人的车或与不认识的人外出仍然十分重要。如果陌生人对儿童说，“有一只迷路的狗在我车上，上来看看你是否认识它。”他应该断然拒绝，说“不”。事实上，要教会他感到危险时跑得越快越好，离危险的陌生人越远越好，同时还要大声呼救，向他可以信任的成年人求助。
- 当你雇佣保姆照顾孩子时，要检查保姆的工作证，她最好是朋友或家里人推荐的。
- 要了解更多信息，请联系美国国家丢失和被剥削儿童救助中心，电话800/THE-LOST(843-5678)及网址www.missingkids.com.

# 汉英名词对照

| | |
|---|---|
| O 形腿 | Bowleg |
| Q-T 间期延长综合征 | Long Q-T syndrome |
| **A** | |
| 阿司匹林 | Aspirin |
| 矮个子 | Short stature |
| 艾滋病病毒 | Human immunodeficiency virus(HIV) infection |
| 安抚奶嘴 | Pacifiers |
| 让婴儿保持快乐 | keeping your baby happy with |
| **B** | |
| 八字脚 | Out-toeing |
| 拔毛癖 | Trichotillomania |
| 白癜风 | Vitiligo |
| 白天尿失禁 | Daytime incontinence |
| 白血病 | Leukemia |
| 斑秃 | Areata, alopecia |
| 瘢痕疙瘩 | Keloid |
| 伴有链球菌感染的小儿自身免疫性神经精神障碍(PANDAS) | Pediatric autoimmune neuropsychiatric disorder associated with streptococcal infections(PANDAS) |
| 棒球指 | Baseball finger |
| 背痛 | Back pain |
| 笨拙 | Clumsiness |
| 鼻病毒 | Rhinovirus |
| 鼻出血 | Epistaxis |
| 鼻窦感染 | Sinus infection |
| 鼻窦炎 | Sinusitis |
| 鼻塞 | Stuffy nose |
| 鼻炎 | Rhinitis |
| 避免过劳损伤 | Overuse injuries, avoiding |
| 避免膝盖受伤 | Knee injuries, preventing |
| 扁桃体 | Tonsils |
| 扁桃体发炎 | Tonsillar infections |
| 扁桃体炎 | Tonsillitis |
| 便秘 | Constipation |
| 便血 | Hematochezia |
| 髌骨轨迹异常 | Patellar maltracking |
| 髌骨软化症 | Chondromalacia patellae |
| 病毒感染后小脑性共济失调 | Post-viral cerebellar ataxia |
| 病毒性肠胃炎 | Infectious viral gastroenteritis |
| 病毒性肝炎 | Viral hepatitis |
| 病毒性感染 | Viral infection |
| 腹痛 | abdominal pain |
| 易怒 | irritability |
| 腿痛 | leg pain |
| 口腔 | of the mouth |
| 口腔疼痛 | mouth pain |
| 咽喉 | of the throat |
| 病毒性咽炎 | Viral pharyngitis |
| 剥脱性骨软骨炎 | Osteochondritis dissecans |
| 勃起 | Erections |
| 补充水分 | Rehydration |
| 不安腿综合征 | Restless legs syndrome |
| 不当手淫的迹象 | Stimulation, signs of inappropriate |
| 布朗特病 | Blount disease |
| 布洛芬 | Ibuprofen |
| **C** | |
| 测量直肠温度 | Temperature, taking rectal |
| 长期睡眠不足 | Chronic insufficient sleep |

| | |
|---|---|
| 长寿 | Longevity |
| 肠道阻塞 | Intestinal blockage |
| 肠绞痛 | Colic |
| 肠套叠 | Intussusception |
| 肠胃炎 | Gastroenteritis |
| 腹痛 | abdominal pain |
| 食欲缺乏 | appetite loss |
| 出血 | bleeding |
| 腹泻 | diarrhea |
| 呕吐 | vomiting |
| 肠易激综合征 | Irritable bowel syndrome |
| 抽动、痉挛 | Tics/spasms |
| 强迫症的信号 | as signs of obsessive-compulsive disorder |
| 抽动秽语综合征 | Tourette syndrome |
| 出血 | Bleeding |
| 出血点 | Petechiae |
| 出牙期 | Teething |
| 川崎病 | Kawasaki disease |
| 传导性聋 | Conductive deafness |
| 传染性单核细胞增多症 | Infectious mononucleosis |
| 食欲不振 | appetite loss |
| 疲劳 | fatigue |
| 咽喉疼痛 | sore throat |
| 腺体肿大 | swollen glands |
| 肌无力 | weakness |
| 传染性红斑 | Fifth disease(erythema infectiosum)viral infection |
| 喘鸣 | Stridor |
| 创伤后应激紊乱 | Post-traumatic stress disorder(PTSD) |
| 槌状指 | Mallet finger |
| 唇炎 | Cheilitis |
| 雌激素 | Estrogen |
| 促性腺素释放激素 | Gonadotropin-releasing hormone(GnRH) |

| D | |
|---|---|
| 打嗝 | Burping |
| 大便潴留 | Stool withholding |
| 大疱性脓疱病 | Bullous impetigo |
| 代谢障碍 | Metabolic disorder |
| 单纯性乳房早发育 | Premature thelarche |
| 单核细胞增多症 | Mononucleosis |
| 胆道闭锁 | Biliary atresia |
| 胆红素 | Bilirubin |
| 低体温症 | Hypothermia |
| 低血糖 | Low blood suger |
| 低糖血症 | Hypoglycemia |
| 地图舌 | Geographic tongue |
| 癫痫 | Epilepsy |
| 电伤 | Electrical injury |
| 掉发 | Hair loss |
| 叮蜇 | Stings |
| 动物咬伤 | Animal bites |
| 动作发育迟缓 | Slow motor development |
| 动作发育障碍 | Motor problems |
| 动作发育正常 | Normal motor develo-pment |
| 冻伤 | Cold injury |
| 窦房结 | Sinoatrial node |
| 窦性节律 | Sinus rhythm |
| 窦性心律不齐 | Sinus arrhythmia |
| 毒漆树 | Poison sumac |
| 毒藤 | Poison ivy |
| 毒橡树 | Poison oak |
| 毒性滑膜炎 | Toxic synovitis |
| 杜氏肌营养不良症 | Duchenne muscular dystrophy |
| 肚脐周围肿起 | Navel，swelling around |
| 短暂性抽动 | Transient tic |
| 对乙酰氨基酚 | Acetaminophen |
| 多动症 | Hyperactivity |

| | |
|---|---|
| 多发性关节炎 | Juvenile polyarthritis |
| **E** | |
| 鹅口疮 | Oral thrush |
| 噩梦 | Nightmares |
| 儿童，也可参看婴儿 | Children.See also babies |
| 腹痛 | abdominal pain in |
| 腹部水肿 | abdominal swelling in |
| 过敏反应 | allergic reactions in |
| 食欲不振 | appetite loss in |
| 注意力缺陷多动障碍 | attention-defecit/hyper-activity disorder(ADHD)in |
| 孤独谱系障碍 | autism spectrum disorders(asds)in |
| 背痛 | back pain in |
| 尿床 | bedwetting in |
| 行为问题 | behavioral concerns in |
| 叮、咬 | bites and stings in |
| 流血和瘀伤 | bleeding and bruising in |
| 发绀 | bluish skin in |
| 膝内翻、膝外翻和内八字足 | bowleg，knock knee，and intoeing in |
| 乳房肿大 | breast swelling in |
| 呼吸困难、呼吸窘迫 | breathing difficulty/breathlessness |
| 胸痛 | chest pain in |
| 身体协调性问题 | coordination problems in |
| 咳嗽 | cough in |
| 斜视、双眼无法聚焦 | cross-eye，wandering eye in |
| 牙齿问题 | dental problem in |
| 发育迟缓 | developmental delay in |
| 腹泻 | diarrhea in |
| 眩晕 | dizziness in |
| 耳朵痛、耳部感染 | earache，ear infection in |
| 发热 | fever in |
| 防止儿童被绑架 | protection from，abduction |
| 健康成长 | raising healthy |
| 一起旅游 | travelling with |
| 儿童股骨头缺血性坏死 | Legg-calve-perthes disease |
| 儿童期肥胖 | Childhood obesity |
| 耳朵 | Ear |
| 进入异物 | foreign object in |
| 进入虫子 | insect in |
| 耳朵发炎 | Ear infection |
| 哭泣 | crying |
| 发热 | fever |
| 睡眠问题 | sleep problem |
| 鼻塞 | stuffy nose |
| 耳朵疼痛 | Earache |
| 耳痛 | Otalgia |
| 二度烧伤 | Second-degree burns |
| **F** | |
| 发绀 | Bluish skin |
| 发绀 | Cyanosis |
| 发热 | Fever |
| 婴儿 | in babies |
| 儿童 | in children |
| 发育迟缓 | Delayed development |
| 发作性睡病 | Narcolepsy |
| 反弹效应 | Rebound effect |
| 反应性抑郁 | Reactive depression |
| 反转 | Torsion |
| 防虫剂 | Insect repellent |
| 防止儿童被绑架 | Abduction，protecting children from |
| 防止中毒 | Poison prevention |
| 房室传导阻滞 | Atrioventricular block |
| 房室结 | Atrioventricular node |
| 非致命性溺水 | Nonfatal drowning |
| 肥胖引起的高血压 | Obesity-related hypert-ension |

| 肥皂进入尿道 | Soap in urethra |
|---|---|
| 肺部疾病 | Lung disorder |
| 塌陷引起胸痛 | collapsed, as cause of chest pain |
| 分离焦虑 | Separation anxiety |
| 粉刺、痤疮 | Acne |
| 囊肿性 | cystic |
| 食物的影响 | effects of diet on |
| 新生儿 | neonatal |
| 结节囊肿性 | nodulocystic |
| 重度 | severe |
| 粪便潴留 | Fecal retention |
| 愤懑 | Resentment |
| 风湿热 | Rheumatic fever |
| 风湿性舞蹈病 | Sydenham chorea |
| 蜂窝织炎 | Cellulitis |
| 腹部肿胀 | Abdominal swelling |
| 腹股沟疝 | Inguinal hernia |
| 腹腔疾病 | Celiac disease |
| 腹痛 | abdominal pain |
| 腹部肿胀 | abdominal swelling |
| 胀气 | gas |
| 生长障碍 | growth problems |
| 消化不良 | indigestions |
| 腹痛 | Abdominal pain |
| 急性 | acute |
| 慢性 | chronic |
| 非特异性 | nonspecific |
| 腹泻 | Diarrhea |
| **G** | |
| 肝炎 | Hepatitis |
| 病毒性 | viral |
| 男性或女性的遗传性掉发 | Hereditary male or female pattern baldness |
| 感染 | Infections |
| 细菌性 | bacterial |
| 乳房 | breast |
| 耳朵 | ear |
| 真菌 | fungal |
| 疱疹病毒 | herpes virus |
| 艾滋病病毒 | HIV |
| 肾脏 | kidney |
| 嘴部 | mouth |
| 寄生虫 | parasitic |
| 呼吸系统 | respiratory |
| 性传播 | sexually transmitted |
| 鼻窦 | sinus |
| 链球菌导致的 | streptococcal |
| 扁桃体 | tonsillar |
| 上呼吸道 | upper respiratory |
| 尿道 | urinary tract |
| 病毒 | viral |
| 酵母菌 | yeast |
| 感染性肠胃炎 | Infectious gastroenteritis |
| 感染性腹泻 | Infectious diarrhea |
| 肛裂 | Anal fissure |
| 肛瘘 | Fistula |
| 肛周脓肿或肛瘘 | Perianal abscess or fistula |
| 肛周皮炎 | Perianal dermatitis |
| 高个子 | Tall stature |
| 高脚椅 | High chair |
| 高热惊厥 | Febrile convulsion |
| 高铁血红蛋白 | Methemoglobin |
| 高血压 | High blood pressure |
| 割伤 | Cuts |
| 功能失调性子宫出血 | Dysfunctional uterine bleeding |
| 功能性疼痛 | Functional pain |
| 攻击性 | Aggression |
| 宫颈炎 | Cervicitis |
| 共济失调 | Ataxia |
| 孤独症谱系障碍 | Autism spectrum disorders(ASDS) |
| 孤立 | Isolation |

| | |
|---|---|
| 股骨前倾 | Femoral anteversion |
| 股骨头骨骺滑脱 | Slipped capital femoral epiphysis |
| 股癣 | Jock itch |
| 骨骼畸形 | Skeletal deformities |
| 骨髓炎 | Osteomyelitis |
| 骨折 | Fractures/broken bones |
| 采取措施 | actions to take for |
| 绿枝性 | greenstick |
| 预防 | prevension of |
| 头骨 | skull |
| 隆起 | torus |
| 治疗 | treatment of |
| 鼓膜置管 | Tympanostomy tubes |
| 刮伤 | Abrasions |
| 关节疼痛 | Joint pain |
| 关节炎 | Arthritis |
| 青少年特发性 | juvenile idiopathic |
| 化脓性 | septic |
| 关节肿大 | Joint swelling |
| 广泛性焦虑障碍 | Generalized anxiety disorder |
| 龟头炎 | Balanitis |
| 腘窝囊肿 | Baker cyst |
| 果糖食用过量 | Fructose，excessive consum-ptions of |
| 过度刺激 | Overstimulation |
| 过度摄入山梨糖醇 | Sorbitol，excessive con-sumption of |
| 过度使用媒体 | Media overuse |
| 过度喂养 | Overfeeding |
| 过度饮食 | Overeating |
| 过劳囊肿 | Overuse cyst |
| 过敏，也可参看“哮喘” | Allergies See also Asthma |
| 过敏反应 | Allergic reactions |
| 过敏性 | allergic |
| 细菌性 | bacterial |
| 过敏性鼻炎 | Allergic rhinitis |

| | |
|---|---|
| 过敏性反应 | Anaphylaxis |
| 过敏性接触性皮炎 | Allergic contact dermatitis |
| 过敏性结膜炎 | Allergic conjunctivitis |
| 过敏性眼晕 | Allergic shiner |
| 过敏性紫癜 | Henoch-schonlein purpura |
| 过热 | Overheating |
| **H** | |
| 虹膜炎 | Iritis |
| 喉咙疼痛 | Sore throat |
| 喉气管软化症 | Laryngotracheal malacia |
| 喉气管支气管炎 | Laryngotracheobro-nchitis |
| 喉软骨软化病 | Laryngomalacia |
| 后天性心脏病 | Acquired heart condition |
| 呼吸 | Breathing |
| 困难 | difficulty in |
| 噪声 | noisy |
| 呼吸道感染 | Respiratory infection |
| 呼吸道问题 | Respiratory problems |
| 呼吸窘迫 | Breathlessness |
| 呼吸困难 | Dyspnea |
| 呼吸杂音 | Noisy breathing |
| 胡萝卜素血症 | Carotenemia |
| 花粉热 | Hay fever |
| 滑膜炎 | Synovitis |
| 毒性 | toxic |
| 一过性 | transient |
| 怀孕 | Pregnancy |
| 换气过度 | Hyperventilation |
| 换气过度综合征 | Hyperventilation syndrome |
| 黄疸 | Jaundice |
| 母乳性 | breast milk |
| 生理性 | physiologic |
| 治疗新生儿 | treating，in newborns |

| | |
|---|---|
| 黄貂鱼 | Stingray |
| 黄蜂叮蜇 | Wasp sting |
| 黄体生成素 | Luteinizing hormone(LH) |
| 黄体酮 | Progesterone |
| 会厌炎 | Epiglottitis |
| 昏厥 | Fainting |
| 获得性免疫综合征（艾滋病） | Acquired immunodeficiency syndrome(AIDS) |
| **J** | |
| 惊厥 | Seizures |
| 儿童失神性癫痫 | absence |
| 发热 | febrile |
| 全身性发作 | generalized |
| 局限性发作 | partial(focal) |
| 肌肉疾病 | Muscular disorder |
| 肌肉痉挛 | Muscle cramps |
| 肌肉拉伤或痉挛 | Muscle strain or spasms |
| 肌肉受伤的 RICE 疗法 | RICE treatment for muscle injuries |
| 肌肉疼痛 | Muscle pain |
| 肌肉萎缩症 | Muscular dystrophy |
| 诊断 | diagnosing |
| 肌无力 | Weakness |
| 肌炎 | Myositis |
| 肌张力减退 | Hypotonia |
| 肌阵挛 | Nocturnal myoclonus |
| 吉兰－巴雷综合征 | Guillain-Barre syndrome |
| 急救 | First aid |
| 动物咬伤 | for animal bites |
| 烧伤 | for burns |
| 窒息 | for choking |
| 惊厥 | for convulsions |
| 割伤和刮伤 | for cuts and scrapes |
| 牙科紧急事件 | for dental emergencies |
| 溺水 | for drowning |
| 电伤 | for electric injury |
| 骨折 | for fractures |
| 头部受伤 | for head injuries |
| 中毒 | for poisoning |
| 急救包 | First aid kit |
| 急性肾脏感染 | Kidney infection, acute |
| 挤压性伤害 | Stress injury |
| 脊柱侧弯 | Scoliosis |
| 脊柱受伤 | Spinal injury |
| 脊柱弯曲 | Curvature of the spine |
| 纪律和正面强调 | Discipline, positive reinforcement |
| 继发性高血压 | Secondary hypertension |
| 继发性遗粪症 | Secondary encopresis |
| 继发性遗尿症 | Secondary enuresis |
| 寄生虫感染 | Parasitic infection |
| 夹板 | Splint |
| 甲状腺功能减退 | Hypothyroidism |
| 甲状腺功能亢进 | Hyperthyroidism |
| 甲状腺问题 | Thyroid problems |
| 贾第虫病 | Giardiasis |
| 假性斜视 | Pseudostrabismus |
| 间擦疹 | Intertrigo |
| 睑板腺囊肿 | Chalazion |
| 睑腺炎 | Hordeolum |
| 睑缘炎 | Blepharitis |
| 腱鞘囊肿 | Ganglion |
| 焦虑 | Anxiety |
| 昏厥 | fainting |
| 疲劳 | fatigue |
| 情绪波动 | mood swing |
| 分离 | separation |
| 睡眠问题 | sleep problems |
| 青少年自杀 | teenage suicide |
| 注意缺陷多动障碍的警告信号 | as warning sign of ADHD |

| | |
|---|---|
| 绞窄性疝 | Strangulated hernia |
| 酵母菌感染 | Yeast infections |
| 酵母菌尿布疹 | Yeast diaper rash |
| 疖子 | Boils |
| 接触性皮炎 | Contact dermatitis |
| 节律障碍 | Dysrhythmias |
| 结痂 | Scabs |
| 结节囊肿性痤疮 | Nodulocystic acne |
| 结节性红斑 | Erythema nodosum |
| 结膜下出血 | Subconjunctival hemorrhage |
| 结膜炎 | Conjunctivitis |
| 疥疮 | Scabies |
| 紧张性头痛 | Tension headache |
| 进食障碍 | Eating disorders |
| 厌食症 | anorexia nervosa |
| 贪食症 | bulimia nervosa |
| 不明确进食障碍 | not otherwise specified |
| 近视 | Myopia |
| 经前综合征 | Premenstrual syndrome(PMS) |
| 惊恐发作 | Panic attacks |
| 精神紧张 | Emotional tension |
| 胫骨粗隆骨软骨病 | Osgood-schlatter disease |
| 胫骨扭转 | Tibial torsion |
| 痉挛 | Spasms |
| 静止期脱发 | Telogen effluvium |
| 救生技术 | Lifesaving techniques |
| 局部发作 | Partial seizures |
| 局限性抽风 | Focal seizures |
| **K** | |
| 咖啡因 | Caffeine |
| 抗甲氧西林金黄色葡萄球菌 | Methicillin-resistant staphylococcus aureus(MRSA) |
| 柯萨奇病毒 | Coxsackie |
| 咳嗽 | Coughing |
| 阵发性 | paroxysmal |
| 克罗恩病 | Crohn disease |
| 腹痛 | abdominal pain |
| 腹泻 | diarrhea |
| 生长问题 | growth problems |
| 消化不良 | indigestion |
| 直肠疼痛 | rectal pain |
| 恐慌症 | Panic disorder |
| 恐惧 | Fears |
| 恐惧症 | Phobias |
| 控制排尿 | Bladder control, developing |
| 口吃 | Stammering |
| 口齿不清 | Lisp |
| 口腔溃疡 | Aphthous ulcers |
| 口腔疱疹感染 | Herpetic gingivostomatitis |
| 口腔疼痛 | Mouth pain |
| 哭泣 | Crying |
| 跨性别者 | Transgender |
| 髋关节疾病 | Hip joint disorder |
| 溃疡 | Ulcers |
| 口疮 | aphthous |
| 消化器官 | peptic |
| 溃疡性的 | ulcerative |
| 溃疡性结肠炎 | Ulcerative colitis |
| **L** | |
| 莱姆病和叮咬 | Lyme disease bites and stings |
| 婴儿、儿童发热 | fever of, in babies and children |
| 关节疼痛 | joint pain |
| 四肢疼痛 | limb and leg pain |
| 阑尾炎 | Appendicitis |
| 狼疮 | Lupus |
| 肋软骨炎 | Costochondritis |
| 泪腺堵塞 | Blocked tear duct |
| 镰状细胞贫血症 | Sickle cell anemia |

|  |  |
| --- | --- |
| 链球菌感染后肾小球炎 | Poststreptococcal glome-rulonephritis |
| 链球菌感染咽喉 | Streptococcal throat infection |
| 腹痛 | abdominal pain |
| 食欲缺乏 | appetite loss |
| 流涎 | drooling |
| 头痛 | headache |
| 口腔疼痛 | mouth pain |
| 直肠疼痛 | rectal pain |
| 链球菌性咽炎 | Strep throat |
| 良性先天性肌张力低下 | Benign congenital hypotonia |
| 淋巴系统 | Lymphatic system |
| 淋巴细胞 | Lymphocytes |
| 流鼻涕、鼻塞 | Runny/stuffy nose |
| 流鼻血 | Nosebleeds |
| 流行性感冒 | Influenza |
| 隆起性骨折 | Torusfracture |
| 卵泡刺激素 | Follicle-stimulating hormone(FSH) |
| 落基山斑疹热 | Rocky Mountain spotted fever |
| 绿枝性骨折 | Greenstick fracture |
| **M** | |
| 马蜂叮蜇 | Hornet sting |
| 慢性疲劳综合征 | Chronic fatigue syndrome |
| 慢性运动性抽动障碍 | Chronic motor tic disorder |
| 毛细支气管炎 | Bronchiolitis |
| 玫瑰糠疹 | Pityriasis rosea |
| 梅克尔憩室 | Meckel diverticulum |
| 蒙古斑 | Mongolian spot |
| 梦遗 | Nocturnal emissions |
| 梦游 | Sleepwalking |
| 蜜蜂蜇伤 | Bee sting |
| 免疫抑制 | Immune suppression |
| 磨牙症 | Bruxism |
| 陌生人焦虑 | Stranger anxiety |
| 母乳喂养 | Breastfeeding |
| 肠绞痛 | colic |
| 黄疸 | jaundice |
| 母乳性黄疸 | Breast milk jaundice |
| **N** | |
| 男性或女性的遗传性掉发 | Baldness, hereditary male or female pattern |
| 男性乳房发育 | Gynecomastia |
| 囊性纤维化 | Cystic fibrosis |
| 囊肿性痤疮 | Cystic acne |
| 蛲虫 | Pinworms |
| 脑膜炎 | Meningitis |
| 脑瘫 | Cerebral palsy |
| 内八字足 | Intoeing |
| 内耳炎 | Labyrinthitis |
| 溺水 | Drowning |
| 念珠菌 | Monilial |
| 尿布台 | Changing table |
| 尿布疹 | Diaper rash |
| 真菌 | yeast |
| 尿床 | Bedwetting |
| 尿道口狭窄 | Meatal stenosis |
| 尿路感染 | Urinary tract infections(UTIs) |
| 尿痛，排尿困难 | Urinary pain/difficulty |
| 牛奶 | Cow’s milk |
| 牛奶粉 | Cow’s milk formula |
| 脓毒性关节炎 | Septic arthritis |
| 脓疱病 | Impetigo |
| 脓肿 | Abscess |
| 乳房 | breast |
| 肛周 | perianal |
| 牙齿 | tooth |
| 疟疾 | Malaria |
| 虐待、滥用 | Abuse |

| | |
|---|---|
| 儿童 | child |
| 性 | sexual |
| 物质 | substance |
| 虐待儿童 | Child abuse |
| 虐待性头部损伤 | abusive head trauma |
| 虐待性头部外伤 | Abusive head trauma |
| **O** | |
| 呕吐 | Vomiting |
| **P** | |
| 排便问题 | Stool challenge |
| 盘状半月板 | Discoid lateral meniscus |
| 膀胱结石 | Bladder stones |
| 膀胱炎 | Cystitis |
| 疱疹病毒感染 | Herpes virus infection |
| 皮肤发青 | Skin，bluish |
| 皮肤寄生虫 | Skin parasite |
| 皮肤问题 | Skin problems |
| 皮炎 | Dermatitis |
| 接触性 | contact |
| 肛周 | perianal |
| 溢脂性 | seborrheic |
| 皮脂溢 | Seborrhea |
| 皮疹 | Rash |
| 尿布 | diaper |
| 酵母菌 | yeast |
| 皮脂腺增生 | Sebaceous hyperplasia |
| 蜱虫 | Ticks |
| 拔除 | removal of |
| 偏头痛 | Migraine |
| 紧张性 | tension |
| 贫血 | Anemia |
| 溶血性 | hemolytic |
| 自身免疫性 | autoimmune |
| 缺铁性 | iron indifiency |
| 镰状细胞 | sickle cell |
| 平衡感 | Balance sense of |
| 屏气发作 | Breath-holding spells |
| 葡萄酒色斑 | Port- wine stains |
| 普通感冒 | Common cold |
| 呼吸困难 | breathing difficulty |
| 咳嗽 | cough |
| 发热 | fever |
| 易怒 | irritability |
| 咽喉疼痛 | sore throat |
| 鼻塞 | stuffy nose |
| 哮鸣 | wheezing |
| **Q** | |
| 欺凌 | Bullying |
| 脐疝 | Umbilical hernia |
| 气管软化 | Tracheomalacia |
| 气胸 | Pneumothorax |
| 气压伤，参看“听力损失” | Barotrauma.See hearing loss |
| 牵拉肘 | Nursemaid’s elbow |
| 铅中毒 | Lead poisoning |
| 强暴 | Rape |
| 强迫性精神障碍 | Obsessive-compulsive disorder(OCD) |
| 以抽动为信号 | tics as sign of |
| 强迫性运动 | Compulsive exercise |
| 青春期 | Adolesence |
| 焦虑 | anxiety in |
| 挑战 | challenges of |
| 抑郁 | depression in |
| 药物和媒体 | drugs，media |
| 进食障碍 | eating disorders in |
| 昏厥 | fainting in |
| 疲劳 | fatigue in |
| 高血压 | high blood pressure in |
| 失眠 | insomnia in |
| 膝盖疼痛 | knee pain in |
| 媒介过度应用 | media over use in |
| 情绪波动 | mood swing in |
| 性格变化 | personality change in |
| 发育期 | puberty in |

| | |
|---|---|
| 性行为 | sexual behavior in |
| 皮肤问题 | skin problems in |
| 睡眠问题 | sleepproblems in |
| 物质使用或滥用 | substance use and abuse in |
| 自杀 | suicide in |
| 青春期发育 | Puberty |
| 迟缓 | delayed |
| 激素的控制 | hormonal control of |
| 早熟的 | precocious |
| 青春期激素的作用 | Hormonal control of puberty |
| 青春期前乳房发育 | Premature breast growth |
| 青春期乳房开始发育 | Thelarche，premature |
| 青春期体格生长延迟 | Constitutional growth delay |
| 青春期性晚熟 | Delayed puberty |
| 青少年睡眠障碍 | Teen sleep quandary |
| 青少年自杀 | Suicide，teenager |
| 轻度外伤 | Mild trauma |
| 轻度抑郁症 | Dysthymic disorder |
| 情绪波动 | Mood swings |
| 情绪化和性格 | Moodiness，temperament and |
| 情绪压力 | Emotional stress |
| 丘疹 | Milia |
| 丘疹性湿疹 | Lichen simplex |
| 全身发作 | Generalized seizures |
| 缺铁性贫血 | Iron-deficiency anemia |
| 昏厥 | fainting |
| 疲劳 | fatigue |
| 苍白 | paleness |
| 雀斑 | Freckles |
| **R** | |
| 人际关系紧张引起的问题 | Troubled relationships，problems of |
| 溶血性贫血 | Hemolytic anemia |
| 如厕训练的步骤 | Toilet training，steps to |
| 乳房变大 | Breast enlargement |
| 乳房发炎或脓肿 | Breast infection or abscess |
| 乳房非对称性发育 | Asymmetric breast development |
| 乳房肿大 | Breast swelling |
| 乳糖 | Lactose |
| 乳糖不耐受 | Lactose intolerance |
| 乳糖酶 | Lactase |
| 乳突炎 | Mastoiditis |
| 瑞氏综合征 | Reye syndrome |
| 弱视 | Amblyopia |
| **S** | |
| (三) 度烧伤 | Third-degree burns |
| 散光 | Astigmatism |
| 色盲和应对措施 | Color blindness，dealing with |
| 色素性疾病 | Pigmentation disorders |
| 疝气 | Hernia |
| 腹股沟的 | inguinal |
| 血流受阻 | strangulated |
| 脐部 | umbilical |
| 上呼吸道感染 | Upper respiratory infection |
| 烧伤 | Burns |
| 蛇毒 | Snake venom |
| 社交和特定恐惧症 | Social and specific phobias |
| 身体协调性问题 | Coordination problems |
| 身体质量指数 | Body mass index(BMI) |
| 神经管缺陷 | Neural tube defects |
| 神经性肌无力 | Neurogenic weakness |
| 神经性耳聋 | Sensorineural hearing loss |
| 神经性膀胱功能障碍 | Neurogenic bladder |
| 审判心理学 | Forensic psychology |
| 肾病 | Kidney disease |

| | |
|---|---|
| 肾母细胞瘤 | Wilms tumor |
| 肾炎综合征 | Nephritic syndrome |
| 生理节律 | Circadian rhythm |
| 生长板骨折 | Growth plate fractures |
| 生长激素不足 | Growth hormone defiency |
| 生长期脱发 | Anagen effluvium |
| 生长痛 | Growing pains |
| 生长问题 | Growth problems |
| 失禁 | Incontinence |
| 失眠 | Insomnia |
| 失神性癫痫 | Absence seizure |
| 虱子 | Lice |
| 湿疹 | Eczema |
| 食管炎 | Esophagitis |
| 食物过敏 | Food allergies |
| 食物中毒 | Food poisoning |
| 食欲缺乏 | Appetite loss |
| 视力问题 | Vision problems |
| 手腕关节肿块 | Wrist, lumps on |
| 手足口病 | Hand-foot-and-mouth disease |
| 书写障碍 | Dysgraphia |
| 双层床 | Bunk beds |
| 双眼无法聚焦 | Wandering eye |
| 水痘 | Chickenpox |
| 水母毒液 | Jellyfish venom |
| 睡眠呼吸暂停 | Sleep apnea |
| 睡眠问题 | Sleep problems |
| 注意缺陷多动障碍 | ADHD |
| 婴儿 | in babies |
| 药物 | medications |
| 睡眠延迟障碍 | Delayed sleep phase disorder |
| 睡醒后意识不清 | Confusional arousal |
| 吮吸拇指 | Thumb-sucking |
| 吮吸引起的口腔溃疡 | Sucking blister |
| 四度烧伤 | Fourth-degree burns |
| 四肢 / 腿疼痛 | Limb/leg pain |
| **T** | |
| 胎儿皮脂 | Vernix |
| 贪食症 | Bulimia nervosa |
| 唐氏综合征 | Down syndrome |
| 糖尿病 | Diabetes mellitus |
| 特发性血小板减少性紫癜 | Idiopathic thrombocytopenic purpura |
| 特应性皮炎 | Atopic dermatitis |
| 疼痛 | Pain |
| 急性腹部 | acute abdominal |
| 背 | back |
| 胸 | chest |
| 慢性腹部 | chronic abdominal |
| 功能性 | functional |
| 关节 | joint |
| 膝盖 | knee |
| 四肢 / 腿 | limb/leg |
| 口腔 | mouth |
| 直肠 | rectal |
| 排尿 | urinary |
| 姿势异常 | Posture defects |
| 体重增加、降低 | Weight gain/loss |
| 天才儿童 | Gifted children |
| 听力损失 | Hearing loss |
| 庭院安全 | Yard, safety in |
| 停止发育 | Failure to thrive |
| 同性恋 | Homosexuality |
| 头部受伤 | Head injuries |
| 头痛 | Headaches |
| 头癣 | Tinea capitis |
| 骰骨骨折 | Skull fracture |
| 秃头症 | Alopecia |

| | |
|---|---|
| 毒性脱发 | toxic |
| 吐奶 | Spitting up |
| 减少吐奶的建议 | tips for reducing |
| 兔热病 | Tularemia |
| 推车 | Strollers |
| 吞气症 | Aerophagia |
| 脱垂 | Procidentia |
| 脱水 | Dehydration |
| 驼背 | Kyphosis |
| 先天性 | idiopathic |
| 姿势性 | postural |
| 驼背 | Postural kyphosis |
| 唾液的作用 | Saliva, role of |
| **W** | |
| 外耳炎 | Otitis externa |
| 外胫夹板 | Shin splints |
| 外伤 | Trauma |
| 外物进入鼻孔 | Nostril, foreign object in |
| 外斜眼 | Exotropia |
| 外阴阴道炎 | Vulvovaginitis |
| 外用钙调磷酸酶抑制剂 | Topical calcineurin inhibitors |
| 网络暴力 | Cyberbullying |
| 胃食管反流 | Gastroesophageal reflux |
| 胸痛 | chest pain |
| 应对方法 | coping with |
| 消化不良 | indigestion |
| 吐奶 | spitting up |
| 胃炎 | Gastritis |
| 问题行为 | Behavioral problems |
| 物质使用和滥用 | Substance use and abuse |
| 抑郁 | depression |
| 疲劳 | fatigue |
| 性格变化 | personality change |
| **X** | |
| 吸入剂 | Inhalants |
| 吸入性肺炎 | Aspiration pneumonia |
| 吸食大麻 | Marijuana use |
| 吸收不良 | Malabsorption |
| 吸烟 | Smoking |
| 息肉 | Polyps |
| 膝盖疼痛 | Knee pain |
| 膝内翻 | Genu varum |
| 膝外翻 | Genu valgum |
| 习惯性抽动 | Habit spasm |
| 洗衣房安全 | Laundry room, safety in |
| 系统疾病 | Systemic illness |
| 细菌感染 | Bacterial infection |
| 细菌性腹泻 | Infectious bacterial diarrhea |
| 细菌性结膜炎 | Bacterial conjunctivitis |
| 细菌性食物中毒 | Bacterial food poisoning |
| 下丘脑 | Hypothalamus |
| 先天、后天性心脏病 | Heart condition, inborn or acquired |
| 先天性 | Congenital |
| 先天性畸形 | Congenital malformation |
| 先天性巨结肠 | Hirschsprung disease |
| 先天性驼背 | Idiopathic kyphosis |
| 先天性心脏病 | Inborn heart condition |
| 鲜红斑痣 | Nevus flammeus |
| 腺体疾病 | Glandular disorders |
| 腺体肿大 | Swollen glands |
| 腺样体 | Adenoid |
| 腺样体肥大 | Adenoid hypertrophy |
| 香港脚 | Athlete' s food |
| 消化不良 | Indigestion |
| 消化道阻塞 | Gastrointestinal blockage |

|  |  |
|---|---|
| 消化性溃疡 | Peptic ulcer |
| 小青春期 | Mini-puberty |
| 哮喘 | Asthma |
| 过敏原 | allergic reaction in triggering |
| 皮肤发青 | bluish skin |
| 呼吸困难 | breathing difficulty and |
| 咳嗽 | cough |
| 昏厥 | fainting |
| 控制 | keeping, under control |
| 哮鸣 | wheezing |
| 哮喘、呼吸杂音 | Wheezing/noisy breathing |
| 哮吼（喉炎） | Croup |
| 斜颈 | Torticollis |
| 斜视 | Strabismus |
| 斜视眼 | Cross-eye |
| 心动过缓 | Bradycardia |
| 心肺复苏术 | Cardiopulmonary resuscitation( CPR) |
| 心律失常 | Arrhythmias |
| 心脏病 | Heart disorders |
| 新生儿，也可参看"婴儿" | Newborns.See also babies |
| 处理黄疸 | treating jaundice in |
| 新生儿痤疮 | Neonatal acne |
| 性别认同 | Gender identity |
| 性别认同障碍 | Gender dysphoria |
| 性传播疾病 | Sexually transmitted infections (STIs) |
| 性传播阴虱病 | Sexually transmitted pubic lice |
| 性格、气质 | Temperament |
| 喜怒无常、情绪化 | moodiness |
| 性行为 | Sexual behavior |
| 性虐待 | Sexual abuse |
| 性情转变 | Personality change |
| 性取向 | Sexual orientation |
| 性少数群体 | Lesbian, gay, bisexual, transgendered, questioning (LGBTQ) |
| 胸廓畸形 | Chest wall deformities |
| 胸腔不对称 | Thoracic(rib cage) asymmetry |
| 胸痛 | Chest pain |
| 癣菌病 | Ringworm |
| 眩晕 | Dizziness |
| 学步车 | Baby walker |
| 学习困难 | Learning difficulty |
| 学习问题 | Learning problems |
| 学习障碍 | Learning disabilities |
| 学校恐惧症 | School phobia |
| 血管瘤 | Hemangiomas |
| 血管迷走神经晕厥 | Vasovagal syncope |
| 血管性血友病 | Von Willebrand disease |
| 血液疾病 | Blood disorder |
| 血友病 | Hemophilia |
| 荨麻 | Nettles |
| 荨麻疹 | Hives Home |
| 防止儿童受伤 | childproofing your |
| 室外安全 | safety outside |
| 循环系统疾病 | Circulatory disorder |
| **Y** | |
| 压力 | Stress |
| 牙齿 | Tooth |
| 牙齿问题和紧急事件 | Dental problems and emergencies |
| 牙龈炎 | Gingivitis |
| 烟花伤害 | Fireworks injury |
| 严重粉刺 | Severe acne |
| 严重高血压 | Severe hypertension |
| 炎性息肉 | Inflammatory polyps |
| 炎症性肠病 | Inflammatory bowel disease |

| | |
|---|---|
| 盐对血压的影响 | Blood pressure，effect of salt on |
| 眼部问题 | Eye problems |
| 矫正 | correcting |
| 眼睛 | Eye |
| 斜视 | cross |
| 异物进入 | foreign body in |
| 受伤 | injury to |
| 无法聚焦 | wandering |
| 眼球震颤 | Nystagmus |
| 厌食症 | Anorexia nervosa |
| 养成良好的饮食习惯 | Eating habits，fostering good |
| 摇头、撞头 | Rocking/head banging |
| 咬疮 | Bite impetigo |
| 咬伤，也可参看“动物咬伤” | Bites，See also animal bites |
| 药物 | Drugs, See medications |
| 药物 | Medications |
| 副作用 | side effects of |
| 睡眠 | sleep |
| 青少年、媒体 | teens，media |
| 夜惊 | Night terrors |
| 夜遗尿 | Nocturnal enuresis |
| 原发性 | primary |
| 继发性 | secondary |
| (一) 度烧伤 | First-degree burns |
| 一过性滑膜炎 | Transient synovitis |
| 遗粪症 | Stool incontinence |
| 遗尿 | Encopresis |
| 夜间原发性 | primary nocturnal |
| 夜间继发性 | secondary nocturnal |
| 遗尿 | Urinary incontinence |
| 异位搏动 | Ectopic beats |
| 异物进入阴道 | Vagina，foreign object in |
| 抑郁 | Depression |
| 青春期 | in adolescence |
| 进食障碍 | eating disorders and |
| 疲劳 | fatigue and |
| 学习障碍 | learning problems and |
| 情绪波动 | mood swing and |
| 反应性 | reactive |
| 睡眠障碍 | sleep problems and |
| 易怒 | Fussiness |
| 溢脂性皮炎 | Seborrheic dermatitis |
| 阴唇粘连 | Labial adhesions |
| 阴道发痒、分泌物 | Vaginal itching/ discharge |
| 阴茎炎 | Penis，inflammation of |
| 阴囊积液 | Hydrocele |
| 阴虱寄生病 | Crabs |
| 银屑病 | Psoriasis |
| 饮酒 | Alcohol use |
| 饮食对粉刺的影响 | Diet，effects of，on acne |
| 饮食问题 | Eating problems |
| 婴儿，也可参看“儿童” | Babies. See also children |
| 哭泣、肠绞痛 | crying/colic in |
| 腹泻 | diarrhea in |
| 流涎 | drooling in |
| 喂养问题 | feeding problems in |
| 发热 | fever in |
| 黄疸 | jaundice in |
| 使用安抚奶嘴 | keeping happy with pacifier |
| 睡眠姿势 | positioning for sleep |
| 皮肤问题 | skin problems in |
| 睡眠问题 | sleep problems in |
| 吐奶 | spitting up in |
| 婴儿变化的生长曲线 | Shifting growth curves of infancy |
| 婴儿床 | Crib |
| 婴儿猝死综合征 | Sudden infant death syndrome(SIDS) |
| 婴儿房 | Baby’ s room |
| 尿布台 | changing table in |

| | |
|---|---|
| 婴儿床 | crib in |
| 婴儿痉挛 | Infantile spasms |
| 婴儿快速生长期 | Growth spurts，hunger in baby and |
| 婴儿喂养问题 | Feeding，problems in babies |
| 营养不良 | Malnutrition |
| 泳池和水上安全 | Swimming pool，water safety and |
| 优先调节情绪 | Emotional regulation，prioritizing |
| 幽门狭窄 | Pyloric stenosis |
| 疣 | Verruca |
| 游泳性耳炎 | Swimmer' s ear |
| 游走性舌炎 | Benign migratory glossitis |
| 幼儿的运动鞋 | Toddlers，shoes for active |
| 幼儿急疹 | Roseola infantum |
| 幼儿围栏 | Playpens Pneumonia |
| 吸入性 | aspiration |
| 呼吸问题 | breathing problems |
| 胸痛 | chest pain |
| 哮鸣 | wheezing |
| 幼年特发性关节炎 | Juvenile idiopathic arthritis or lupus |
| 瘀斑 | Ecchymosis |
| 瘀伤 | Bruising |
| 语言发育里程碑 | Language milestone |
| 语言问题 | Speech problems |
| 育儿中心 | Child care centers |
| 浴室安全 | Bathroom，safty in |
| 预防佝偻病 | Rickets，preventing |
| 预防火灾伤害 | Fire injury prevention |
| 预防摔跤 | Falls，preventing |
| 预激综合征 | Wolff-Parkinson-White syndrome |
| 愈伤组织 | Callus |
| 原发性遗粪症 | Primary encopresis |
| 原发性遗尿症 | Primary nocturnal enuresis |
| 远视 | Farsightedness |
| 月经 | Masturbation |
| 月经周期 | Menstrual cycle |
| 阅读障碍 | Dyslexia |
| 晕动症 | Motion sickness |
| 运动场 | Playgrounds |
| 运动发育 | Motor development |
| 正常 | normal |
| 迟缓 | slow |
| **Z** | |
| 杂物间安全 | Utility room，safety in |
| 早期大脑发育 | Brain development，early |
| 早期干预的重要性 | Early intervention，importance of |
| 躁郁症 | Bipolar disorder |
| 胀气 | Gas |
| 真菌感染 | Fungal infections |
| 阵发性咳嗽 | Paroxysmal coughing |
| 镇痛处方药 | Prescription pain medication |
| 正面强化 | Positive reinforcement |
| 支气管炎 | Bronchopneumonia |
| 蜘蛛毒液 | Spider venom |
| 直肠疼痛、发痒（脱垂） | Rectal pain/itching(proc-identia) |
| 直肠异物 | Rectum，foreign object in |
| 直立性低血压 | Orthostatic hypotension |
| 窒息 | Choking |
| 痣 | Moles |
| 中毒 | Poisoning |
| 采取措施 | action to take |
| 铅 | lead |
| 避免 | avoiding |
| 治疗 | treatment of |

| | |
|---|---|
| 中耳炎 | Otitis media |
| 中枢处理障碍 | Central processing disorder |
| 中暑虚脱 | Heat exhaustion |
| 肿大 | Swellings |
| 肚脐周围 | around navel |
| 乳房 | breast |
| 肿瘤 | Tumors |
| 眩晕 | dizziness and |
| 头痛 | headache |
| 高血压 | high blood pressure and |
| 膝盖疼痛 | knee pain |
| 性格变化 | personality change and |
| 重新训练排便 | Bowel retraining |
| 重症肌无力 | Myasthenia gravis |
| 珠蛋白生成障碍性贫血 | Thalassemia |
| 主动脉缩窄 | Coartation of aorta |
| 助听器 | Hearing aids |
| 注意缺陷多动障碍 | Attention-deficit/ hyperactivity disord-er(ADHD) |
| 焦虑 | anxiety |
| 身体协调性 | coordination problems |
| 应对措施 | coping with |
| 抑郁 | depression |
| 学习障碍 | learning problems |
| 药物滥用 | substance use and abuse |
| 警告信号 | warning signs of |
| 撞头 | Head banging |
| 椎骨滑脱 | Spondylolysis |
| 椎间盘炎 | Diskitis |
| 紫癜 | Purpura |
| 自身免疫疾病 | Autoimmune disorders |
| 自身免疫溶血性贫血 | Autoimmune hemolytic anemia |
| 自言自语 | Self-talk |
| 走路问题 | Walking problem |
| 足拓疣 | Plantar wart |
| 阻塞性睡眠呼吸暂停症 | Obstructive sleep apnea |
| 嘴部感染 | Mouth infection |